计算机网络
与云计算技术及应用

王莉丽　李丽红　张碧波　著

中国原子能出版社

图书在版编目(CIP)数据

计算机网络与云计算技术及应用 / 王莉丽，李丽红，张碧波著. --北京：中国原子能出版社，2018. 9
ISBN 978-7-5022-9393-2

Ⅰ. ①计… Ⅱ. ①王… ②李… ③张… Ⅲ. ①计算机网络一云计算 Ⅳ. ①TP393

中国版本图书馆 CIP 数据核字(2018)第 216893 号

内容简介

随着计算机网络技术的不断发展，计算机网络云计算逐渐展现在人们的眼前，应用于人们的工作和生活。本书主要论述了计算机网络相关技术及应用，为了体现时代特色，特将目前较为热门的云计算技术融入其中，主要内容包括：无线网络技术、物联网技术、云计算平台及云存储技术、云计算服务及虚拟化技术、云计算安全技术、云计算的应用及发展展望等。本书内容丰富新颖，理论性与实用性并重，是一本值得学习研究的著作。

计算机网络与云计算技术及应用

出版发行　中国原子能出版社(北京市海淀区阜成路 43 号　100048)
责任编辑　张　琳
责任校对　冯莲凤
印　　刷　北京亚吉飞数码科技有限公司
经　　销　全国新华书店
开　　本　787mm×1092mm　1/16
印　　张　18.5
字　　数　240 千字
版　　次　2019 年 3 月第 1 版　2024 年 9 月第 2 次印刷
书　　号　ISBN 978-7-5022-9393-2　　定　价　74.00 元

网址：http://www.aep.com.cn　　E-mail：atomep123@126.com
发行电话：010－68452845　

前言

21世纪是以网络为核心的信息化时代，依靠完善的网络实现了信息资源的全球化，网络技术已成为信息化时代的标志性技术。在人类社会向信息化发展的过程中，计算机网络技术正以空前的速度发展着。

随着Internet在全球的普及和发展，计算机网络成为信息的主要载体之一。计算机网络的全球互联趋势越来越明显，其应用范围越来越广泛，应用层次逐步深入。国家发展、社会运转以及人类的各项活动对计算机网络的依赖性越来越强。计算机网络已经成为人类社会生活不可缺少的组成部分。

随着网络用户的逐渐增多，传统的计算网络平台已无法满足实际需求，故云计算应运而生。云计算离不开计算机网络，计算机网络也是云计算的基础。作为一种商业计算模型，云计算是基于网络将计算任务分布在大量计算机构成的资源池上，使用户能够借助网络按需获取计算力、存储空间和信息服务。云计算融合了大量革新技术，它不仅是技术革新驱动商业模式变革的产物，也是用户需求驱动的结果。

本书主要论述了计算机网络相关技术及应用，为了体现时代特色，特将目前较为热门的云计算技术融入其中。全书共8章，主要内容包括无线网络技术、物联网技术、云计算技术概论、云计算平台及云存储技术、云计算服务及虚拟化技术、云计算安全技术、云计算的应用及发展展望等。

本书在撰写过程中，参考了大量有价值的文献与资料，吸取了许多人的宝贵经验，在此向这些文献的作者表示感谢。此外，本书的撰写还得到了出版社领导和编辑的鼎力支持和帮助，同时也得到了学校领导的支持和鼓励，在此一并表示感谢。由于计算机网络技术是一门综合性很强的技术，其发展速度也相当迅速，新知识、新方法、新概念等层出不穷，加之作者自身水平有限，书中难免有错误和疏漏之处，敬请广大读者和专家给予批评指正。

作　者

2018 年 9 月

目　录

第1章　绪　论

1.1　计算机网络的定义与功能

1.1.1　计算机网络的定义

计算机网络目前没有一个统一的精确定义，在不同的发展阶段或从不同角度，计算机网络有着不同的定义。计算机网络一种最简单的定义为：一些互相连接的、自治的计算机的集合。

当前比较流行的计算机网络定义为：将地理位置不同且具有独立功能的多个计算机系统通过通信线路和通信设备相互连接在一起，由网络操作系统和协议软件进行管理，实现资源共享的系统。

对以上定义可通过以下几个方面来理解。

①“具有独立功能的”或“自治的”计算机系统是指每个计算机系统都有自己的软、硬件系统，能够独立地运行。

②“通信线路”是指光纤、双绞线、同轴电缆、微波等传输介质，“通信设备”是指网卡、集线器、交换机、路由器等连接和转换设备。

③“网络操作系统”是指具有网络软、硬件资源管理功能的系统软件，如 Windows、UNIX、Linux、NetWare 等；“协议”是指每个节点都必须遵循的一些事先约定的通信规则，如 TCP/IP 协议簇、OSI/RM 等。

④“资源”是指网络中可供共享的所有软件资源、硬件资源和信息资源等。组建计算机网络的根本目的是为了实现“资源共

享”，就是要让网络中的某个计算机系统共享其他计算机系统中的资源。

按照上述定义，以单计算机为中心的联机系统由于当时的终端没有“自治功能”，所以还不能称为真正的计算机网络。

1.1.2 计算机网络的功能

如今计算机网络的应用已覆盖了社会生活的方方面面，人们的日常生活已离不开计算机网络。无论是朋友之间的即时通信、联网娱乐，还是单位的打印机共享、文件共享；无论是电子银行、网上购物，还是网格计算、集群系统；这些都离不开计算机和计算机网络技术。

计算机网络的功能大致可以归纳为以下几点。

1. 数据通信

数据通信指利用计算机网络，实现不同地理位置的计算机之间的数据传送。它是计算机网络的最基本的功能，也是实现其他功能的基础。分布在很远的用户也可以互相传输数据信息，互相交流，协同工作。例如，可以通过网络发送和接收电子邮件、传真，进行即时通信，拨打网络电话，召开视频会议等。

2. 资源共享

资源共享是计算机网络的一个非常重要的功能，所有计算机网络建设的核心目的都是为了实现资源共享。资源共享是推动计算机网络产生和发展的源动力之一。

一般情况下，网络中可共享的资源包括硬件资源、软件资源和数据资源。

①硬件资源共享，可以提高硬件设备的利用率，避免设备的重复投资，如网络打印机、大容量磁盘共享。

②软件资源共享，可以充分利用已有的信息资源，减少软件

的重新购置或重新开发，从而达到降低成本，提高效率的目的。

③数据资源共享，可以将数据资源共享为全网使用，提高了信息的利用率，是最重要的一种资源共享类型。

3. 分布式处理

网络上有各种各样的子系统，当一个系统处理负担太重时，可以由其他子系统来承担一些处理任务，从而达到减轻负载和分布处理能力。例如，网格计算和集群系统等。另外，计算机网络也促进了分布式数据库的发展，如遍布全国的银行数据库系统等。

4. 负载均衡

负载均衡指将工作任务相对均匀地分配给网络上的多台计算机。当某台计算机负载过重时，系统会自动转移部分工作到负载较轻的计算机中去处理。通过网络的调度，使计算机资源得到合理分配，提高整个系统的利用率。

5. 提高系统的可靠性

计算机网络中各计算机相互连接，当一台计算机出现故障时，可以通过网络找到其他计算机代替本机工作，增强了系统的可靠性。当然也可以将数据等资源放置在不同地点的计算机中，防止单点失效对用户的影响。

6. 集中式管理

计算机网络技术的发展和应用，也对现代办公管理、企业经营产生了深刻的影响。目前，很多企业已经建立管理信息系统(Management Information System，MIS)、ERP系统(Enterprise Resource Planning)等，很多高校也建立互联网数据中心(Internet Data Center，IDC)。通过这些系统可以实现日常工作的集中管理，提高工作效率。

7. 网络服务和应用

通过网络可以提供更全面的服务项目,如文件传输、图像传输、声音、动画等信息处理和传输,这是单机系统不能实现的功能。

1.2 计算机网络的组成与分类

1.2.1 计算机网络的组成

计算机网络是一个非常复杂的系统。网络的组成,因应用范围、目的、规模、结构以及采用的技术不同而存在一定的差异,但计算机网络都必须包括硬件和软件两大部分。网络硬件提供的是数据处理、数据传输和建立通信通道的物质基础,而网络软件是真正控制数据通信的。软件的各种网络功能是基于硬件的基础上来完成的,二者缺一不可。计算机网络的基本组成主要包括如下四部分,常称为计算机网络的四大要素。

1. 计算机系统

建立两台以上具有独立功能的计算机系统是计算机网络的第一个要素,计算机系统是计算机网络的重要组成部分,是计算机网络必须具备的硬件元素。计算机网络连接的计算机可以是巨型机、大型机、小型机、工作站或微机,以及笔记本电脑或其他数据终端设备(如终端服务器)。

计算机系统是网络的基本模块,是被连接的对象。计算机系统的主要作用是负责数据信息的收集、处理、存储、传播和提供共享资源。在网络上可共享的资源包括硬件资源(如巨型计算机、高性能外围设备、大容量磁盘等)、软件资源(如各种软件系统、应用程序、数据库系统等)和信息资源。

2. 通信线路和通信设备

计算机网络的硬件部分除了计算机本身以外，还有用于连接这些计算机的通信线路和通信设备，即数据通信系统。通信线路分有线通信线路和无线通信线路。有线通信线路指的是传输介质及其介质连接部件，包括光纤、同轴电缆、双绞线等；无线通信线路是指以无线电、微波、红外线和激光等作为通信线路。通信设备指网络连接设备和网络互连设备，包括网卡、集线器（Hub）、中继器（Repeater）、交换机（Switch）、网桥（Bridge）、路由器（Router）以及调制解调器（Modem）等其他的通信设备。使用通信线路和通信设备将计算机互联起来，在计算机之间建立一条物理通道，以传输数据。通信线路和通信设备负责控制数据的发出、传送、接收或转发，包括信号转换、路径选择、编码与解码、差错校验、通信控制管理等，以便信息交换得以顺利完成。通信线路和通信设备是连接计算机系统的桥梁，是数据传输的通道。

3. 网络协议

协议是指通信双方必须共同遵守的约定和通信规则，如TCP/IP 协议、NetBEUI 协议、IPX/SPX 协议。它是通信双方关于通信如何进行所达成的协议，比如，用什么样的格式表达、组织和传输数据，如何校验和纠正信息传输中的错误，以及传输信息的时序组织与控制机制等。现代网络都是层次结构，协议规定了分层原则、层次间的关系、执行信息传递过程的方向、分解与重组等约定。在网络上通信的双方必须遵守相同的协议，才能正确地交流信息，就像人们谈话要用同一种语言一样，如果谈话时使用不同的语言，就会造成相互之间谁都听不懂谁在说什么问题，这样的话，交流也就无从谈起。因此，协议在计算机网络中的重要程度是不容小觑的。

通常来说，协议的实现是由软件和硬件分别完成或配合完成，有的部分由联网设备来承担。

4. 网络软件

网络软件是一种在网络环境下使用和运行或者控制和管理网络工作的计算机软件。根据软件的功能,计算机网络软件可分为网络系统软件和网络应用软件两大类型。

(1)网络系统软件

网络系统软件是控制和管理网络运行、提供网络通信、分配和管理共享资源的网络软件,网络操作系统、网络协议软件、通信控制软件和管理软件等这些都包括在内。

网络操作系统(Network Operating System,NOS)是指能够对局域网范围内的资源进行统一调度和管理的程序。它是计算机网络软件的核心程序,是网络软件系统的基础。

网络协议软件(如 TCP/IP 协议软件)是实现各种网络协议的软件。它是网络软件中核心部分,任何网络软件都要在协议软件的基础上才能发生作用。

(2)网络应用软件

网络应用软件是指为某一个应用目的而开发的网络软件(如远程教学软件、电子图书馆软件、Internet 信息服务软件等)。网络应用软件为用户提供访问网络的手段、网络服务、资源共享和信息的传输。

1.2.2 计算机网络的分类

关于计算机网络的分类,目前还没有一种被普遍接受的分类方法和标准,原因是计算机网络非常复杂,人们可以从不同角度来对计算机网络进行分类。

1. 按网络的传输技术分类

按照网络采用的传输技术对网络进行分类是一种很重要的方法,因为网络所采用的传输技术决定着网络的主要技术特点。

在通信技术中，通信通道的类型有广播通信通道和点对点通信通道，显然，网络要通过通信通道完成数据传输任务所采用的传输技术也只能有两类，即广播方式与点对点方式。故而，相应的计算机网络也可以分为以下两类。

(1)广播式网络

在这种网络结构中，所有节点都连在一条信道上。每个网络节点发送的信息都可由网络中的所有其他节点接收，但只有目的地址是本站地址的信息才被节点接收下来，否则，不予理睬。这种网络有共享性支持，有访问控制信息。

(2)点对点式网络

在这种网络结构中，通信子网内的每一条信道的两端都连到一对网络节点上。如果网络中任意两个节点之间没有直接相连的信道，则它们之间的通信必须间接地通过其他节点。当信息通过中间节点时，先由中间节点接收并存储起来，待其输出线有空时，再转发到下一个节点。

2. 按网络的使用范围分类

计算机网络包括数据传输和交换(转接)系统，根据网络中数据传输和交换系统的所有权，可分为公用网和专用网两种。

(1)公用网

公用网可由政府机构或企业投资建设、拥有和管理。公用网是向用户提供公用数据通信服务的计算机网络，网络内的传输和交换装置可租给任何部门和单位使用，即可连接众多的计算机和终端。

(2)专用网

专用网可由某个组织建设、拥有和管理，用于本组织内部的数据通信和资源共享。有些专用网有自己的体系结构，是某一领域专用的，不允许其他部门和单位使用。但是，目前大多数专用网络仍是租用电信部门的传输线路或信道。专用网对外部用户的访问一般都加以严格限制，如军队系统、银行系统的网络都属于专用网。

3. 按网络的覆盖范围分类

按照计算机网络覆盖的地理范围对其进行分类,可以很好地反映不同类型网络的技术特征。由于网络覆盖的地理范围不同,所采用的传输技术也不相同,因而形成了不同的网络技术特点和网络服务功能。按覆盖地理范围的大小,可以把计算机网络分为广域网、城域网和局域网。

(1)广域网

广域网(Wide Area Network,WAN)的作用范围通常为几十到几千公里,现在采用了新技术和新设备,广域网的主干线路传输速率已可达 2.5 Gbps。广域网又被称为远程网,是可在任何一个广阔的地理范围内进行数据、语音、图像信号传输的通信网,在广域网上一般连有数百、数千、数万台各种类型的计算机和网络,并提供广泛的网络服务。

广域网是从 20 世纪 60 年代开始发展的,其典型代表是美国国防部的 ARPAnet 网,Internet 是最大的广域网。中国公网 CHINANET、国家公用信息通信网(又名金桥网)CHINAGBN、中国教育科研计算机网 CERNET 均是广域网。

(2)局域网

局域网(Local Area Network,LAN)的覆盖范围较小,从几十米到几千米,通信距离一般小于 10 km,传输速率在 0.1～1 000 Mbps,响应时间为百微秒级。局域网的特点是组建方便、使用灵活。

随着计算机技术、通信技术和电子集成技术的发展,现在的局域网可以覆盖几十公里的范围,传输速率可达几千 Mbps,例如 Ethernet 网络。

局域网按照采用的技术、应用范围和协议标准的不同,可以分为共享局域网和交换局域网。局域网发展迅速,应用日益广泛,是目前计算机网络中最活跃的分支。

(3)城域网

城域网(Metropolitan Area Network,MAN)是介于广域网与局域网之间的一种高速网络,城域网设计的目标是满足几十公里范围内的大量企业、机关、公司的多个局域网互连的需求,以实现大量用户之间的数据、语音、图形与视频等多种信息的传输功能。

4. 按网络的交换方式分类

根据网络的交换方式分类分为电路交换网、报文交换网、分组交换网和混合交换网。

(1)电路交换网

电路交换方式是在用户开始通信前,先申请建立一条从发送端到接收端的物理信道,并且在双方通信期间始终占用该信道。

交换这一概念最早来自于电话系统。电话网中使用电路交换方式,它以电路连接为目的。具体作用过程是这样的:当用户打电话时,首先摘下话机拨号,拨号完毕,交换机就知道用户要与谁通话。于是交换机就把双方的线路连接起来,通话开始。当通话结束,交换机将双方的线路断开,为双方各自开始一次新的通话做好准备。因此,电路交换就是在通信时建立电路,通信完毕时拆除电路。至于通信过程中,双方是否传送信息,传送什么信息,都与交换系统无关。

(2)报文交换网

报文交换方式是把要发送的数据及目的地址包含在一个完整的报文内,报文的长度不受限制。报文交换采用存储-转发原理,每个中间节点要为途经的报文选择适当的路径,使其能最终到达目的端。

(3)分组交换网

分组交换方式是在通信前,发送端先把要发送的数据划分为一个个等长的单位(即分组),这些分组逐个由各中间节点采用存储-转发方式进行传输,最终到达目的端。由于分组长度有限,与报文相比,其能更加方便地在中间节点机的内存中进行存储处理，并且转发速度也大大提高。

(4)混合交换网

混合交换是指同时采用电路交换和分组交换两种交换方式。混合交换采用了时分复用技术，将宽带网络按照适当的比例在两种交换方式中进行动态分配，使之得到充分利用。

5. 按网络的控制方式分类

按照网络的控制方式来分类，计算机网络可分为集中式网络、分散式网络和分布式网络三种。

(1)集中式计算机网络

集中式计算机网络的处理和控制功能都高度集中在一个或少数几个节点上，这些节点是网络处理和控制中心，所有的信息流都必须经过这些节点之一，而其余的大多数节点则只有较少的处理和控制功能。星状网和树状网都是典型的集中式网络。

(2)分散式计算机网络

分散式计算机网络的每台计算机之间都独立自主，特点是它的某些集中器或复用器具有一个交换功能，网络结构变为星状网与格状网的混合。

显然，分散式网络的可靠性更高，其结构如图 1-1 所示。

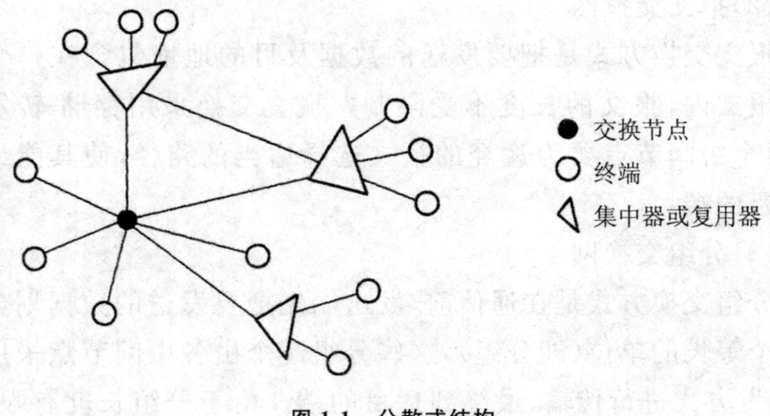

图 1-1　分散式结构

(3)分布式计算机网络

分布式计算机网络中不存在一个处理和控制中心,网络中的任意一个节点都至少和另外两个节点相连接,因此分布式网络也称为格状网络(分组交换网络、网状网络都属分布式网络),它是网络发展的方向。

分布式计算机网络的特点:信息从一个节点到达另一个节点时可能有多条路径,同时网络中的各个节点均以平等的地位相互协调工作和交换信息,并可共同完成一个大型任务;这种网络具有信息可靠性高、可扩充性强及灵活性好等优点。

目前的大多数广域网中的主干网都设计成分布式的控制方式,并采用较高的通信速率以提高网络性能,而对大量非主干网,为了降低建网成本,仍采用集中控制方式及较低的通信速率。

6. 按网络的拓扑结构分类

网络中各个节点相互连接形成网络拓扑。网络的拓扑结构形式较多,主要分为总线型、星型、环型、树型、全互联型、格状型和不规则型。按照网络的拓扑结构,可把网络分成总线型网络、星型网络、环型网络、树型网络、网状网络、混合型和不规则型网络。

网络的拓扑结构将在下一节详细介绍。

1.3　计算机网络的拓扑结构

为了应付复杂的网络结构设计,人们引入了网络拓扑的概念。网络的拓扑结构是计算机网络的基本特征,它主要描述了网络设备之间的几何连接方式。在考察一个网络的拓扑结构时应该主要考虑它的逻辑拓扑结构。

拓扑设计是建设计算机网络的第一步,也是实现各种网络协议的基础,它与网络性能、系统可靠性与通信费用等有着直接关系。下面将简要介绍几种主要的网络拓扑结构。

1.3.1 总线型拓扑结构

总线型拓扑采用一条单根的通信线路(总线)作为公共的传输通道,所有的节点都通过相应的接口直接连接到总线上,并通过总线进行数据传输。例如,在一根电缆上连接了组成网络的计算机或其他共享设备(如打印机等),如图 1-2 所示。由于单根电缆仅支持一种信道,因此连接在电缆上的计算机和其他共享设备共享电缆的所有容量。连接在总线上的设备越多,网络发送和接收数据就越慢。

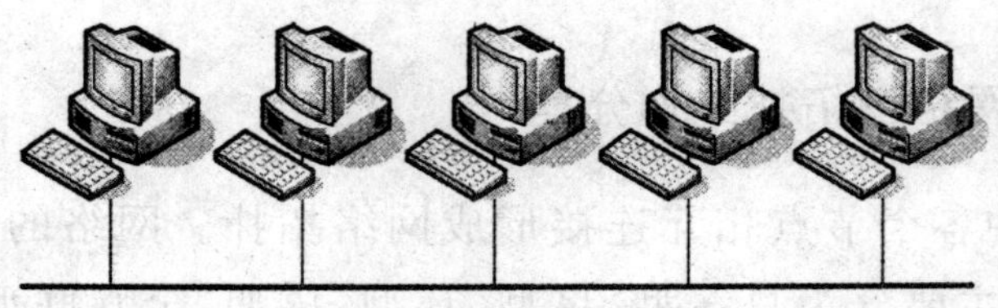

图 1-2 总线型拓扑结构

总线型拓扑使用广播式传输技术,总线上的所有节点都可以发送数据到总线上,数据沿总线传播。但是,由于所有节点共享同一条公共通道,所以在任何时候只允许一个站点发送数据。当一个节点发送数据,并在总线上传播时,数据可以被总线上的其他所有节点接收。各站点在接收数据后,先分析目的物理地址,再决定是否接收该数据。粗、细同轴电缆以太网就是这种结构的典型代表。

总线型拓扑结构具有如下特点:

①结构简单、灵活,易于扩展;共享能力强,便于广播式传输。

②网络响应速度快,但负荷重时性能迅速下降;局部站点故障不影响整体,可靠性较高。但是,总线出现故障,则将影响整个网络。

③易于安装,费用低。

1.3.2　星型拓扑结构

星型拓扑的每个节点都由一条点对点链路与中心节点(公用中心交换设备,如交换机、集线器等)相连,如图 1-3 所示。星型拓扑结构中的一个节点如果向另一个节点发送数据,首先将数据发送到中央设备,然后由中央设备将数据转发到目标节点。信息的传输是通过中心节点的存储-转发技术实现的,并且只能通过中心节点与其他节点通信。星型拓扑是局域网中最常用的拓扑结构。

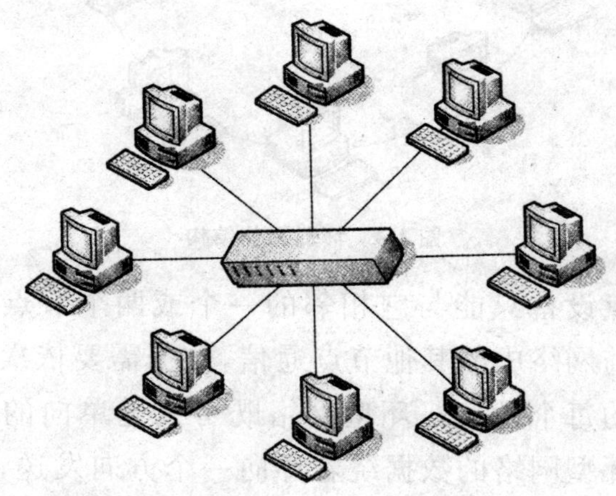

图 1-3　星型拓扑结构

星型拓扑结构具有如下特点:

①结构简单,便于管理和维护;易实现结构化布线;结构易扩充,易升级。

②通信线路专用,电缆成本高。

③星型结构的网络由中心节点控制与管理,中心节点的可靠性基本上决定了整个网络的可靠性。

④中心节点负担重,易成为信息传输的瓶颈,且中心节点一旦出现故障,会导致全网瘫痪。

1.3.3 环型拓扑结构

环型拓扑是各个网络节点通过环接口连在一条首尾相接的闭合环型通信线路中形成的，如图 1-4 所示。

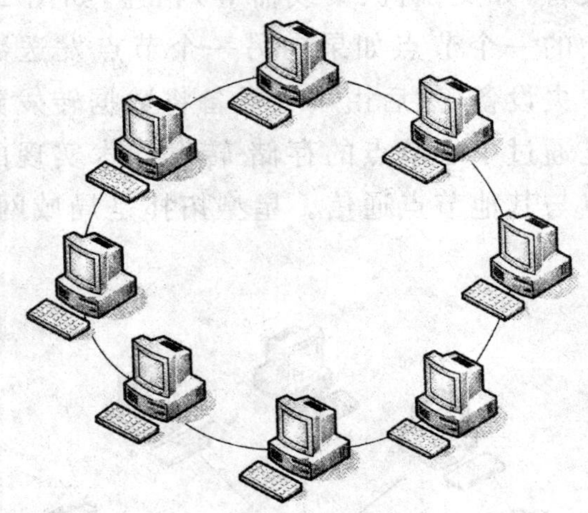

图 1-4 环形拓扑结构

每个节点设备只能与它相邻的一个或两个节点设备直接通信。如果要与网络中的其他节点通信，数据需要依次经过两个通信节点之间的每个设备。环型网络既可以是单向的也可以是双向的。单向环型网络的数据绕着环向一个方向发送，数据所到达的环中的每个设备都将数据接收，再经放大后将其转发出去，直到数据到达目标节点为止。双向环型网络中的数据能在两个方向上进行传输，因此设备可以和两个邻近节点直接通信。如果一个方向的环中断了，数据还可以在相反的方向在环中传输，最后到达其目标节点。

环型拓扑有两种类型，即单环拓扑和双环拓扑。令牌环(Token Ring)是单环结构的典型代表，光纤分布式数据接口(FDDI)是双环结构的典型代表。

环型拓扑结构具有如下特点：

①在环型网络中，各工作站间无主从关系，结构简单；信息流在网络中沿环单向传递，延迟固定，实时性较好。

②两个节点之间仅有唯一的路径，简化了路径选择，但可扩充性差。

③可靠性差，任何线路或节点的故障，都有可能引起全网故障，且故障检测困难。

1.3.4 树型拓扑结构

树型拓扑（也称为星型总线拓扑结构）是从总线型和星型结构演变来的。网络中的节点设备都连接到一个中央设备（如集线器）上，但并不是所有的节点都直接连接到中央设备，大多数的节点首先连接到一个次级设备，次级设备再与中央设备连接。如图 1-5 所示为一个星型总线网络。

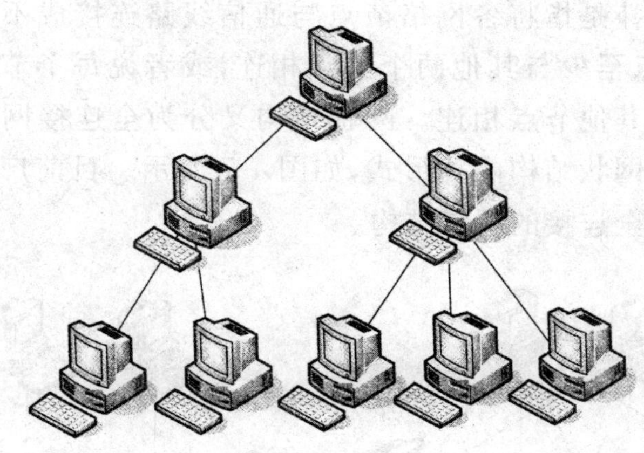

图 1-5 树型拓扑结构

树型拓扑两种类型，一种是由总线型拓扑结构派生出来的，它由多条总线连接而成，如图 1-6(a)所示；另一种是星型拓扑结构的变种，各节点按一定的层次连接起来，形状像一棵倒置的树，故得名树型拓扑，如图 1-6(b)所示。在树型拓扑结构的顶端有一个根节点，它带有分支，每个分支还可以再带子分支。树型拓扑结构具有如下特点：

①易于扩展，故障易隔离，可靠性高；电缆成本高。

②对根节点的依赖性大，一旦根节点出现故障，将导致全网

不能工作。

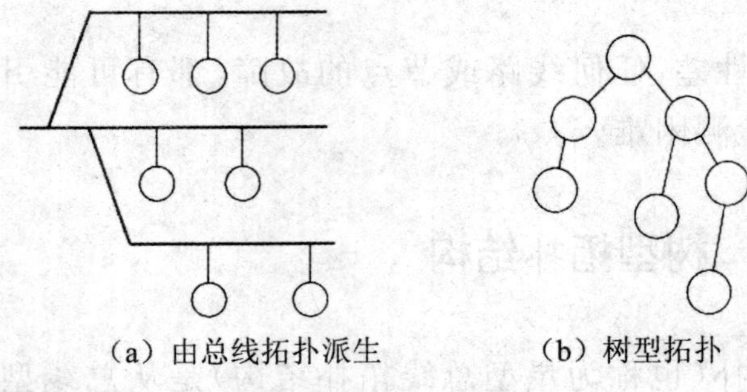

（a）由总线拓扑派生　　　（b）树型拓扑

图 1-6　树型拓扑结构

1.3.5　网状拓扑结构

网状拓扑是指将各网络节点与通信线路连接成不规则的形状，每个节点至少与其他两个节点相连，或者说每个节点至少有两条链路与其他节点相连。网状结构又分为全连接网状结构和不完全连接网状结构两种形式，如图 1-7 所示。目前广域网中一般采用不完全连接的网状结构。

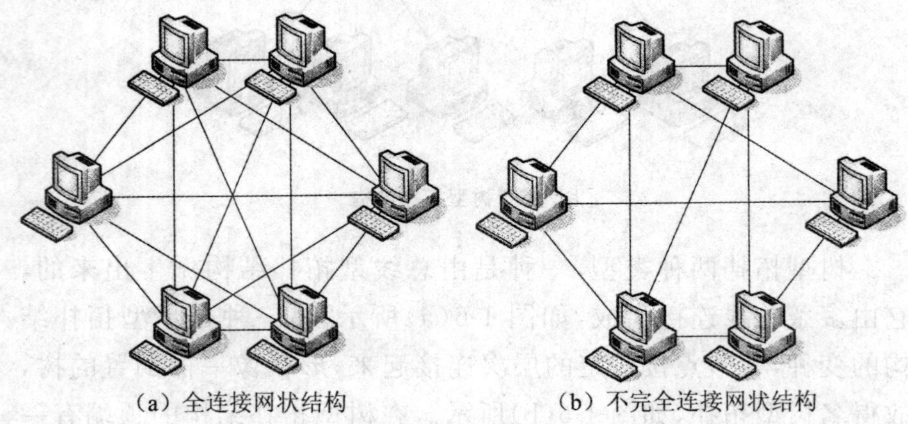

（a）全连接网状结构　　　（b）不完全连接网状结构

图 1-7　网状拓扑结构

网状拓扑结构具有如下特点：

①可靠性高；结构复杂，不易管理和维护；线路成本高；适用于大型广域网。

②因为有多条路径，所以可以选择最佳路径，减少时延，改善流量分配，提高网络性能，但路径选择比较复杂。

1.3.6　混合型拓扑结构

将以上两种单一拓扑结构类型混合起来，综合两种拓扑结构的优点可以构成一种混合型拓扑结构。常见的有星状/环状型拓扑（图1-8）和星状/总线型拓扑（图1-9）。

星状/环状型拓扑从电路上看和一般的环状结构完全相同，只是物理安排成星状连接，星状/环状型拓扑的故障诊断方便而且隔离容易；网络扩展方便；电缆安装方便。这种拓扑的配置是由一批接入环中的集中器组成，由集中器开始再按星状拓扑结构连至每个用户站点。

星状/总线型拓扑用一条或多条总线把多组设备连接起来，而相连的每组设备本身又呈星状分布。

对于星状/总线型拓扑，用户很容易配置网络设备。

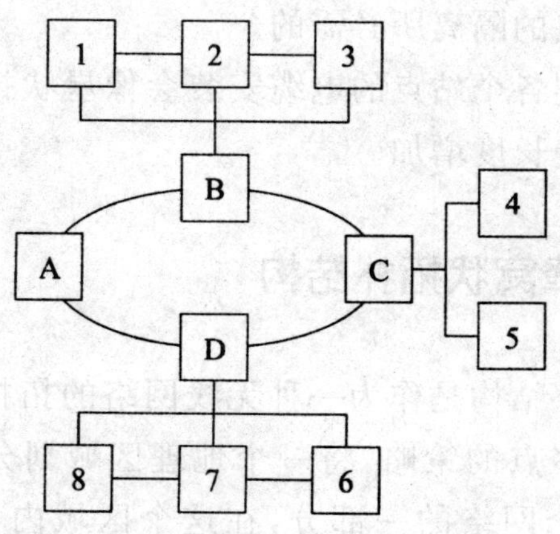

图1-8　星状/环状型拓扑结构

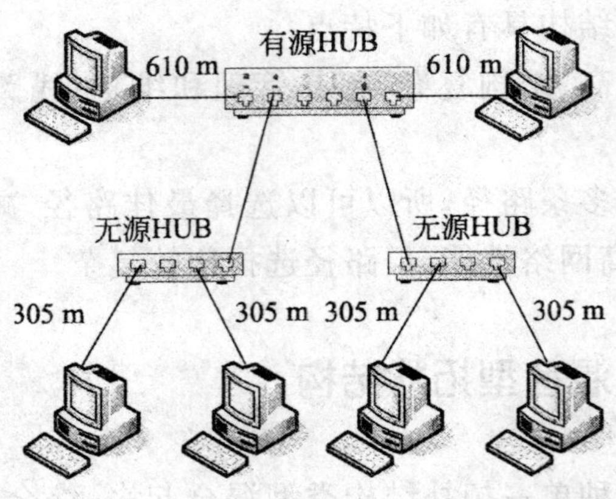

图 1-9 星状/总线型拓扑结构

混合型拓扑结构具有如下特点：

①故障诊断和隔离较为方便。一旦网络发生故障，首先诊断哪一个集中器有故障，然后，将该集中器和全网隔离。

②易于扩展。如果要扩展用户，可以加入新的集中器，以后在设计时，在每个集中器留出一些可插入新节点的设备连接口。

③安装方便。网络的主电缆只要连通这些集中器，安装时就不会有电缆管理拥挤的问题。这种安装和传统的电话系统的电缆安装很相似。

④需要选用带智能的集中器。这是为了实现网络故障自动诊断和故障节点的隔离所必需的。

⑤集中器到各个站点的电缆安装会像星状拓扑结构一样，有时会使电缆安装长度增加。

1.3.7 蜂窝状拓扑结构

蜂窝状拓扑结构是作为一种无线网络的拓扑结构，结合无线点对点和点对多点的策略，将一个地理区域划分成多个单元，每个单元代表整个网络的一部分，在这个区域内有特定的连接设备，单元内的设备与中央节点设备或集线器进行通信。集线器在互连时，数据能跨越整个网络，提供一个完整的网络结构。目前，随着无线网络的迅速发展，蜂窝状拓扑结构得到了普遍应用，如图 1-10 所示。

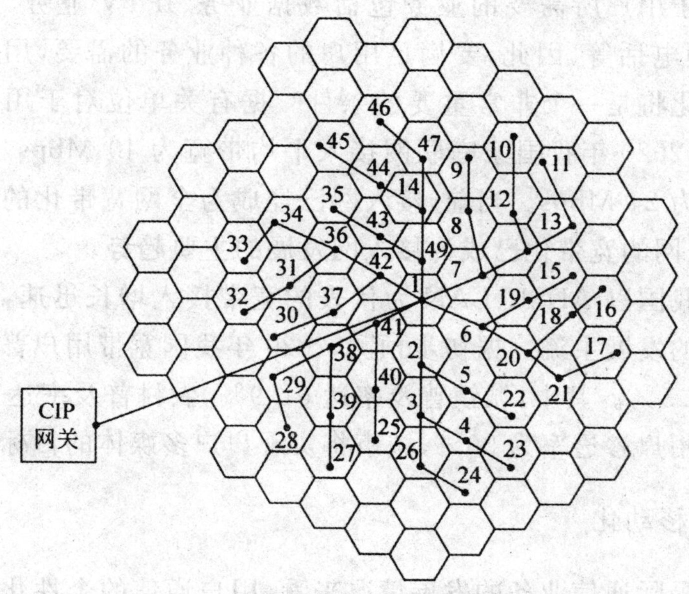

图 1-10 蜂窝状拓扑结构

蜂窝状拓扑结构具有如下特点：

①不依赖于互连电缆，而是依赖于无线传输介质，这就避免了传统的布线限制，给移动设备的使用提供了便利条件，同时使得一些不便布线的特殊场所的数据传输成为可能。

②蜂窝状拓扑结构的网络安全相对容易，有节点移动时不用重新布线，故障的排除和隔离相对简单，易于维护。

③容易受外界环境的干扰。

1.4 未来网络技术的发展趋势

近年来，在全球通信产业发展过程中，以移动通信技术、宽带技术和 IP 数据通信技术发展最为迅速。整个通信产业的技术发展呈宽带化、移动化、IP 化以及网络融合的发展趋势。

1. 宽带化

由于用户所需要的业务包括数据业务、IPTV业务、互动游戏、视频电话等，因此，要满足用户的各种业务的需要，用户接入的宽带化将是一个非常重要的条件。据有关单位对于用户带宽的预测，2020年我国家庭联网接入平均带宽为40 Mbps，典型接入带宽为24 Mbps。当前，接入网已经成为全网宽带化的最后瓶颈，接入网的宽带化已成为接入网发展的主要趋势。

在我国以ADSL、LAN为代表的宽带接入增长迅速，成为网络接入的发展主流。据初步预测，2020年我国宽带用户普及率将达到38.5%。其中，城镇普及率达61.9%，农村普及率达9.7%，互联网用户渗透率为90%，城市将实现户户多媒体的目标。

2. 移动化

从国际通信业务的发展情况来看，用户通信的个性化要求日益强烈，而移动性是个性化通信很好的表现形式，因而用户对于通信业务移动性的要求已经越来越普遍。用户希望无处不在的通信，不仅有移动的电话业务，还有提供移动的数据业务，希望在任何地点都可以享受方便的上网、浏览网页、发送电子邮件等各种数据通信。

移动性表现在用户可以在网络覆盖的范围内自由地进行通信，而且可以在移动中进行通信，而游牧性则是用户并不一定要在行进中进行通信，但是用户从一地到另一地如同牧人游牧一样，还可以如同在原来的地方一样进行各种通信。这是未来的通信无处不在的要求。

3. IP化

下一代网的核心承载网将采用IP技术，这是目前大多数人的共识，现在不仅数据通信业务在IP网上疏通，且话音业务也越来越多地通过IP来疏通，目前我国VoIP的长途业务量已经超过了传统电路交换上的话音业务，而且互联网上享受免费话音业务的 MSN、Skype 用户数和业务量也在快速增长。目前各国际标准化组织（包括 ITU、3GPP、TISPAN 等）对于下一代网或者对于下一代移动网的研究已达成共识，即下一代网是基于 IP 的。

4. 网络融合

网络在向下一代网发展的过程中，网络融合成为一个发展趋势。从广义上看，网络融合既包括固定网和移动网的融合，也包括电信网、计算机网和广播电视网的融合。融合的目的首先是用户可以通过各种接入方式或者各种终端无缝地接入到网络中，获得各个网络所能提供的服务，给最终用户提供一个统一的业务体验；此外，在网络融合中应能够综合应用各种网络资源，体现资源的整合和共享。融合以后的网络将更加便于维护和管理。因此，融合是通信业发展的一个基本方向。

第 2 章　无线网络技术

2.1　无线网络概述

2.1.1　无线网络的特点及分类

1. 无线网络的特点

相对于有线网络而言，无线网络具有安装便捷、使用灵活、利于扩展和经济节约等优点。具体可归纳以下几点。

(1)移动性强

无线网络摆脱了有线网络的束缚，可以在网络覆盖范围内的任何位置上网。无线网络完全支持自由移动，持续连接，实现移动办公。

(2)带宽流量大

适合进行大量双向和多向多媒体信息传输。在速度方面，802.11b 的数据传输率可达 11 Mb/s，而标准 802.11g 无线网速提升五倍，其数据传输率将达到 54 Mb/s，充分满足用户对网速的要求。

(3)有较高的平安性和较强的灵活性

由于采用直接序列扩频、跳频、跳时等一系列无线扩展频谱技术，使得其高度平安可靠；无线网络组网灵活、增加和减少移动主机相当轻易。

(4)维护成本低

无线网络尽管在搭建时投入成本高些，但后期维护方便，维护成本比有线网络低 50%左右。

2. 无线网络的分类

无线网络是无线设备之间以及无线设备与有线网络之间的一种网络结构。无线网络的发展可谓日新月异，新的标准和技术不断涌现。

(1)按覆盖范围分类

由于覆盖范围的不同，无线网络可以分为 4 类：无线局域网、无线个域网、无线城域网和无线广域网。

①无线局域网。无线局域网(Wireless Local Area Network, WLAN)一般用于区域间的无线通信，其覆盖范围较小。代表技术是 IEEE 802.11 系列。数据传输速率为 11～56 Mbps，甚至更高。

②无线个域网。无线个域网(Wireless Personal Area Network, WPAN)的无线传输距离在 10 m 左右，典型的技术是 IEEE 802.15 (WPAN)和 BlueTooth，数据传输速率在 10 Mbps 以上。

③无线城域网。无线城域网(Wireless Metropolitan Area Network, WMAN)主要是通过移动电话或车载装置进行的移动数据通信，可以覆盖城市中大部分的地区。代表技术是 2002 年提出的 IEEE802.20，主要研究移动宽带无线接入(Mobile Broadband Wireless Access, MBWA)技术和相关标准的制定。该标准更加强调移动性，它是由 IEEE 802.16 的宽带无线接入(BroadBand Wireless Access, BBWA)发展而来的。

④无线广域网。无线广域网(Wireless Wide Area Network, WWAN)主要是通过移动通信卫星进行数据通信的网络，其覆盖范围最大。代表技术有 3G、4G 等，数据传输速率在 2 Mb/s 以上。由于 3GPP 和 3GPP2 的标准化工作日趋成熟，一些国际标准化组织(如 ITU)将目光瞄准了能提供更高无线传输速率和灵活统一的全 IP 网络平台的下一代移动通信系统，一般称为后 3G、增强型 IMT-2000(Enhanced IMT-2000)、后 IMT-2000(System Beyond IMT-2000)或 4G。

(2)按应用角度分类

从无线网络的应用角度看，还可以划分为无线传感器网络、无线 Mesh 网络、无线穿戴网络、无线体域网等，这些网络一般是基于已有的无线网络技术，针对具体的应用而构建的无线网络。

①无线传感器网络。无线传感器网络(Wireless Sensor Networks，WSN)是当前在国际上备受关注的、涉及多学科高度交叉、知识高度集成的前沿热点研究领域。它综合了传感器技术、嵌入式计算技术、现代网络及无线通信技术、分布式信息处理技术等，能够通过各类集成化的微型传感器协作地实时监测、感知和采集各种环境或监测对象的信息，这些信息通过无线方式被发送，并以自组多跳的网络方式传送到用户终端，从而实现物理世界、计算世界以及人类社会三元世界的连通。

无线传感器网络以最少的成本和最大的灵活性，连接任何有通信需求的终端设备，采集数据，发送指令。若把无线传感器网络的各个传感器或执行单元设备视为“种子”，将一把“种子”(可能 100 粒，甚至上千粒)任意抛撒开，经过有限的“种植时间”，就可从某一粒“种子”那里得到其他任何“种子”的信息。作为无线自组双向通信网络，传感网络能以最大的灵活性自动完成不规则分布的各种传感器与控制节点的组网，同时具有一定的移动能力和动态调整能力。

②无线 Mesh 网络。无线 Mesh 网络(无线网状网络)也称为“多跳(Multi hop)”网络，它是一种与传统无线网络完全不同的新型无线网络，是由无线 Ad Hoc 网络顺应人们无处不在的 Internet 接入需求演变而来。

在传统的无线局域网(WLAN)中，每个客户端均通过一条与 AP 相连的无线链路来访问网络，用户要想进行相互通信，必须首先访问一个固定的接入点(AP)，这种网络结构被称为单跳网络。而在无线 Mesh 网络中，任何无线设备节点都可以同时作为 AP 和路由器，网络中的每个节点都可以发送和接收信号，每个节点都可以与一个或者多个对等节点进行直接通信。这种结构的最大好处在于：如果最近的 AP 由于流量过大而导致拥塞的话，那么数据可以自动重新路由到一个通信流量较小的邻近节点进行传输。以此类推，数据包还可以根据网络的情况，继续路由到与之最近的下一个节点进行传输，直到到达最终目的地为止。

实际上，Internet 就是一个 Mesh 网络的典型例子。例如，当人们发送一份 E-mail 时，电子邮件并不是直接到达收件人的信箱中，而是通过路由器从一个服务器转发到另外一个服务器，最后经过多次路由转发才到达用户的信箱。在转发的过程中，路由器一般会选择效率最高的传输路径，以便使电子邮件能够尽快到达用户的信箱。因此，无线 Mesh 网络也被形象地称为无线版本的 Internet。

与传统的交换式网络相比，无线 Mesh 网络去掉了节点之间的布线需求，但仍具有分布式网络所提供的冗余机制和重新路由功能。在无线 Mesh 网络里，如果要添加新的设备，只需要简单地接上电源就可以了，它可以自动进行配置，并确定最佳的多跳传输路径。添加或移动设备时，网络能够自动发现拓扑变化，并自动调整通信路由，可以获取最有效的传输路径。

③无线穿戴网络。无线穿戴网络是以短距离无线通信技术（蓝牙和 ZigBee 技术等）与可穿戴式计算机技术为基础，穿戴在人体上、具有智能收集人体和周围环境信息的一种新型个域网（PAN）。可穿戴计算机为可穿戴网络提供核心计算技术，以蓝牙和 ZigBee 等短距离无线通信技术作为其底层传输手段，结合各自优势组建一个无线、高度灵活、自组织，甚至是隐蔽的微型 PAN。可穿戴网络具有移动性、持续性和交互性等特点。

④无线体域网。无线体域网（Body Area Network，BAN）是由依附于身体的各种传感器构成的网络。通过远程医疗监护系统提供及时现场护理（POC）服务是提升健康护理手段的有效途径。在远程健康监护中，将 BAN 作为信息采集和及时现场护理（POC）的网络环境，可以取得良好的效果，赋予家庭网络以新的内涵。借助 BAN，家庭网络可以为远程医疗监护系统及时有效地采集监护信

息；可以对医疗监护信息预读，发现问题，直接通知家庭其他成员，达到及时救护的目的。

2.1.2 无线网络的拓扑结构

1. 点到点连接

构成不同拓扑结构的基本元素是简单的点到点连接，如图 2-1(a)所示。这些基本元素的重复可以得到有线网络的两种最简单的拓扑结构——总线型拓扑结构和环型拓扑结构，如图 2-1(b)和图 2-1(c)所示。

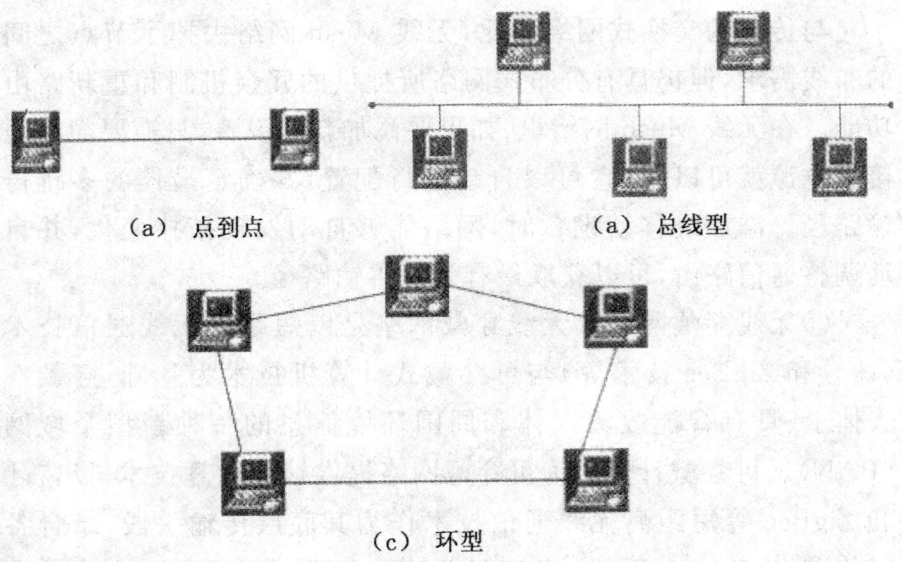

图 2-1 点到点、环型、总线型拓扑结构

在总线型拓扑结构中，物理介质是由所有终端设备所共享的。其特点包括：费用低、数据端用户接入灵活、安全性高、可靠性高、扩展性强等，因此总线型网络是一种比较普遍的网络拓扑结构，也是应用最为广泛的一种网络拓扑结构。

根据节点间的连接是单向的还是双向的，环形拓扑结构可以分为两种。在单向环形拓扑结构中，相连的节点一端是发送机，另一端是接收机，消息在环内单向传播。而在双向环形拓扑结构中，每个相连的节点既是发送机也是接收机（亦称为收发信机），消息可以在两个方向上传播。

总线和环形拓扑都易于受到单点错误的影响，单个连接故障会使总线网络的部分节点与网络隔断，或者使环形网络的所有通信中断。

解决上述问题的办法是引入一些特殊的网络硬件节点，这些网络硬件设计旨在控制其他网络设备间的数据流。其中最简单的一种是无源集线器。有源集线器即中继器，是无源集线器的一种变型，它可以放大数据信号以改善较长距离网络连接时信号强度的衰减。

与有线网络相比，点到点连接在无线网络中更为常见，如端到端（P2P）、Ad-Hoc Wi-Fi 连接、无线 MAN 回程装置、蓝牙等。

2. 无线网络的星型拓扑结构

在星型拓扑结构中，每个站由点到点链路连接到公共中心，任意两个站点之间的通信均要通过公共中心，星型拓扑结构不允许两个站点直接通信。因为所有通信都要通过中央节点，所以中心节点一般都比较复杂，各个站的通信处理负担比较小。无线网络星型拓扑的中心节点，可以是 WIMAX 基站、Wi-Fi 接入点、蓝牙主设备或者 ZigBee PAN 协调器，其作用类似于有线网络中的集线器。

无线媒体本质上的不同意味着，交换式和非交换式集线器的差别对无线网络中的控制节点来说并没有太大影响，因为并没有相应的无线媒体能够替代连接到每个设备的单独缆线。无线 LAN 交换机或控制器是一种有线网络设备，用来将数据交换到接入点（AP），接入点负责为每个数据包寻址目的站。

这种通用规则也有例外情况。如基站或接入点设备能够将单独的站点或者一组使用扇形或阵列天线的站点在空间上分开。

在无线 LAN 的情况下,可以使用一种新型的称为接入点阵列的设备来实现类似的空间分割。这种设备将无线 LAN 控制器和扇形天线阵列相结合,使网络容量加倍。通过空间上分离的区域或传播路径来进行传输,使网络吞吐量加倍的技术称为空分复用,主要应用于 MIMO 无线通信中。

3. 无线网状网络

无线网状网络也称为移动 Ad-Hoc 网络(MANET),是局域网或者城域网的一种,网络中的节点是移动的,而且可以直接与相邻节点通信而不需要中心控制设备。由于节点可以进入或离开网络,因此无线网状网络的拓扑结构不断变化,如图 2-2 所示。数据包从一个节点到另一个节点直至到目的地的过程称为"跳"。

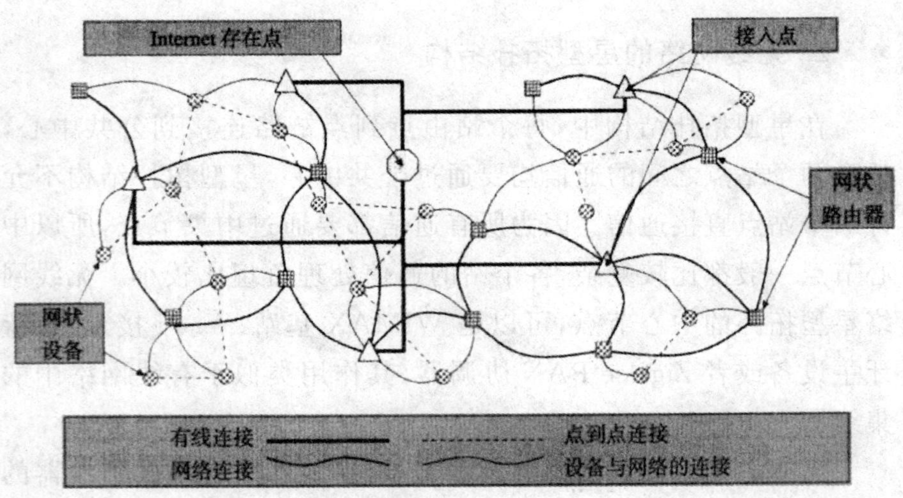

图 2-2 无线网状网络拓扑结构

数据路由功能分布到整个网状网络,而不是由一个或多个专门的设备控制。这与数据在 Internet 上传送的方式类似,包从一个设备跳到另外一个设备直到目的地,然而在网状网络中路由功能包含在每个节点中而不是由专门的路由器实现。

动态路由功能要求每个设备要向与其相连接的所有设备通告其路由信息，并且在节点移动、进入和离开网状网络时更新这些信息。

分布式控制和不断地重新配置使得在超负荷、不可靠或者路径故障时能够快速重新找到路由。如果节点的密度高到可以选择其他路径时，无线网状网络可以自我修复而且非常可靠。设计这种路由协议的主要难题是，要实现不断地重构路由需要比较大的管理开销，或者说数据带宽有可能都被这些路由消息给占据了。与有线网络路由相比，无线网状网络中的多重路径对整个网络的吞吐量也有类似的影响。无线网状网络的容量将随着节点数目的增加而增加，而且可用的选择路径的数目也会增加，所以容量的增加可以通过简单地向无线网状网络中增加更多的节点来实现。

2.1.3　无线网络技术的应用

1. 无线网络技术的专门领域应用

如今，无线网络的好处被越来越多的专门领域所认识到，他们也开始使用无线网络技术。随着时间的推移、用户需求的增长和技术普及率的提高，这些专门领域也逐渐把无线网络与企业更深入地融为一体。

(1)零售业

无线技术在电子收款机系统(POS)中的应用大大方便了商家和消费者，并将彻底改变了零售业的交易模式。现金出纳机和打印机不再需要放到一个固定的地点，而可以被远程使用；通过使用无线技术，多个现金出纳机可以通过无线网络接入点连接到一台主计算机上，再与广域网相连，通过广域网连接把实时的销售数据传递到公司总部，方便财务进行核算。

无线 POS 机的使用还方便了库存管理。一个手持的无线条形码扫描器具有多种用途，一方面它能更方便地协助收款系统，另一方面它能通过无线技术把相关数据传递到主计算机系统。操作人员可以利用它查看特定商品在一天内的库存变化情况。无线扫描器体积小，便于携带，并且不需手工输入就能记录相关的数据，可以帮助提高库存管理的效率。

(2)配送服务领域

灵活性和速度是配送及速递服务的一大关键。为了方便在配送车辆与办公室之间进行语音通信，该行业采用了一种称为“增强型专用移动无线电”(ESMR)的技术，从而通过办公室里的一个调度装置为司机安排全天的行程。司机在到达某一地点之后，就用无线电向调度装置发送自己的位置信息。

ESMR能像民用波段(Citizens Band，CB)无线电一样工作，一方面能够让同一信道上的所有用户同时接收信息，另一方面又能让两个用户进行单独通信。这种解决方案不但能让调度装置协调提货和配送的计划，并且能随时掌握司机的进度。例如，它可以引导空载车辆的司机去协助其他司机完成任务，它可以将客户的配送请求用无线电通知给路上的司机。这种通信方式可以节约时间、提高效率，给配送服务带来好处。

联合包裹公司(UPS)为了满足业务需求，还采用了一种类似的无线系统。它给每位司机都配备了一个看上去像是剪贴板的设备，上面带有一个数字读出装置，并且附有一个笔一样的工具。司机使用该工具对每一笔配送进行数字化记录，并且用它记录收到包裹者的确认签名。该信息能通过无线网络传回公司的控制中心，方便客户登录到UPS的网站上查询包裹的确切状态。

(3)金融领域

无线技术的应用能让投资者时刻掌握最新的股市行情，从而做出及时的交易决策。如今的投资者可以通过无线设备从互联网接收实时的股市行情，进行在线交易，并且能对市场行情立即做出反应。而不再是坐在办公桌前打电话指示经纪人买进或卖出。

无线技术的应用能让投资者选择特定的股票并及时获得关键的信息。在这种应用中，投资者可以为自己跟踪的股票设定一个警告阈值，当股票的走势满足该阈值后，投资者能够接收到通过无线服务发送的信息。投资者能享受这一服务所带来极大的便利。

(4)监测领域

无线技术在监测领域的应用已经有一段时期的历史。监测包括主动式监测和被动式监测。主动式监测是通过发射无线电信号到监测目标，再接收一系列的预期返回信号。例如，交通管制中使用的雷达测速枪就是一个典型的主动式监测的例子，巡逻人员把测速枪对准目标，然后启动测速枪，目标的相关数据就能立即显示在雷达装置上。被动监测只需要让监测设备一直对信号发射装置进行接听并记录下相关数据。例如，可以在动物身上放置一个信号发射器，在一段时期内搜集它所发送的信号和数据，供随后的研究使用。被动监测的历史较前者而言更为悠久。

美国航空航天局(NASA)对太空中无线电信号进行监听并接收探测器传来的图片和数据、气象卫星对天气模式进行观测、地质学家使用无线电波搜集地震信息等都是目前已有的监测应用范围。

(5)公共安全领域

无线技术在公共安全领域最早的应用是为偏远地区的航海及其他存在潜在危险的活动提供无线电通信。通过使用卫星通信以及国际海事卫星组织(INMARSAT)的协调，无线通信既能为恶劣天气下的船只提供信息，又能提供紧急情况求助机制。这一应用推动了全球定位系统(GPS)的诞生。

GPS 自诞生发展到现在，已经成为美国海军舰艇的标准配置。在大多数情况下，每位船长都能利用环绕地球的 24 颗 GPS 定位卫星，再结合自己船上的导航系统，从而判断出自己当前的确切位置并绘出航线图。GPS还被用于军事和航空领域。对个人应用而言，GPS还能通过追踪或精确定位个人所在位置来挽救生命。

目前，无线技术的应用还发展到了一些医学方面，例如，救护车和医院监测连接等。远程的救护车能通过无线设备与医院保持联系，在救护车把病人运到医院的急救室之前，车上的紧急医疗救护员能够通过医生的远程指导提供早期救治。这对于危急病人而言是非常重要的，能够争分夺秒使其尽快脱离危险。进行早期救治的同时，包含病人身体状况的标准监控数据也能在第一时间内通过无线传递到医院。

2. 无线技术的通用领域应用

除了在专门领域的应用外，无线技术还能用于各种通用领域。

(1)网络浏览

如今，越来越多的无线设备都集成了各种语音和数据处理功能，并且可以利用合适的软件连接到互联网，将互联网的力量通过海量的信息表现出来。

例如，各种PDA、Palm公司推出的手持设备以及带有合适软硬件的无线电话都能用来连接互联网，速度可以达到56 kbps。随着演进数据优化(EVDO)等技术的采用，一些无线电话现在能提供400～700 kbps的传输速率，最大速率更是达到了2.4 Mbps。无线通信技术应用于浏览互联网是一个巨大的成就，但它的脚步远远没有停止。它开始进入了互联网游戏的领域。随着无线设备界面的不断改善，游戏行业将很快为人们的PDA等设备提供高质量的在线游戏体验。

(2)信息传递

无线手机、无线应用协议(WAP)和短信息服务(SMS)的广泛使用都属于信息传递领域，该服务类似美国在线(AOL)提供的网上即时通信服务。移动终端把双向信息传递、多服务呼叫和

Web浏览等功能集一身，成为消费者手中的一种强大工具，也能让相关厂商获得更高的收益。无线信息传递服务还被应用到人们的日常生活中，尤其是在餐馆里，传统的座位预订方式很可能会被这种服务逐渐取代。

(3)蓝牙无线设备

蓝牙设备同样采用是2.4 GHz频带来进行数据传输的，它在最近几年也变得日益流行起来。蓝牙技术在人们的生活、工作中发挥着重要作用，越来越多的组织和公司开始认识到蓝牙设备所带来的便利性。

首先，蓝牙设备具有免提耳机和数据同步等功能。人们可以把PDA和智能手机等设备与笔记本电脑进行无线同步；人们可以利用蓝牙耳机与无线电话进行免提通信；人们还可以利用汽车本身带有的蓝牙功能把无线电话与车载音响连接起来，不需要耳机就能实现电话的免提拨打和接听。

其次，一些能够接入互联网的无线电话还能通过蓝牙提供Tethering服务，也就是先让无线电话接入互联网，再把它通过蓝牙技术与笔记本电脑相连，这样笔记本就能通过无线电话接入互联网了。

(4)地图查询

GPS系统可以在无线环境中进行地图查询，GPS装置能显示出当前位置的周边地图，其工作原理是：GPS卫星发射的信号被传递到车载计算机中，该计算机包含的应用软件里已经存有一张地图。应用软件里的地图数据越新，地图就越精确。GPS接收器获得的地理坐标被输入到软件的地图里，通常表示为一个圆点，屏幕上就可以显示出这个圆点当前位于地图中的什么位置。屏幕显示的画面会随着GPS接收器的移动进行即时更新。

GPS不仅能协助航运业进行导航，还能增强商业运输工具和私人车辆的安全。目前不少汽车都已经安装了GPS接收器，以防止司机迷路。

2.2 无线局域网技术

无线局域网(Wireless Local Area Network,WLAN)是指以无线信道来代替传统线传输介质所构成的局域网络。无线局域网是在有线网络的基础上发展而来的,WLAN 的出现能够使网络上的各种终端设备摆脱有线连接介质的束缚,使其具有更多的移动性,并能够实现与有线网络之间的互连和互通。

2.2.1 无线局域网的特点

1. 无线局域网的优点

与传统有线局域网相比,WLAN 具有以下几个优点。

(1)安装便捷

在网络建设中,施工周期最长、对周边环境影响最大的是网络布线施工工程。在施工过程中,往往需要破墙掘地、穿线架管。而 WLAN 最大的优势就是免去或减少了网络布线的工作量,一般只要安装一个或多个访问接入点(Access Point,AP)设备,就可建立覆盖整个建筑或地区的局域网络。

(2)易于进行网络规划和调整

对于有线网络来说,办公地点或网络拓扑的改变通常意味着重新建网、布线,费时、费力且需要较大的资金投入。而无线网络设备可以随办公环境的变化而轻松转移和布置,有效提高了设备的利用率并保护用户的设备投资。

(3)易于扩展

WLAN 可以以一种独立于有线网络的形式存在,在需要时可以随时建立临时网络,而不依赖有线骨干网。WLAN 组网灵活,可以满足具体的应用和安装需要。WLAN 与传统有线局域网相比提供了更多可选的配置方式，既有适用于小数量用户的对等网络，也有适用于几千名移动用户的完整基础网络。在 WLAN 中增加或减少无线客户端都非常容易，通过增加无线 AP 就可以增大用户数量和覆盖范围，可以很快地从只有几个用户的小型局域网扩展到支持上千用户的大型网络，并且能够实现节点间“漫游”等有线局域网无法实现的特性。

（4）移动性和灵活性

WLAN 利用无线通信技术在空中传输数据，摆脱了有线局域网的地理位置束缚，用户可以在网络覆盖范围内的任何位置接入网络，并且可在移动过程中对网络进行不间断的访问，体现出极大的灵活性。目前的 WLAN 技术可以支持最远 50 km 的传输距离和最高 90 km/h 的移动速度，足以满足用户在网络覆盖区域内享受视频点播、远程教育、视频会议、网络游戏等一系列宽带信息服务。

（5）故障定位容易、维护成本低

据相关统计，尽管目前构建 WLAN 需投入的资金要比构建有线局域网高 30%左右（主要是部署无线网卡和无线 AP 的费用），但是由于后期维护方便，WLAN 的维护成本要比有线局域网低 50%左右。因此，对于经常移动、增加和变更的动态环境来说，WLAN 的长远投资收益更加明显。在有线局域网中，由于线路连接不良而造成的网络中断往往很难查明，检修线路需要付出很大的代价。WLAN 则很容易定位故障，只需更换故障设备即可恢复网络连接。

（6）网络覆盖范围广

WLAN 具体的通信距离和覆盖范围视所选用的天线不同而有所不同：定向天线可达到 5～50 km；室外的全向天线可覆盖 15～20 km 的半径范围；室内全向天线可覆盖 250 m 的半径范围。

2. 无线局域网的缺点

WLAN 并非完美无缺，也有许多面临的问题需要解决，这些局限性实际上也是 WLAN 必须克服的技术难点。这些局限性有些是低层技术方面的问题，需要 WLAN 设计者在研发过程中加以考虑；有些则是应用层面的问题，需要使用者在应用时加以克服和注意。

(1)可靠性

有线局域网的信道误比特率达 10^{-9}，这样就保证了通信系统的可靠性和稳定性。WLAN 采用无线信道进行通信，而无线信道是一个不可靠信道，存在着各种各样的干扰和噪声，从而引起信号的衰落和误码，进而导致网络吞吐性能的下降和不稳定。此外，由于无线传输的特殊性，还可能产生“隐藏终端”、“暴露终端”和“插入终端”等现象，影响系统的可靠性。

(2)兼容性与共存性

兼容性包括多个方面：WLAN 要兼容现有的有线局域网；兼容现有的网络操作系统和网络软件；多种 WLAN 标准的兼容，如 IEEE 802.11b 对 IEEE 802.11 的兼容，IEEE 802.11g 对 IEEE 802.11b 的兼容；不同厂家 WLAN 产品间的兼容。

共存性也包括多个方面：同一频段的不同制式或标准的无线网的共存，如 2.4 GHz 频段的 WLAN 和蓝牙系统的共存；不同频段、不同制式或标准的无线网的共存(多模共存)，如 2.4 GHz 频段的 WLAN 和 5.8 GHz 频段 WLAN 的共存，WLAN 与 GPRS 系统的共存等。

(3)安全性

WLAN 的安全性有两方面的内容：一个是信息安全，即保证信息传输的可靠性、保密性、合法性和不可篡改性；另一个是人员安全，即电磁波的辐射对人体健康的损害。

因为信道的封闭性，在有线网络中存在着固有的安全保障。但在 WLAN 中，鉴于无线电波不能局限于网络设计的范围内，因此，有被偷听和被恶意干扰的可能性。目前，WLAN 系统中存在着一些安全漏洞。无线电管理部门应规定 WLAN 能够使用的频段，规定发射功率和带外辐射等各项技术指标。

（4）移动性

WLAN虽然可以支持站的移动，但对大范围移动的支持机制还不完善，也还不能支持高速移动。即使在小范围的低速移动过程中，性能还要受到影响。

（5）带宽与系统容量

由于频率资源有限，WLAN的信道带宽远小于有线网的带宽；由于无线信道数有限，即使可以复用，WLAN的系统容量通常也要比有线网的容量小。因此，WLAN的一个重要发展方向就是提高系统的传输带宽和系统容量。

（6）覆盖范围

WLAN的低功率和高频率限制了其覆盖范围。为了扩大覆盖范围，需要引入蜂窝或微蜂窝网络结构，或者通过中继与桥接等其他措施来实现。

（7）干扰

外界干扰可对无线信道和WLAN设备形成干扰，WLAN系统内部也会形成自干扰；同时，WLAN系统还会干扰其他无线系统。因此，在WLAN的设计与使用时，要综合考虑电磁兼容性能和抗干扰性能，并采用相应的措施。

（8）节能管理

由于WLAN的终端设备是便携设备，如笔记本计算机、PDA（个人数字助理）等，为了节省电池的消耗，延长设备的使用时间和提高电池的使用寿命，网络应具有节能管理功能。当某站不处于数据收发状态时，应使机内收发处于休眠状态，当要收发数据时，再激活收发信机。

（9）多业务与多媒体

现有的WLAN标准和产品主要面向突发数据业务，而对于语音业务、图像业务等多媒体业务的适宜性很差，需要开发保证多业务和多媒体的服务质量的相关标准和产品。

（10）小型化、低价格

这是WLAN能够实用并普及的关键所在。这取决于大规模集成电路，尤其是高性能、高集成度技术的进步。可喜的是，目前3 GHz以下砷化镓MMIC（微波单片集成电路）的技术已相当成熟，已经具备了生产小型、低价格WLAN射频单元的技术能力。

尽管WLAN技术仍有许多不足之处，但其先天的优势和良好的发展前景是不容置疑的。

2.2.2 无线局域网的结构

1. 无线局域网的物理结构

无线局域网的物理组成或物理结构如图2-3所示，它主要包括以下几个部分：站（Station，STA）、无线介质（Wireless Medium，WM）、基站（Base Station，BS）或接入点（Access Point，AP）、分布式系统（Distribution System，DS）等。

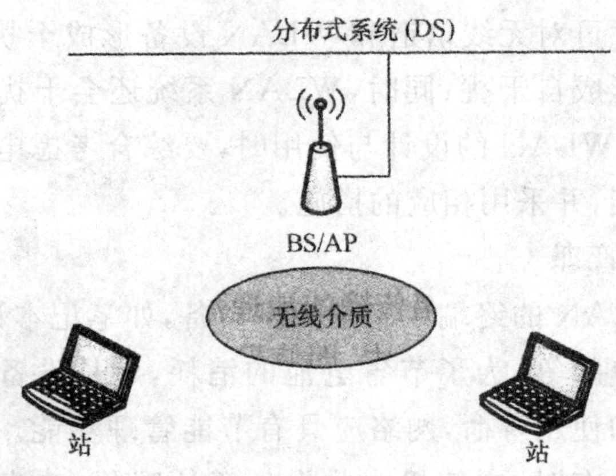

图2-3 无线局域网的物理结构

(1)站（STA）

站（点）也称为主机或终端，是WLAN最基本的组成单元。网络就是进行站间数据传输的，通常把连接在WLAN中的设备称为站。站在WLAN中通常用做客户端，它是具有无线网络接口的计算设备。它包括以下几个部分。

①终端用户设备。终端用户设备是站与用户的交互设备。这些终端用户设备可以是台式计算机、便携式计算机和掌上电脑等，也可以是其他智能终端设备，如 PDA 等。

②无线网络接口。无线网络接口是站的重要组成部分，它负责处理从终端用户设备到无线介质间的数字通信，一般采用调制技术和通信协议的无线网络适配器（无线网卡）或调制解调器（Modem）。无线网络接口与终端用户设备之间通过计算机总线（如 PCI）或接口（如 RS-232、USB）等相连，并由相应的软件驱动程序提供客户应用设备或网络操作系统与无线网络接口之间的联系。

③网络软件。网络操作系统（NOS）、网络通信协议等网络软件运行于无线网络的不同设备上。客户端的网络软件运行在终端用户设备上，它负责完成用户向本地设备软件发出命令，并将用户接入无线网络。当然，对 WLAN 的网络软件有其特殊的要求。

WLAN 中的站之间可以直接相互通信，也可以通过基站或接入点进行通信。在 WLAN 中，站之间的通信距离由于天线的辐射能力有限和应用环境的不同而受到限制。

通常把 WLAN 所能覆盖的区域范围称为服务区域（Service Area，SA），而把由 WLAN 中移动站的无线收发信机及地理环境所确定的通信覆盖区域称为基本服务区（Basic Service Area，BSA）。考虑到无线资源的利用率和通信技术等因素，BSA 不可能太大，通常在 100 m 以内，也就是说同一 BSA 中的移动站之间的距离应小于 100 m。

（2）无线介质（WM）

无线介质是无线局域网中站与站之间、站与接入点之间通信的传输媒介。这里所说的介质为空气。空气是无线电波和红外线传播的良好介质。

通常，由无线局域网物理层标准定义无线局域网中的无线介质。

(3)无线接入点(AP)

无线接入点(简称接入点)类似蜂窝结构中的基站,是 WLAN 的重要组成单元。无线接入点是一种特殊的站,它通常处于 BSA 的中心,固定不动。其基本功能有以下几种:

①作为接入点,完成其他非 AP 的站对分布式系统的接入访问和同一 BSS 中的不同站间的通信关联。

②作为无线网络和分布式系统的桥接点,完成 WLAN 与分布式系统间的桥接功能。

③作为 BSS 的控制中心,完成对其他非 AP 的站的控制和管理。

无线接入点是具有无线网络接口的网络设备,至少要包括以下几部分。

①与分布式系统的接口(至少一个)。

②无线网络接口(至少一个)和相关软件。

③桥接软件、接入控制软件、管理软件等 AP 软件和网络软件。

无线接入点可以作为普通站使用,称为 AP Client。WLAN 中的接入点可以是各种类型的,如 IP 型的和无线 ATM 型的。无线 ATM 型的接入点与 ATM 交换机的接口为移动网络与网络接口(MNNI)。

(4)分布式系统(DS)

环境和主机收发信机特性能够限制一个基本服务区所能覆盖区域的范围。为了能覆盖更大的区域,就需要把多个基本服务区通过分布式系统连接起来,形成一个扩展业务区(Extended Service Area,ESA),而通过 DS 互相连接起来的属于同一个 ESA 的所有主机构成了一个扩展业务组(Extended Service Set,ESS)。

分布式系统(Wireless Distribution System,WDS)就是用来连接不同基本服务区的通信通道,称为分布式系统媒体(Distribution System Medium,DSM)。分布式系统媒体可以是有线信道,也可以是频段多变的无线信道。这为组织无线局域网提供了充分的灵活性。

通常，有线 DS 系统与骨干网都采用有线局域网（如 IEEE 802.3）。而无线分布式系统使用 AP 间的无线通信（通常为无线网桥）将有线电缆取而代之，从而实现不同 BSS 的连接，如图 2-4 所示。分布式系统通过入口与骨干网相连。无线局域网与骨干网（通常是有线局域网，如 IEEE 802.3）之间相互传送的数据都必须经过 Portal，通过 Portal 就可以把无线局域网和骨干网连接起来，如图 2-5 所示。

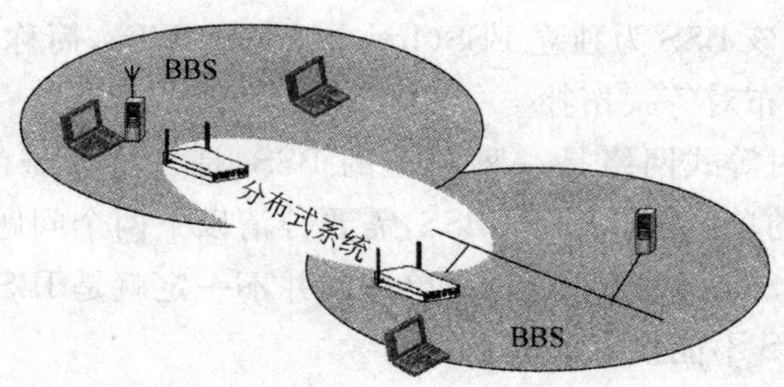

图 2-4 无线分布式系统

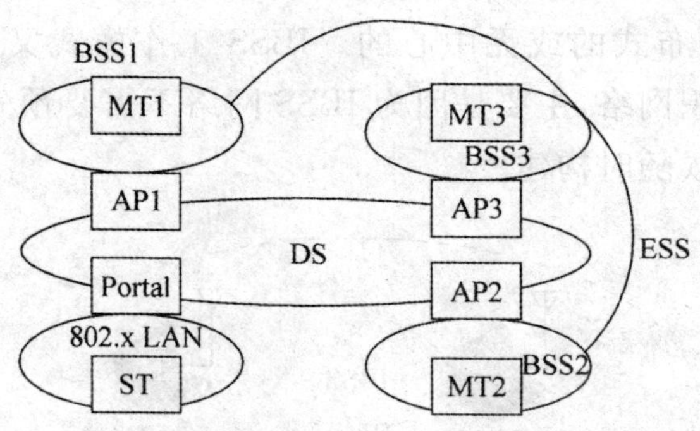

图 2-5 Portal 与 WLAN 拓扑

2. 无线局域网的拓扑结构

WLAN 的拓扑结构有多种，按照物理拓扑分类，可分为单区网（Single Cell Network，SCN）和多区网（Multiple Cell Networks，

MCN);按照逻辑结构分类,可分为对等式、基础结构式和线形、星形、环形等;按照控制方式分类,可分为无中心分布式和有中心集中控制式两种;从与外网的连接性来分类,可分为独立 WLAN 和非独立 WLAN。

BSS 也称为一个无线局域网工作单元。它有两种基本拓扑结构或组网方式,分别是分布对等式拓扑和基础结构集中式拓扑。单个 BSS,称为单区网,多个 BSS 通过 DS 互联构成多区网。当一个 BSS 内部站点可以直接通信并且没有与其他 BSS 连接时,我们称该 BSS 为独立 BSS(Independent BSS),简称 IBSS。

(1)分布对等式拓扑

分布对等式网络是一种独立的 BSS,是一种典型的、以自发方式构成的单区网。对于 IBSS,需要分清以下两个问题:

①IBSS 是一种单区网,而单区网并不一定就是 IBSS。

②IBSS 不能接入 DS。

在可以直接通信的范围内,IBSS 中任意站之间可直接进行通信而不需要 AP 进行转接,如图 2-6 所示。从而站之间的关系是对等的、分布式的或无中心的。IBSS 工作模式又被称为特别网络或自组织网络,主要是因为 IBSS 网络不需要预先计划,可以在需要的时候随时构建。

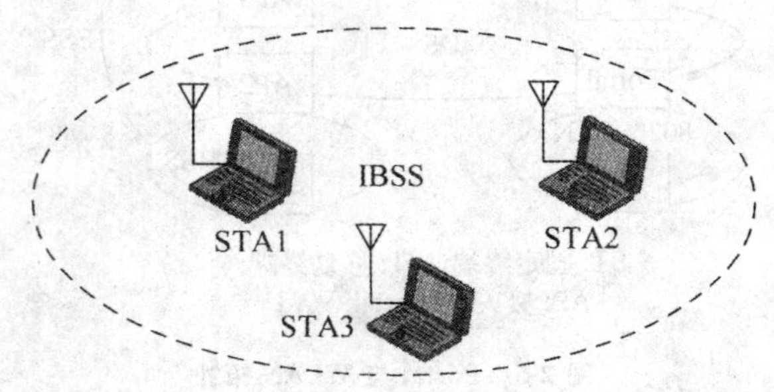

图 2-6　IBSS 的工作模式

采用这种拓扑结构的网络,各站点竞争公用信道。当站点数过多时,信道竞争成为限制网络性能的要害。因此,在小规模、小范围的 WLAN 系统中适合采用这种网络。

这种网络的显著特点是受时间与空间的限制较大，也正是这些限制使得IBSS的构造与解除非常方便简单，为网络设备中非专业用户的操作提供了很大的便利。也就是说，除了网络中必备的STA之外，不需要任何专业的技能训练或花费更多的时间及其他额外资源。IBSS具有结构简单、组网迅速、使用方便、抗毁性强的优点，多用于临时组网和军事通信中。

(2)基础结构集中式拓扑

在WLAN中，基础结构是扩展业务组的分布和综合业务功能的逻辑位置，它包括分布式系统媒体、AP和端口实体。

一个基础结构除DS外，还包含一个或多个AP及零个或多个端口。因此，在基础结构WLAN中，至少要有一个AP。如图2-7所示为只包含一个AP的单区基础结构网络。AP是BSS的中心控制站，网络中的站在该中心站的控制下与其他站进行通信。

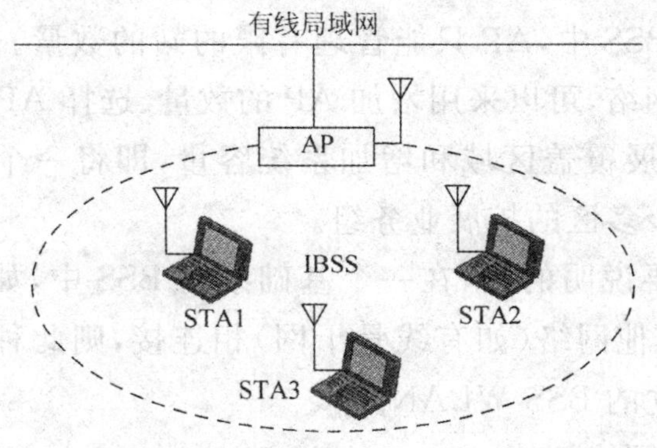

图2-7　基础结构BSS的工作模式

与IBSS相比，基础结构BSS的抗毁性较差，AP一旦遭到破坏，整个BSS就会瘫痪。此外，作为中心站的AP具有较高的复杂度，同时实现成本也比较高。

在一个基础结构BSS中，一个站与同一BSS内的另一个站通信，必须经过源站到AP和AP到宿站的两跳过程，并由AP进行转接。显然这样需要较多的传输容量，并且增加了传输时延，但与各站直接通信相比有以下优势：

①AP 决定着基础结构 BSS 的覆盖范围或通信距离。一般情况下，两站可进行通信的最大距离是进行直接通信时的两倍。BSS 内的所有站都需在 AP 的通信范围之内，而对各站之间的距离没有限制，即网络中的站点的布局受环境的限制较小。

②由于各站不需要保持邻居关系，其路由的复杂性和物理层的实现复杂度较低。

③AP 作为中心站，控制着所有站点对网络的访问，当网络业务量增大时，网络的吞吐性能和时延性能并不会出现太过于剧烈的恶化。

④AP 可以很方便地对 BSS 内的站点进行同步管理、移动管理和节能管理等，即具有极好的可控性(Controllability)。

⑤为接 ADS 或骨干网提供了一个逻辑接入点，具有较强的可伸缩性(Scalability)。

在一个 BSS 中，AP 只能管理有限的站的数量。为了扩展无线基础结构网络，可以采用增加 AP 的数量、选择 AP 合适位置等方法，从而扩展覆盖区域和增加系统容量，即将一个单区的 BSS 扩展成为一个多区的扩展业务组。

最后需要说明的是，在一个基础结构 BSS 中，如果 AP 没有通过 DS 与其他网络(如有线骨干网)相连接，则此种结构的 BSS 也是一种独立的 BSS WLAN。

(3)ESS 网络拓扑

扩展业务区(ESA)是由多个基本服务区通过 DS 联结形成的一个扩展区域，它的覆盖范围可达数公里。属于同一个扩展业务区(ESA)的所有站组成 ESS，如图 2-8 所示即为一个完整的 ESS 无线局域网的拓扑结构。在扩展业务区(ESA)中，AP 不但能够完成其基本功能(如无线到 DS 的桥接)，还可以确定一个基本服务区的地理位置。

ESS 是一种由多个 BSS 组成的多区网，其中每个 BSS 都被分配了一个标识号 BSSID。如果一个网络由多个 ESS 组成，则每个 ESS 也被分配一个标识号 ESSID，所有的 ESSID 组成一个网络标识NID(Network ID),用以标识由这几个ESS组成的网络(实际上是逻辑网段,也就是通常所说的子网)。

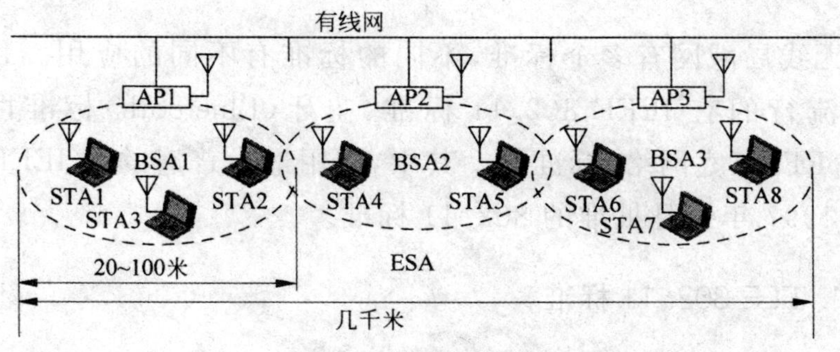

图2-8 ESS无线局域网

从图中可以发现,BSA1和BSA2、BSA2和BSA3之间都有一定程度的重叠。在实际中,一个ESS中的基本服务区之间并不一定要有重叠。当一个站(如STA1)从一个BSA(如BSA1)移动到另外一个BSA(如BSA2),称这种移动为散步或越区切换,这是一种链路层的移动。当一个站(如STA1)从一个ESA移动到另外一个ESA,也就是说,从一个子网移动到另一个子网,称这种移动为漫游,这是一种网络层或IP层的移动。这种移动过程同样也伴随着越区切换操作。

同样需要说明的是,对于ESS网络,如果没有通过DS与其他网络(如有线网)相连接,则此种结构的ESS仍然是一种独立的WLAN。

(4)中继或桥接型网络拓扑

采用中继或桥接型网络拓扑是拓展WLAN覆盖范围的另一种有效方法。

两个或多个网络(LAN或WLAN)或网段可以通过无线中继器、无线网桥或无线路由器等无线网络互联设备连接起来。如果中间只通过一级无线互联设备,称为单跳网络。如果中间需要通过多级无线互联设备,则称为多跳网络。

2.2.3 无线局域网的标准

无线局域网有多个标准，不同的标准有不同的应用。目前比较流行的有 IEEE 802.11 标准、蓝牙(Bluetooth)标准以及 HomeRF(家庭网络)标准等。其中，应用最为普遍的是 IEEE 组织于 1997 年 6 月批准的 802.11 标准。

1. IEEE 802.11 标准

IEEE 802.11 是在 1997 年由大量的局域网以及计算机专家审定通过的标准。IEEE 802.11 规定了无线局域网在 ISM 的 2.4 GHz 波段进行操作，这一波段被全球无线电法规实体定义为扩频使用波段。

IEEE 802.11 无线局域网标准的制定是无线网络技术发展的一个里程碑。目前这一系列标准主要有 4 个，分别为 802.11b、802.11a、802.11g 和 802.11i。前 3 个标准针对 IEEE 802.11 的传输速度进行了改进，第 4 个标准是专门用于针对无线局域网安全的标准。

(1)IEEE 802.11b 标准

1999 年 9 月，IEEE 对 IEEE 802.11 标准进行了进一步的完善和修订，并新增了 IEEE 802.11a 标准和 IEEE 802.11b 标准。

IEEE 802.11b 标准定义的工作频率为 2.4 GHz，采用跳频扩频技术，最大传输速率为 11 Mbps，室内传输距离为 30～100 m，室外为 100～300 m。因为价格低廉，IEEE 802.11b 标准的产品被广泛使用。其升级版本为 IEEE 802.11b+，支持 22 Mbps 数据传输速率。IEEE 802.11b+还能够根据情况的变化，在 11 Mbps、5.5 Mbps、2 Mbps、1 Mbps 的不同速率之间自动切换。

(2)IEEE 802.11a 标准

IEEE 802.11a 标准是在 1999 年开始制定的，该标准主要用来解决对更高数据传输率的需求问题。IEEE 802.11a 标准是一项无线城域网技术，用于将IEEE 802.11的接入点连接到互联网，这种技术可以作为传统线缆或ADSL的无线扩展技术，从而实现最后一公里的宽带接入问题。该标准的实现是通过使用5 GHz的高频频段和OFDM的无线电传输技术来达到高速要求的。

IEEE802.11a标准的数据传输速率可以和高速以太网相比拟，能够达到54 Mbps，而IEEE 802.11b只能达到11 Mbps。因为该协议定义了在微波频段中比较高的频段上进行工作，宽带对于频段的消耗也降低了，IEEE 802.11a协议试图通过使用更有效的数据编码方案和增强措施将信号发送到一个更高频段上，通过这个方法来解决数据传输距离问题。

(3)IEEE 802.11g标准

IEEE 802.11g标准是于2003年6月推出的新标准，结合了IEEE 802.11b标准支持的2.4 GHz工作频率和IEEE 802.11a标准的54 Mbps的传输速率，这样在兼容IEEE 802.11b标准的基础上拥有了高速率，使原有的802.11b和802.11a两种标准的设备都可以在同一网络中使用。IEEE 802.11g是目前主流的无线局域网标准。它提供了高速的数据通信带宽，较为经济的成本，并提供了对原有主流无线局域网标准的兼容。

IEEE 802.11g的优势主要表现在以下几个方面。

①高达54 Mbps的数据传输速率。

②完全兼容802.11b标准。

③在相同的物理环境下，在同样达到54 Mbps的数据传输速率时，802.11g的设备能提供大约两倍于802.11a设备的覆盖距离。

④免费的2.4 GHz频带在全球绝大部分国家是可用的。

⑤采用了与802.11a标准相同的OFDM调制，利于双频产品的设计与实现。

(4)IEEE 802.11i标准

IEEE 802.11i标准是专门用于加强无线局域网安全的标准。因为无线局域网的“无线”特点，致使任何进入此网络覆盖区的用户都可以轻松地以临时用户身份进入网络，给网络带来了不安全因素。为此，IEEE 802.11i 标准专门就无线局域网的安全性方面做了明确规定，如加强用户身份论证制度，并对传输的数据进行加密等，很好地解决了现有无线网络的安全缺陷和隐患。安全标准的完善，无疑将有利于推动无线局域网应用。

2. 蓝牙标准

蓝牙(IEEE 802.15)是一项最新标准，对 T802.11 来说，它的出现不是为了竞争而是相互补充。蓝牙比 IEEE 802.11 更具移动性，例如，IEEE 802.11 限制在办公室和校园内，而蓝牙却能把一个设备连接到局域网(LAN)和广域网(WAN)，甚至支持全球漫游。此外，蓝牙成本低、体积小，可用于更多的设备。“蓝牙”最大的优势还在于，在更新网络骨干时，如果搭配“蓝牙”架构进行，使用整体网路的成本肯定比铺设线缆低。

“蓝牙”是一种极其先进的大容量近距离无线数字通信的技术标准，其目标是实现最高数据传输速度 1 Mbps(有效传输速率为 721 kbps)、理想连接范围为 10 cm～10 m，通过增加发射功率可达到 100 m。蓝牙工作在 2.4 GHz 频带，与其他工作在 2.4 GHz 频段上的系统相比，其跳频更快、数据包更短，故而比其他系统更稳定。

3. HomeRF 标准

HomeRF 是专门为家庭网络设计的一种 WLAN 技术标准，是 IEEE 802.11 与数字无绳电话标准(DECT)的结合，旨在降低语音数据成本。

HomeRF 也采用了扩频技术，不但可以通过时分复用支持语音通信，还可以通过载波侦听多路访问/冲突避免(CCSMA/CA)协议提供数据通信服务。目前，HomeRF 工作在 2.4 GHz 频带，能同步支持四条高质量语音信道。但目前 HomeRF 的传输速率只有 1～2 Mbps，FCC 建议增加到 10 Mbps。

2.2.4　常见的无线局域网设备

1. 无线网卡

一个无线网卡主要包括网卡单元、扩频通信机和天线 3 个功能块。网卡单元负责建立主机与物理层之间的连接。扩频通信机与物理层建立了对应关系，实现无线电信号的接收与发射。当计算机要接收信息时，扩频通信机通过网络天线接收信息，并对该信息进行处理，判断是否要发给网卡单元，如是则将信息上交给网卡单元，否则将其丢弃掉。如果扩频通信机发现接收到的信号有错，则通过天线反馈给发送端一个出错信息，通知发送端重新发送该信息。当计算机要发送信息时，主机先将待发送的信息传送给网卡单元，网卡单元监测信道若空闲，则立即发送，否则暂不发送，并继续监测。

(1)接口类型

无线网卡的接口类型主要有 PCI、USB、PCMCIA 三种，PCI 接口的无线网卡主要用于 PC，PCMCIA 接口的无线网卡主要用于笔记本电脑，USB 接口的无线网卡既可以用于 PC 也可以用于笔记本电脑。

(2)传输速率

数据传输速率是衡量无线网卡性能的重要指标之一。目前，无线网卡支持的最大传输速率可以达到 54 Mbps，一般都支持 IEEE 802.11g 标准，兼容 IEEE 802.11b 标准。部分厂家的无线网卡通过各种无线传输技术，实现了高达 108 Mbps 的数据传输速率，例如 TP-LINK、NETGEAR 等。

比较常用的支持 IEEE 802.11b 标准的无线网卡最大传输速率可达 11 Mbps，其增强型产品可以达到 22 Mbps、甚至 44 Mbps。对于普通家庭用户选择 11 Mbps 的无线网卡即可；而对于办公或商业用户，则需要选择至少 54 Mbps 的无线网卡。

(3)传输距离

传输距离也是衡量无线网卡性能的一个重要指标。传输距离越大说明其灵活性越强。目前,一般的无线网卡室内传输距离可以达到 30～100 m,室外可达到 100～800 m。无线网卡传输距离的远近会受到环境的影响,如墙壁、无线信号干扰等,因此,实际传输距离可能较之小一些。

(4)安全性

因为常见的 IEEE 802.11b 和 IEEE 802.11g 标准的无线产品使用的是 2.4 GHz 工作频率,所以,理论上任何安装了无线网卡的用户都可以访问网络,这样的网络环境,其安全性得不到保障。为此,一般采取两种加密技术,无线应用协议(Wireless Application Protocol,WAP)和有线等价加密(Wired Equivalent Privacy,WEP),WAP 加密性能比 WEP 强,但兼容性不好。目前,一般的无线网卡都支持 68/128 位的 WEP 加密,部分产品可以达到 256 位。

2. 无线接入点

如果将无线网卡比作传统网络中的以太网卡,那么无线接入点就是传统网络中的集线器。

通常情况下,无线客户端都是通过 AP 接入以太网或通过 AP 共享网络资源,这是 WLAN 最典型的工作模式,称为构架模式。当然,无线客户端还可以不通过 AP,直接实现对等互联,这种工作模式称为对等模式。

因为每个 AP 的覆盖范围都有一定的限制,正如手机可以在基站之间漫游一样,无线局域网客户端也可以在 AP 之间漫游。需要注意的是,网卡的连接距离不光取决于网卡本身,还要看 AP 的覆盖范围,因此 AP 是组建无线局域网的一个关键设备。

在选购无线 AP 时,需注意以下事项。

(1)端口类型、速率

无线 AP 的 WAN 端口用于和有线网络进行连接,这样可以组建有线、无线混合网。在端口的传输速率方面，一般应该为 10/100 Mbps 自适应 RJ-45 端口。

(2)网络标准

目前，无线 AP 一般都支持 IEEE 802.11b 和 IEEE 802.11g 标准，分别可以实现 11 Mbps、22 Mbps 的无线网络传输速率。目前 IEEE 802.11g 标准的产品比较普遍。除此之外，还可以支持 IEEE 802.3 以及 IEEE 802.3u 网络标准。

(3)网络接入

目前，常见的 Internet 宽带接入方式有 ADSL、Cable Modem、小区宽带等。所以无线 AP 应该支持常见的网络接入方式，例如，使用 ADSL 上网的用户选择的产品必须支持 ADSL 接入(即 PPPoE 拨号)，对于单位办公用户或小区宽带用户，必须要选择支持以太网接入。

(4)防火墙

为了保证网络的安全，无线 AP 最好内置有防火墙功能。

3. 无线局域网的辅助设备

(1)天线

当计算机与无线 AP 或其他计算机相距较远时，随着信号的减弱，传输速率会明显下降，或者根本无法实现与 AP 或其他计算机之间的通信，此时，就必须借助于无线天线对所接收或发送的信号进行增益放大。

无线设备本身的天线都有一定距离的限制，当超出这个限制的距离，就要通过这些外接天线来增强无线信号，达到延伸传输距离的目的。这里涉及以下两个概念。

①频率范围。它是指天线工作的频段。这个参数决定了它适用于哪个无线标准的无线设备。比如 802.11a 标准的无线设备就需要频率范围在 5 GHz 的天线来匹配，所以在购买天线时一定要认准这个参数对应的相应产品。

②增益值。此参数表示天线功率放大倍数，数值越大表示信

号的放大倍数就越大，也就是说当增益数值越大，信号越强，传输质量就越好。

无线 AP 的天线有室内天线和室外天线两种类型。室外天线又可分为锅状的定向天线、棒状的全向天线等多种类型。

(2)无线宽带路由器

无线宽带路由器集成了有线宽带路由器和无线 AP 的功能，既能实现宽带接入共享，又拥有无线局域网的功能。

通过与各种无线网卡配合，无线宽带路由器就可以以无线方式连接成不同的拓扑结构的局域网，从而共享网络资源，形式灵活方便。

2.2.5 无线局域网的物理层技术

1. 微波技术

无线局域网采用电磁波作为载体来传送数据信息。对电磁波的使用可以分为窄带射频和扩频射频技术两种常见模式。WLAN 从本质上讲是对传统有线局域网的扩展，WLAN 组件将数据包转换为无线电波或者是红外脉冲，将它们发送到其他无线设备中或发送到作为有线局域网网关的接入点。目前大多数 WLAN 部是基于 IEEE 802.11 和 IEEE 802.11b 标准而制造的设备，通过这些设备来与局域网进行无线通信。这些标准可使数据传输分别达到 1～2 Mbps 或 5～11 Mbps，确定一个通用的体系、传输模式或其他无线数据传输来提高产品的互操作性。

WLAN 制造商在设计解决方案的时候，可以选择使用多种不同的技术。每个技术都有自己的优势和局限性。在常规的无线通信应用中，其载波频谱宽度主要集中在载频附近较窄的带宽内。而扩频通信则采用专用的调制技术，将调制后的信息扩展到很宽的频带上去。需要注意的是，即使采用同样的扩频技术，各种产品在实现方法上也不相同。

(1)窄带技术

窄带无线系统在一个特定的射频范围传输和接收用户信息。窄带无线技术只是传递信息,并占有尽可能窄的无线信号频率带宽。若通过合理的规划和分配,不同的网络用户就可以使用不同信道频率,并可以以此来避免通信信道间的干扰。在使用窄带通信的时候,既能够通过使用无线射频分离技术来实现信号分离,也可以通过对无线接收器的配置来实现对指定频率之外的所有其他干扰无线信号的过滤。

(2)扩频技术

扩频通信的基本思想是通过使用比发送信息数据速率高出许多倍的伪随机码将载有信息数据的基带信号频谱进行扩展,形成宽带的低功率频谱密度信号。增加传输信号的带宽就可以在较强的噪声环境下进行有效的数据传输,其基本思路就是通过扩频方法得到很宽的数据传输频带以换取信噪比上的好处。这就是扩频通信的基本思想和理论依据。扩频通信技术在发射端进行扩频调制,在接收端以相关解调技术接收信息,这一过程使其具有许多优良特性。

2. 红外技术

WLAN 使用电磁微波(无线或红外)进行点到点的信息通信,而不依赖任何的物理连接。无线电波常常指无线载波器,因为他们只是执行将能量传递到远程接收器的作用。传输的数据被加载到无线载波器中,这样就可以从接收终端中准确地提取。这通常被称作通过传递信息的载波器调制。一旦数据加载(调制)到无线载波器,无线信号将占用多于一个的频率,因为调制信息的频率或比特率被加入到了载波器中。

基于红外线方式的无线局域网方案包有价格低廉、工作频率高、干扰小、数据传输速率高、接入方式多样、使用不受约束等特点。但这种模式的无线局域网只能进行一定角度范围内的直线通信,在收信机和发信机之间要求不能存在障碍物。

在通常情况下，建立基于红外线传输的无线局域网的方式有如下两种。

(1)采用固定方向的红外线传输

这种方式的覆盖范围非常远。在理论上可以达到数千米，并且能够应用于室外环境，同时因为该方式的无线局域网带宽很大，所以其数据传输速度也很高。

(2)采用全方向的红外线传输

这种方式的无线局域网能够由发射源向任意方向的任何目的地址以全向方式发送信号。这种方式的无线局域网覆盖范围相对前者要小得多。

因此，诸多因素综合考虑，在现阶段我们就可以得到如下这个结论：红外技术仅仅可以当成无线局域网的一门技术来加以讲述，它是组成无线局域网的一种形式，但是相对于射频技术而言，红外技术还不能达到射频无线网络所具有的性能。

2.2.6　无线局域网的 MAC 层技术

1. CSMA/CA

CSMA/CA 的基础是载波侦听，IEEE 802.11 根据 WLAN 的介质特点提出了两种载波检测方式。一种是基于物理层的载波检测方式；另一种是虚拟的载波检测方式。

(1)基于物理层的载波检测方式

基于物理层的载波检测方式是根据接收到的射频或天线信号来检测信号能量，或者是根据接收信号的质量来估计信道的忙闲状态。

(2)虚拟载波检测方式

虚拟载波检测方式是通过 MAC 报头 RTS/CTS 中的 NAV 来实现。只要其中的一个 NAV 提示出信号传输介质正在被其他用户所使用，那么传输介质就被认为已经处于忙状态。

虚拟载波侦听检测机制是由 MAC 层提供的，虚拟载波侦听机制要参考 NAV 来实现。NAV 包含对介质上要进行通信内容的预测，NAV 是从实际数据交换前的 RTS 和 CTS 以及 MAC 在竞争期间除节能轮询控制帧外的所有帧头中持续时间域来获取有用信息。

载波侦听机制包含 NAV 状态和由物理载波侦听信道提供给 STA 的发送状态。NAV 可以被看成一个计数器，它以统一的速率逐渐递减，直至减少到 0，当该计数器为 0 的时候则表明传输介质处于空闲状态，否则的话，介质就为忙。只要无线局域网中的任意一个站点发送数据，那么整个网络的传输介质就都会被确定为忙状态。

CSMA 作为随机竞争类 MAC 协议，算法简单而且性能丰富，所以在实际局域网的使用中得到了广泛的应用。但是在无线局域网中，由于无线传输介质固有特性及移动性的影响，无线局域网的 MAC 在差错控制、解决隐藏节点等方面有别于有线局网络。因此 WLAN 与有线局域网所采用的 CSMA 具备一定的差异。WLAN 采用 CSMA/CA 协议，它与 CSMA/CD 最大的不同点在于其采取避免冲突工作方式。

2. 媒体接入技术

无线局域网中 MAC 所对应的标准为 IEEE 802.11，IEEE 802.11 的 MAC 子层分为两种工作方式，一种是分布控制（DCF）方式，另一种是中心控制（PCF）工作方式。

(1)分布控制方式（DCF）

DCF 是基于具有冲突检测的载波侦听多路存取方法（CSMA/CA），无线设备发送数据前，首先要探测一下线路的忙闲状态，如果空闲，则立即发送数据，并同时检测有无数据碰撞发生。这一方法能协调多个用户对共享链路的访问，避免出现因争抢线路而无法通信的情况。这种方式在共享通信介质时没有任何优先级的规定。DCF 包括载波检测（CS）机制、帧间间隔（IFS）和随机避让规程。对 IEEE 802.11 协议来说,网络中所有的终端发送数据时,都要按照 CSMA/CA 的媒体访问方法接入共享介质,也就是说,需要发送数据的终端首先侦听介质,以便知道是否有其他终端正在发送。若介质不忙,则可以进行发送处理,但不是马上发送数据帧,而是由 CSMA/CA 分布算法,强制性地控制各种数据帧相应的时间间隔(IFS),只有在该类型帧所规定的 IFS 内且介质一直是空闲的方可发送。若检测到介质正在传送数据,则该终端将推迟竞争介质,一直延迟到现行的传输结束为止。在延迟之后,该终端要经过一个随机避让时间重新竞争对介质的使用权。

(2)中心控制方式(PCF)

PCF 是一个在 DFC 之下实现的替代接入方式。并且仅支持竞争型非实时业务,适用于具备中央控制器的网络。该操作由中央轮询主机(点协调者)的轮询组成。点协调者在发布轮询时使用 PIFS。由于 PIFS 小于 DIFS,点协调者能获得媒体,并在发布轮询及接收响应期间,锁住所有的非同步通信。

2.2.7 无线局域网的应用

无线局域网主要有 4 个应用区域:局域网的扩展、交叉建筑的互联、游动接入和自组网络。

1. 局域网的扩展

早期的无线局域网产品于 20 世纪 80 年代晚期引入,作为传统有线局域网的替代品出现在市场上。无线局域网节省了局域网布线的费用,并使得重定位以及对网络结构的其他修改变得容易。然而,无线局域网的这些推动力被一些事件所取代。首先,当认识到对局域网的需要变得更大时,设计师设计的新建筑包括了大量数据应用的预埋线。第二,随着数据传输技术的进步,在局域网方面,对双绞线的依赖也在增加,特别是对 3 类和 5 类非屏蔽双绞线。大部分老建筑已使用充足的 3 类线进行布线,许多新建筑预埋了 5 类线。这样，在很大程度上，使用无线局域网取代有线局域网的事情并没有发生。

然而，在很多环境中，无线局域网的一个作用是替代有线局域网。这方面的例子包括诸如制造工厂、证交所的交易大厅和仓库等具有巨大开放区域的建筑，双绞线不足并且又禁止钻孔布新线的历史建筑及那些安装和维护有线局域网并不经济的小办公室。在所有这些情况下，无线局域网提供了一个有效且更具吸引力的替代技术。在大多数这些情况中，一个组织也将拥有一个有线局域网，以支持服务器和一些固定工作站。例如，一个制造厂一般有一个与厂房分隔、但出于联网的目的又与之相连的办公室。因此，一般而言，在同一块地上，无线局域网将被连至有线局域网。这样，此应用区域被称为局域网的扩展。

如图 2-9 所示指出了在许多环境中都具有代表性的一个简单的无线局域网配置。其中，存在一个诸如以太网的有线骨干局域网，它支持服务器、工作站和一个或多个与其他网络相连的网桥或路由器。此外，有一个作为无线局域网接口的控制模块(Control Module，CM)。控制模块或者包括网桥或者包括路由器功能，以将无线局域网与骨干网相连，它包括几类诸如轮询或令牌传递模式的访问控制逻辑，以管理由端系统传来的访问。注意，一些端系统是独立设备，如工作站或服务器。控制有线局域网的大量站点的集线器或其他用户模块(User Modules，UMs)也可作为无线局域网配置的一部分。

如图 2-9 所示的配置可被称为单蜂窝区无线局域网，所有无线终端系统在单个控制模块的范围内。如图 2-10 所示的另一个普通配置是多蜂窝区无线局域网，在此情况下，存在多个由有线局域网互联的控制模块，每个控制模块支持大量传输范围内的无线终端系统。例如，对于一个红外局域网，“传输被限于一个单间，因此，需要无线支持的办公建筑中的每个房间需要一个蜂窝区。

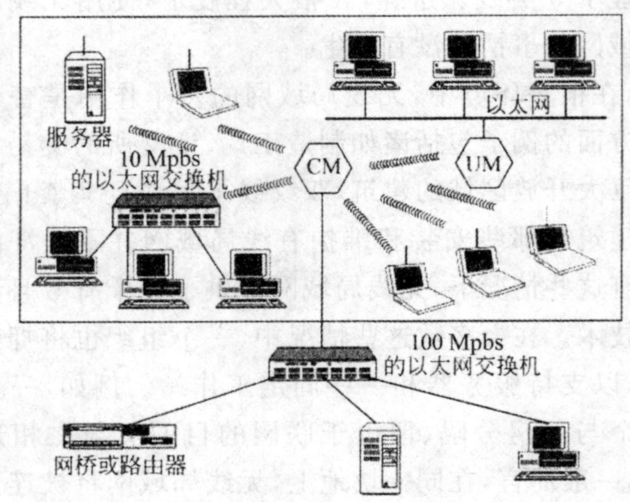

图 2-9 单蜂窝区无线局域网配置实例

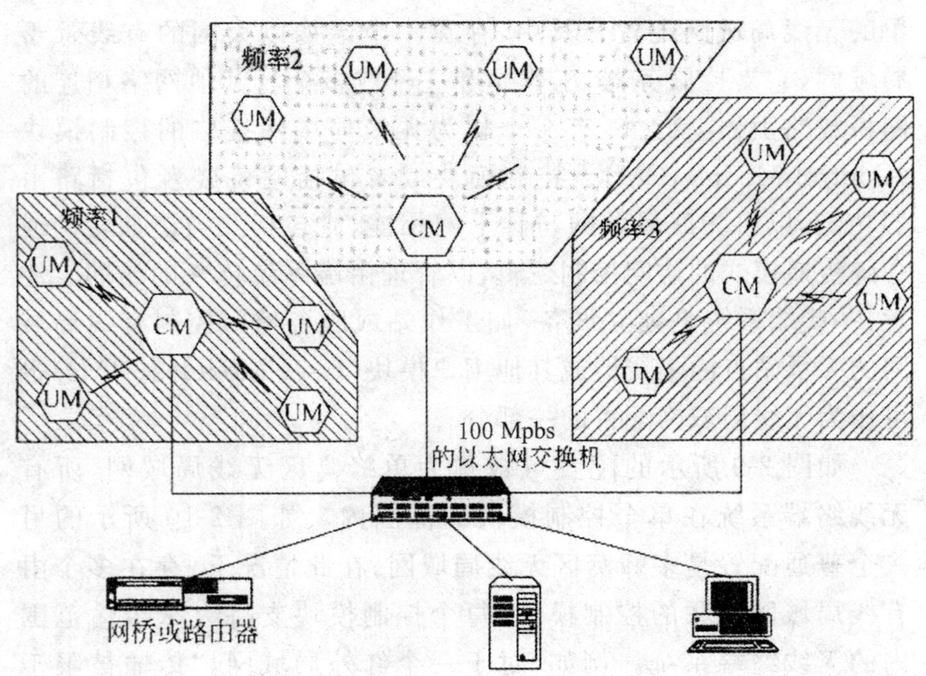

图 2-10 多蜂窝区无线局域网配置实例

2. 交叉建筑的互联

无线局域网技术的另一个使用是将邻近建筑的有线或无线局域网相连。在此情况下，两建筑间使用一条点到点的无线链路，这样被连接的设备一般为网桥或路由器。这个单独的点到点链路本质上不是局域网，但无线局域网的标题中通常也包括此应用。

3. 游动接入

游动接入在局域网集线器和诸如膝上计算机或笔记本计算机等带天线的移动数据终端间提供了一条无线链路。这种应用的一个实例是：这样的连接使得旅途归来的雇员能将数据从个人的便携计算机发至办公室的服务器。游动接入在诸如校园或在室外办公等扩展环境中也是有用的。在这两种情况中，用户可以带着他们的便携机四处走动，并期望从不同位置接入有线局域网的服务器。

4. 自组联网

自组网络是为满足某种急需而临时建立的点到点网络（无中央服务器）。例如，可能有一群配有膝上或掌上机的雇员聚在会议室召开商务或教室会议，他们仅在会议期间将他们的计算机联至临时网络。

如图 2-11 所示显示了支持局域网扩展、移动接入需求和自组无线局域网的无线局域网之间的不同。在前面的情形中，无线局域网形成一个固定的基础设施，该设施由一个或多个包含控制模块的蜂窝区组成。在一个蜂窝区中，可能存在大量的固定终端系统，移动站点能由一个蜂窝区移到另一个蜂窝区。与之相对，自组网络没有基础设施。而且，在站点的相互范围内，对等站点的集合可以将其自身动态配置成一个临时网络。

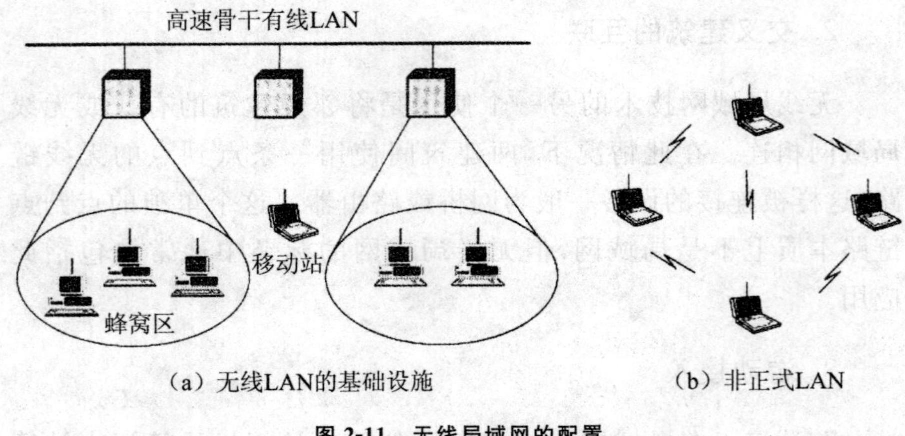

图 2-11 无线局域网的配置

2.3 无线城域网技术

无线城域网（Wireless Metropolitan Area Network，WMAN）是指在地域上覆盖城市及其郊区范围的分布节点之间传输信息的本地分配无线网络，能实现语音、数据、图像、多媒体、IP 等多业务的接入服务。其覆盖范围的典型值为 3～5 km，点到点链路的覆盖可以高达几十千米，可以提供支持 QoS 的能力和具有一定范围移动性的共享接入能力。

2.3.1 无线城域网的标准 IEEE 802.16

IEEE 802.16 是 IEEE 802 LAN/MAN 的一个工作组，成立于 1999 年。主要负责开发工作在 2～66 GHz 频带的无线接入系统空中接口物理层（PHY）和介质接入控制层（MAC）规范，同时还有空中接口协议相关的一致性测试以及不同无线接入系统之间共存的规范，涉及 MMDS、LMDS 等技术。它由 3 个工作小组组成，每个工作小组分别负责不同的方向：IEEE 802.16.1 负责制定频率为 10～60 GHz 的无线接口标准；IEEE 802.16.2 负责制定宽带无线接入系统共存方面的标准；IEEE 802.16.3 负责制定频率在 2～10 GHz 之间的获得频率使用许可权且可应用的无线接口标准。IEEE 802.16 工作组制定的是用户的收发信机同基站收发信机之间的无线接口，协议标准按照三层体系结构组织。

①物理层。三层结构中的最底层，该层的协议主要是关于频率带宽、调制模式、纠错技术以及发射机同接收机的同步、数据传输速率和时分复用结构等方面。

②数据链路层。在物理层之上，该层上主要规定了为用户提供服务所需的各种功能。这些功能都包括在介质访问控制(MAC)层中，主要负责将数据组成帧格式来传输和对用户如何接入到共享的无线介质中进行控制。

③汇聚层。在 MAC 层之上，该层能根据所提供服务的不同而相应地提供不同的功能。该层也可以归到数据链路层上。

1. IEEE 802.16 系列标准

IEEE 802.16 标准规定了多业务点对多点宽带无线接入系统的空中接口，包括 MAC 层和物理层。MAC 层能够支持多种物理层，这些物理层已经被优化以满足多个应用频带。IEEE 802.16 标准的制定与发布标志着第二代宽带无线接入系统产生。

根据是否支持移动特性，IEEE 802.16 标准可以分为固定宽带无线接入空中接口标准和移动宽带无线接入空中接口标准，其中 IEEE 802.16、IEEE 802.16a、IEEE 802.16d 属于固定无线接入空中接口标准，而 IEEE 802.16e 属于移动宽带无线接入空中标准。

(1)IEEE 802.16 标准

最早的 IEEE 802.16 标准在 2001 年 12 月获得批准，该标准对工作在 10～66 GHz 频段的固定宽带无线接入系统的空中接口物理层和 MAC 层进行了规范，由于其使用的频段较高，因此，仅能应用于视距(LOS)传输。

(2)IEEE 802.16a 标准

2003 年 1 月颁布的 IEEE 802.16a 是对 IEEE 802.16 的扩展，在 2～11 GHz(包括许可带宽和免许可带宽)的频段上，对 MAC 层进行修改扩展和对物理层进行补充规范。结合了一些增强性能的技术，如 ARQ，主要面向于住宅、SOHO、远程工作者以及 SME 市场。

(3)IEEE 802.16c 标准

2002 年发布的 IEEE 802.16c 标准是对 IEEE 802.16 标准的增补文件，是对工作在 10～66 GHz 频段 IEEE 802.16 系统的兼容性规范，详细规定了 10～66 GHz 频段 IEEE 802.16 系统在实现上的一系列特性和功能。

(4)IEEE 802.16d 标准

IEEE 802.16—2004(即 IEEE 802.16d)标准是 IEEE 802.16 标准系列的一个修订版本，也是相对比较成熟并且最具实用性的一个标准版本。IEEE 802.16d 对 2～66 GHz 频段的空中接口物理层和 MAC 层做了详细规定，定义了支持多种业务类型的固定宽带无线接入系统的 MAC 层和相对应的多个物理层。该标准对前几个标准进行了整合和修订，但仍属于固定宽带无线接入规范。它保持了 IEEE 802.16、IEEE 802.16a 等标准中的所有模式和主要特性，增加或修改的内容用来提高系统性能和简化部署，或者用来更正错误、补充不明确或不完整的描述，包括对部分系统信息的增补和修订。同时，为了能够后向平滑过渡到 IEEE 802.16，IEEE 802.16d 增加了部分功能以支持用户的移动性。

(5)IEEE 802.16e 标准

与前几个标准的最大区别在于对移动性的支持。该标准规定了可同时支持固定和移动宽带无线接入的系统，工作在小于 6 GHz 适宜于移动性的许可频段，可支持用户终端以车辆速度移动，同时，IEEE 802.16—2004 规定的固定无线接入用户能力并不因此受到影响。IEEE 802.16e 标准规定了支持基站或扇区间高层切换的功能。制定 IEEE 802.16e 标准的目的，是希望能够提出一种既能提供高速数据业务又使用户具有移动性的宽带无线接入解决方案。

(6)IEEE 802.16f 标准

IEEE 802.16f 工作组于 2004 年 7 月成立，该工作组负责制定的 IEEE 802.16f 标准主要定义 IEEE 802.16 系统 MAC 层和物理层的管理信息库（Manage Information Base，MIB）以及相关的管理流程。

(7)IEEE 802.16g 标准

IEEE802.16g 工作组也于 2004 年 7 月成立，标准制定的目的是为了规定 IEEE 802.16 管理流程和接口，从而能够实现 IEEE 802.16 设备的互操作性以及对网络资源、移动性和频谱的有效管理。IEEE 802.16g 标准的主要工作是围绕管理平面进行的。

2. WiMAX 与 IEEE 802.16

虽然标准的制定是某项技术被广泛接纳的关键，但事实表明，一个标准的通过并不意味着这项技术就一定会被市场所接纳。要被市场广泛接纳，就必须克服诸如互操作性和部署成本等障碍，其中互操作性尤其重要。互操作性意味着最终用户可以购买自己偏好的品牌，拥有他们想要的特点，并知道它怎么与其他认证过的类似产品一起工作。要真正获得市场，产品必须首先被认证是符合标准的，然后还必须证明它们是可以互操作的。但克服上述障碍并不是 IEEE 的职能，需要由业界来做。WLAN 就是一个很好的例子，802.11b 标准是在 1999 年得到批准的，但是在 WiFi 联盟引入互操作性认证之前，并没有被广泛接纳，可互操作的 802.11b 设备直到 2001 年才面世。于是在 2001 年 4 月成立了世界微波接入互操作性论坛（World Wide Interoperability for Microwave Access，WiMAX），当时是为 10～66 GHz 频段的 IEEE 802.16 原始规范而成立的。

WiMAX 是一个非赢利性的工业贸易组织，由 Intel 及其他众多领先的通信组件及设备公司共同创建。截至 2004 年 1 月底，其成员数由之前的 28 个迅速增长到超过 70 个，特别吸引了 AT&T、电讯盈科等运营商、西门子移动及我国的中兴通讯等通信厂商的参与。WiMAX 总裁兼主席 LaBrecque 认为，这将是该组织发展的一个里程碑。虽然实际的商用进程尚待时日，但是从 WiMAX 论坛发布的资料上显示，WiMAX 正力图成为继无线局域网联盟 Wi-Fi 之后的另一个具有充分产业影响力的无线产业联盟。作为 WiMAX 的主要成员，Intel 一直致力于 IEEE 802.16 无线城域网芯片的开发。

WiMAX 的认证是基于 IEEE 802.16 和 ETSI HiperMAN 标准的。WiMAX 的目的之一就是为 IEEE 802.16a 和 ETSI HiperMAN 标准建立一个简单的互操作性规范。WiMAX 与 IEEE 的合作开始于同 IEEE 802.16 工作组的合作，并且 WiMAX 为 IEEE 一致性标准做出了重要的贡献。

WiMAX 与 IEEE 802.16 之间有着非常紧密的联系与合作，同时又有着分工的不同，后者是标准的制定者，而前者是标准的推动者。

WiMAX 首先着眼于采用 IEEE 802.16 标准中的 256 OFDM PHY 模式的系统规范定义，WiMAX 已经决定，先对采用 256 点 OFDM 物理层方式，工作在 2.5 GHz 和 3.5 GHz 许可频段、5.8 GHz 免许可频段的设备进行一致性和互操作性测试。随着技术、标准、市场的发展，WiMAX 将选择更多的特性进行互操作性测试。

而且随着 IEEE 802.16e 技术和规范的进展，该组织的目标也逐步扩展，不仅要建立一整套基于 IEEE 802.16 标准和 ETSI HiperMAN 标准的认证体系，同时还致力于可运营的宽带无线接入系统的研究、需求的分析、应用模式的探索、市场的拓展等一系列大力促进宽带无线接入市场发展的工作。通常认为，IEEE 802.16 工作组是 IEEE 802.16 WiMAX 空中接口规范的制定者，而 WiMAX 是技术和产业链的推动者。目前 WiMAX 几乎成为了 IEEE 802.16 WiMAX 技术的代名词，其空中接口规范涵盖了 IEEE 802.16d/e 标准。

3. WiMAX 工作组

成立 WiMAX 是为了对基于 IEEE 802.16 标准和 ETSI HiperMAN 标准的宽带无线接入产品进行一致性和互操作性认证和推动。由于标准本身不足以推动某种技术的大规模使用，而 WiMAX 的建立则可以帮助消除大规模使用宽带无线接(BWA)技术所面临的各种障碍。在这些方面，WiMAX 与服务供应商和管理部门紧密合作，确保获得 WiMAX 认证的系统能够符合客户和政府的要求。目前，WiMAX 组织设立了 7 个工作组，涉及关与 WiMAX 所认证产品的多个领域。

(1)技术工作组(TWG)

技术工作组主要的工作目标是制定一致性测试规范和确定认证服务的内容，实现全球范围内宽带无线接入系统的互操作性。

(2)认证工作组(CWG)

认证工作组的任务是确保所有经过认证的产品能够符合论坛的标准规范，并互联互通，主要包括一致性测试规程、互操作规程以及认证的流程，同时还负责认证实验室的建立以及质量监控。认证测试包括一致性测试和互操作的测试，其中一致性测试由射频一致性测试和协议一致性测试两部分组成。另外，该工作组联合 TWG(技术工作组)与 ETSI 建立了非常密切的联系，定义了协同工作的方式、职责，旨在建立全球统一的 IEEE 802.16—2004/ETSI BRAN HiperMAN 系统的测试规范，同时共享测试环境、测试设备和测试文档，以充分利用资源，互相促进。

(3)频谱工作组(RWG)

频谱工作组的主要目标是找寻和确定适用于 WiMAX 产品的许可频段，鼓励使用全球统一的频段以最大限度利用频率资源，同时降低产品的制造成本。

(4)应用工作组(AWG)

应用工作组的目标是确定和发展适用于 WiMAX 的业务和应用,促使 WiMAX 技术和其他技术区分开,从而驱动用户对宽带无线业务的需求。该工作组将应用分成了交互类游戏、VOIP 和电视会议业务、实时流媒体业务、Web 浏览与即时消息业务与下载业务 5 种类别,并提交需求工作组讨论。

(5)需求工作组(SPWG)

需求工作组的工作目标是提出宽带无线接入系统网络架构发展的需求,以保证产品满足当前和未来市场发展的需要,制定 WiMAX 实施演进图,为市场验证和长期商业实施提供支持。

(6)网络工作组(NWG)

网络工作组是目前最活跃和最受关注的工作组,工作目标如下:

①建立满足 WMF-SPWG 需求和 WMF-TWG 技术要求的网络参考模型,以及系统需求说书。

②制定端到端的基于 IEEE 802.16 的无线宽带系统规格说明书,以满足便携和移动应用。

③定义在 IEEE 802.16 和核心网范畴以外的接口,网络功能实体以及互联互通规程。

④为 WiMAX Forum 和其他的标准组织推进系统的互联互通打下良好基础。

⑤积极推动宽带无线接入市场的发展。

(7)市场工作组(MWG)

市场工作组主要的工作是推动 WiMAX Forum 组织及 WiMAX 品牌的发展,建立世界级的宽带无线接入一致性和互联互通标准,确定 WiMAX 产品的市场定位,引领和推动宽带无线接入市场的发展。

2.3.2 WiMAX 协议模型

IEEE 802.16 标准协议模型(图 2-12)定义了介质访问控制层

(MAC)和物理层(PHY)协议结构。

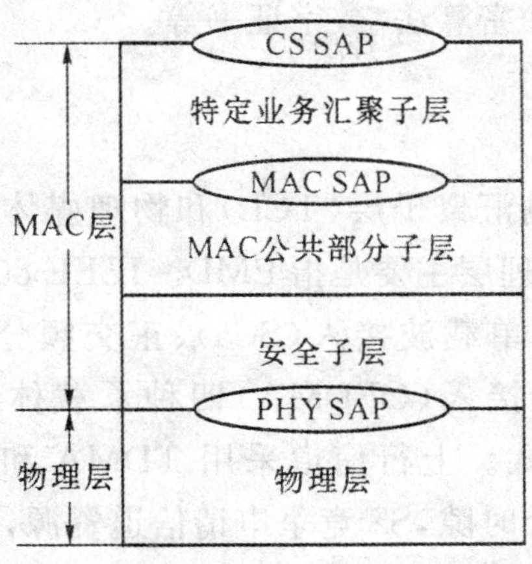

图 2-12 IEEE 802.16 协议模型

1. 介质访问控制层

WiMAX 中的通信是面向连接的。来自 WiMAX MAC 上层协议的所有服务(包括无连接服务)被映射到 WiMAX MAC 层 SS 与 BS 间的连接。为向用户提供多种服务,SS 可以与 BS 之间建立多个连接,并通过 16 比特连接标识(CIDs)识别。

MAC 层又分为特定业务汇聚子层(CS)、MAC 公共部分子层(CPS)和安全子层(SS)3 个子层。

(1)特定业务汇聚子层

该子层提供以下两者之间的转换和映射服务:从 CS SAP(汇聚子层业务接入点)收到的上层数据;从 MAC SAP(MAC 业务接入点)收到的 MAC SDU(MAC 层用户数据单元)。

(2)MAC 公共部分子层

该子层提供 MAC 层核心功能,包括系统接入、带宽分配、连接建立、连接维护等。

(3)安全子层

安全子层主要实现认证、密钥交换和加解密处理等功能,直接与 PHY 交换 MAC 协议数据单元(MPDU)。安全子层内容较多,包括了密钥管理(PKM)协议、动态安全关联(SA)产生和映射、密钥的使用、加密算法、数字证书等。

2. 物理层

物理层由传输汇聚子层(TCL)和物理媒体相关(PMD)子层组成,通常说的物理层主要是指 PMD。IEEE 802.16 物理层定义单载波调制(SC)、单载波接入(SCa)、正交频分复用(OFDM)技术、正交频分复用接入(OFDMA)四种承载体制,以及 TDD 和 FDD 两种双工方式。上行信道采用 TDMA 和 DAMA 体制,单个信道被分成多个时隙,SS 竞争申请信道资源,由 BS 的 MAC 层来控制用户时隙分配;下行信道采用 TDMA 体制,多个用户数据被复用到一个信道上,用户通过 CID 来识别和接收自己的数据。

2.3.3 WiMAX 组网

1. WiMAX 组网的结构

IEEE802.16 协议中定义了点对多点(Point to MultiPoint,PMP)和网格(Mesh)两种网络结构。

(1)PMP 网络结构

PMP 网络结构是 WiMAX 系统的基础组网结构。PMP 结构以基站为核心,采用点对多点的连接方式,构建星型结构的 WiMAX 接入网络。PMP 网络拓扑结构描绘的是一个基站 (Base Station,BS) 服务多个用户站 (Subscriher Station,SS) ,如图 2-13 所示。

(2) Mesh 网络结构

Mesh 网络结构采用多个基站以网状网方式扩大无线覆盖区。其中有一个基站作为业务接入点与核心网相连,其余基站通过无线链路与该业务接入点相连,如图 2-14 所示。因此,作为 SAP 的基站既是业务的接入点又是接入的汇聚点,而其余基站并非简单的中继站 (RS) 功能,而是业务的接入点。

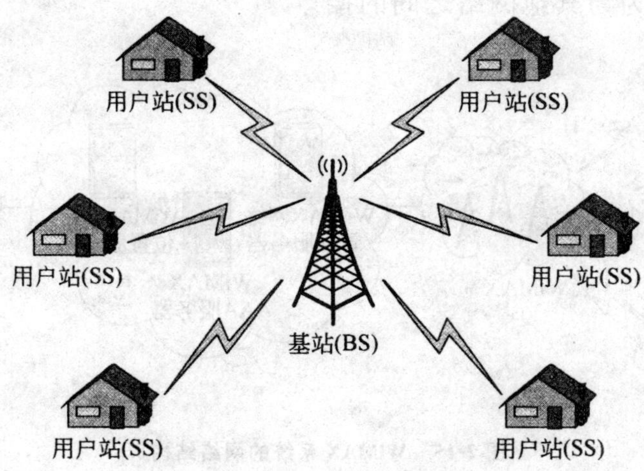

图 2-13 PMP 网络结构

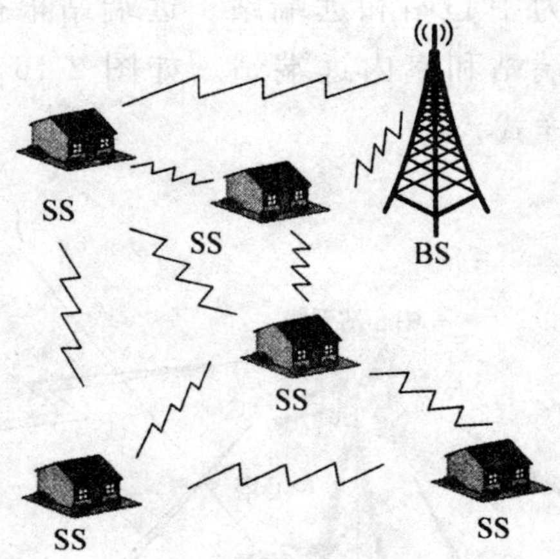

图 2-14 Mesh 网络结构

2. WiMAX 组网的核心设备

WiMAX 系统的网络结构包括 WiMAX 终端、WiMAX 无线接入网和 WiMAX 核心网 3 个部分，如图 2-15 所示。根据所采用的标准以及应用场景不同，WiMAX 终端包括固定、便携和移动 3 种类型。WiMAX 接入网主要指基站，需要支持无线资源管理等功能，有时为方便和其他网络互联互通，还需要包含认证和业务授权（ASA）服务器；而核心网主要用于解决用户认证、漫游等功能及作为与其他网络之间的接口。

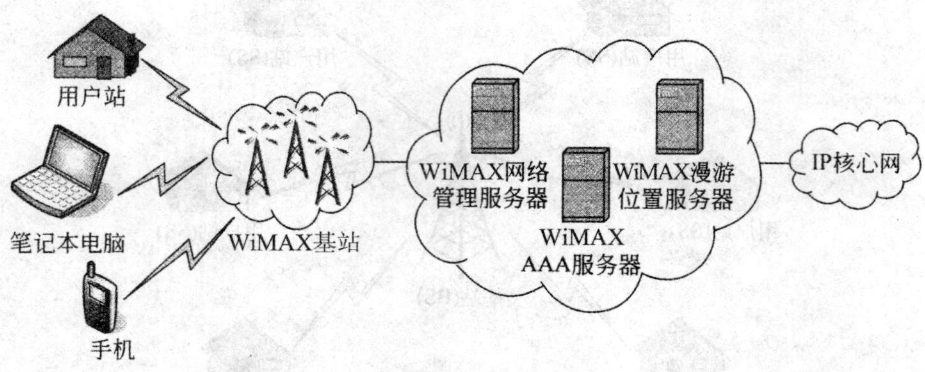

图 2-15　WiMAX 系统的网络结构

在 WiMAX 无线网络的构建中，接入网的主要组网设备是基站。这些基站分为中心站和远端站。远端站根据实际的应用位置又分为室外远端站和室内远端站。如图 2-16 所示为 WiMAX 组网的基本拓扑样式。

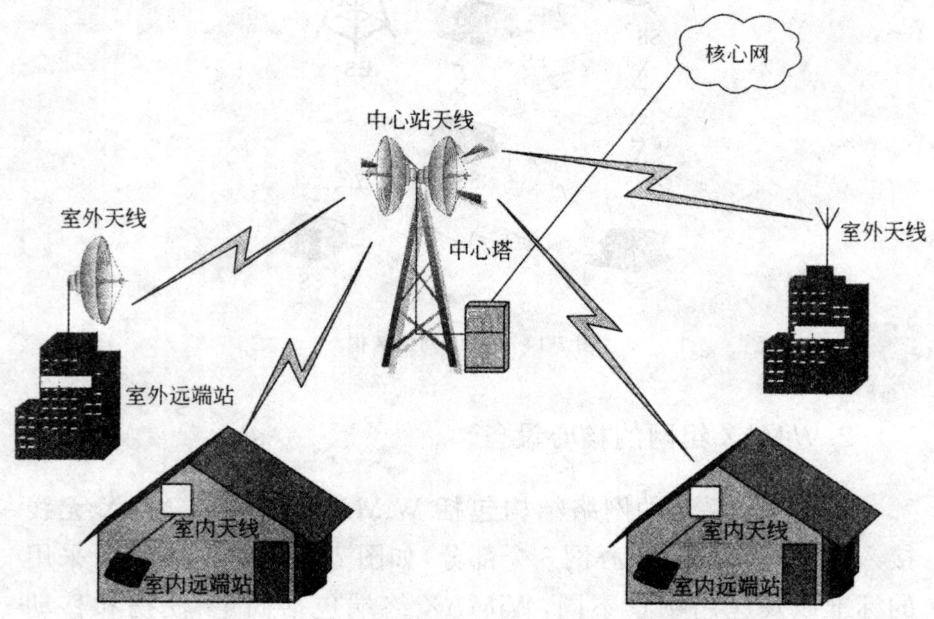

图 2-16　WiMAX 组网的基本拓扑样式

(1)中心站

中心站用于连接到核心网络,该设备一般处于 WiMAX 网络的核心,通过光纤或者其他专线连接到核心网络,同时中心站通过无线连接到远端站。一般来说,中心站的天线一般放置在位置较高的一个基站塔上,应尽量选择较高的位置,使各远端站与中心站之间保持视距。表 2-1 列出了一款 GWM3500-B 中心站设备的基本参数。

表 2-1　GWM3500-B 中心站设备的基本参数

名称	参数
类型	蜂窝点对多点系统中心站
频带范围	3 400 ～ 3 600 MHz
信道宽度	3.5 MHz,5 MHz,7 MHz,10 MHz
空中速率	最高 50 Mbps
输出功率	最大 23 dBm
传输距离	视距 45 km,非视距 3 km
网络属性	透明网桥 802.1Q VLAN 802.1P,DHCP 客户端
调制/编码	BPSK,QPSK,16QAM,64QAM
空中加密	AES 及 DES
复用技术	TDD FD-HDD
无线传输	256 FFT OFDM
网络连接	10/100 以太网接口(RJ-45)
系统配置	WEB SNMP TFTP
网络管理	SNMP
天线	外置

(2)室外远端站

室外远端站主要用于实现和中心基站的通信,同时实现将客户端连接到远端站。室外远端站是实现远程客户端通信的网关。目前一般都将室外远端站通过线缆连接到内部客户端系统的交换机或者路由器。室外远端站可以连接较多数量的客户端，其天线一般安装在建筑物的顶端。室外远端站在安装时应该尽量使室外天线与中心站之间保持视距。如表 2-2 列出了一款室外点对多点远端站的基本参数。

表 2-2　室外点对多点远端站的基本参数

名称	参数
类型	室外点对多点远端站
频带范围	3 400 ～ 3 600 MHz
信道宽度	3. 5 MHz，5 MHz，7 MHz，10 MHz
空中速率	最高 50 Mbps
延迟	6 ～ 18 ms
射频输出	最大 23 dBm
传输距离	非视距 3 km
网络属性	透明网桥 802. 1QVLAN 802. 1P，DHCP 客户端
调制/编码	BPSK，QPSK，16QAM，64QAM
编码率	1/2，2/3 及 3/4
空中加密	AES 及 DES
复用技术	TDD FD-HDD
无线传输	256 FFT OFDM
网络连接	10/100 以太网接口（RJ-45）
系统配置	WEB SNMP TFTP
网络管理	SNMP
天线	集成 15dBi 平板天线

（3）室内远端站

室内远端站是一种安装在建筑物内的远端站。此类设备一般用于距离中心站相对较近，信号质量相对较好的 WiMAX 通信中。相比室外远端站，室内远端站的速率相对较低，但是免去了在建筑物外再安装天线的过程。室内远端站是即插即用的设备，安装相对简单。室内远端站一般连接的客户端也非常少。如表 2-3 所示列出了一款室内天线一体化远端站的基本参数。

表 2-3 室内天线一体化远端站的基本参数

名称	参数
类型	室内天线一体化远端站
频带范围	3 400 ～ 3 600 MHz
信道宽度	3.5 MHz,7 MHz
空中速率	最高 35 Mbps
输出功率	最大 20 dBm
灵敏度	－90 dBm
网络属性	透明网桥 802.1QVLAN802.1P,DHCP 客户端
调制/编码	BPSK,QPSK,16QAM,64QAM
编码率	1/2,2/3 及 3/4
空中加密	AES 及 DES
复用技术	TDD FD-HDD
无线传输	256 FFT OFDM
网络连接	10/100 以太网接口(RJ-45)
系统配置	WEB SNMP TFTP
网络管理	SNMP
天线	内部集成

2.3.4 WiMAX 的应用

1. 城市安全

目前,城市安全已经成为国际上关注的重要问题。通过未来的 WiMAX 无缝漫游的高安全性的警察专用网,警察局就可以快速、有效、及时地查找违法犯罪人员的记录情况,而且可以应用 WiMAX 无线宽带技术提升城市对紧急事件的快速处理能力,有效地提升城市整体的安全防范水平。

2. 监控交通状况，解决交通拥堵

国内外的大中城市，均有不同程度的交通堵塞现象，以及由于交通堵塞所带来的环境污染问题。利用基于 RFID 和 WiMAX 技术的智能交通综合管理方案，就可以事先预防并解决这类问题的发生。例如，新加坡政府和 IBM 进行了合作，对进入特定区域内的车辆，实行特定的收费。具体方案是采用 RFID 技术监控进入特殊路段的车辆，通过 WiMAX 技术全程跟踪车辆情况，并记录到后台系统，按月收取其费用。

3. 医疗保健行业

医疗保健行业在无线应用上需要更多的创新。结合相应无线应用软件，可使城市内各医院之间的医生和保健人员，能够通过无线设备接收病人的信息，包括检验结果和分析数据，甚至通过无线设备下达药物治疗试验和临床试验的处方。虽然目前这样的无线应用软件能处理的数据量还不是很大，绝大部分无线网络提供图像的质量都难以达到诊断要求。然而，随着更高带宽的 WiMAX 无线技术的应用，以及移动设备图形处理能力的增强，医生、放射师以及其他医疗人员就能在无线设备上接收和查看 X 光照片、CT 扫描图以及其他医疗图像；再结合相应无线应用软件，还能更好地和语音系统集成起来；在系统中加入工作流引擎，把所需的医疗及病人数据及时发送给相关人员。

4. 物流企业

在未来的智能城市中，无线网络将无处不在。如果可以利用 WiMAX，再配合传感器和相关的无线应用软件，将给大型物流企业的车队和运送的货物进行有效地跟踪和管理，可使用户随时了解任一时刻其委托物流企业货物的实际状态。

5. 金融行业

通过 WiMAX 无线城域网，可将全城的银行系统连接起来，甚至可完成不同银行之间金融信息的交换，因此这项技术在银行、保险业的应用前景也非常好。

6. 无线家庭网络

随着人们日益接受无线生活方式，必然带动无线网络产品的大发展，企业也从中看到了无限的商机。目前很多厂商相信，未来 WiMAX 的应用最终会给用户带来新的网络生活体验。采用宽带无线接入方式，每个家庭可以享受到 25 MHz 以上的带宽应用服务。这样的带宽，将可以满足家庭对多媒体网络的各种需求。

未来的家庭网络将进一步扩展成可处理视频内容的网络系统，包括 HDTV 节目，并且最终将把家庭中的几乎所有消费电子设备连接在一起。任何内容的显示设备，譬如卧室中的电视，都能从家中其他地方的任何信息源（如放在客厅的个人录像机）来访问。骨干及集群网络拓扑，有可能发展成为包括数种网络技术的组合。未来家庭网络可以容纳大量网络设备互联，设备的更新将影响原有设备之间的拓扑结构。WiMAX 的 MAC 层支持两种网络拓扑结构：传统的点对多点（PMP）和网状网（Mesh）。Mesh 模式下，SS 可以自主建网，不需要 BS 的集中控制，设备之间可以通过小规模的多跳路由传送数据，扩大了家庭网络的覆盖范围并提高了组网的灵活性。新设备可以动态加入自组织网络中，成为网络拓扑中的一个新节点。

第 3 章 物联网技术

3.1 物联网概述

3.1.1 物联网的概念

互联网指的是在人与人之间进行传输的一般的通讯服务设备。而物联网则是互联网的进一步发展，它拥有互联网的全部功能，但高于互联网的服务范围。

物联网的概念还在发展之中，具有越来越丰富的内涵，需要用动态、发展的眼光来看待。如图 3-1 所示，物联网将生活中的各类物品和它们的属性标识后连接到一张巨大的互联网上，使得原来只是人与人交互的互联网升级为连接世界万物的物联网。

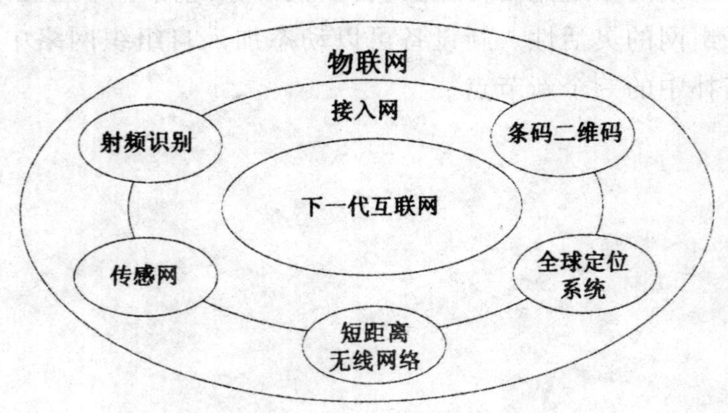

图 3-1 物联网的概念模型

3.1.2　物联网的产生背景

在过去的几年时间里，物联网已经被普通百姓所认知，物联网也正在被智能电网、智能交通、智慧物流、智慧医疗、精细农业、工业自动化等领域高度关注。关于物联网的产业规模，不同渠道的说法也不尽相同。

物联网的大发展是与我国的“两化融合”战略分不开的，客观地说，是信息化和工业化的融合加速了物联网进程。工业化中的信息要进行统一的管理和跨平台的操作，融合的点就在传感，把工业化里面的信息提出来就需要传感网络，传感网络对信息进行提取、分析、处理后再返回对工业装备进行控制，这都是传感网的问题。所以说两化融合，为宽带无线传感网络的发展提供了一个很好的机遇。我国已形成了基本齐全的物联网产业体系，部分领域已形成一定市场规模，网络通信相关技术和产业支持能力与国外差距相对较小，传感器、RFID 等感知端制造产业、高端软件和集成服务与国外差距相对较大。仪器仪表、嵌入式系统、软件与集成服务等产业虽已有较大规模，但真正与物联网相关的设备和服务尚在起步阶段。

物联网发展的社会背景如图 3-2 所示。

3.1.3　物联网的体系架构

物联网的体系架构如图 3-3 所示。

1. 感知层

感知层主要利用传感器、GPS、RFID、RFID 视频采集设备、多媒体信息等，对物体进行感知与识别。主要包括低速和中高速短距离传输技术、自组织网络技术、协同信息处理技术、传感器中间件技术、低功耗路由等多项关键技术。

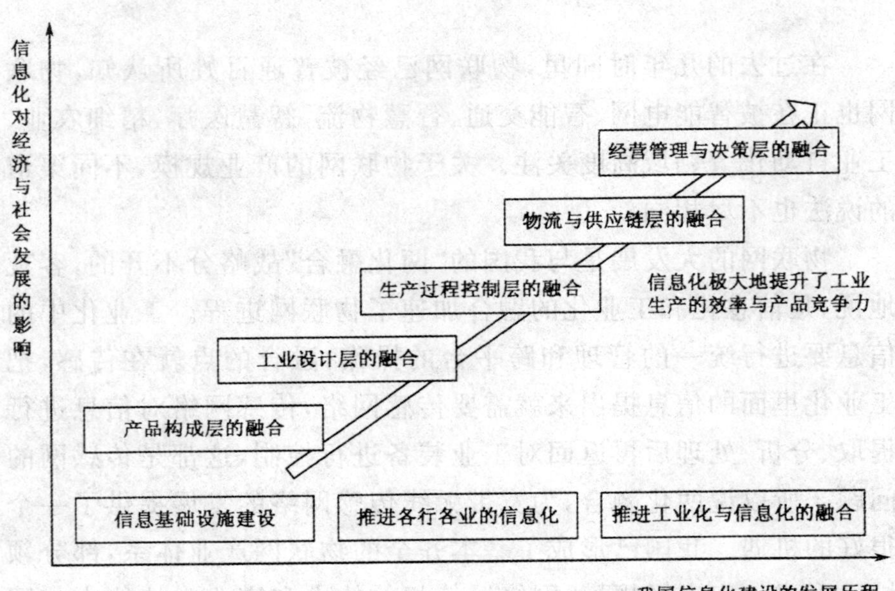

图 3-2 物联网发展的社会背景

2. 网络层

网络层主要对感知层采集到信息进行处理，并将其接入互联网，然后再传输到应用层，供其使用。不同的环境需要使用不同类型的网络接入。

3. 应用层

应用层是物联网与用户进行交互的接口，将物联网技术与各行业需求紧密地结合到一起，实现物联网在物流、环卫、电力、绿色建筑、交通、环境监测、农业、安防、家居、医疗、信息决策等各行业、各方面的智能应用。

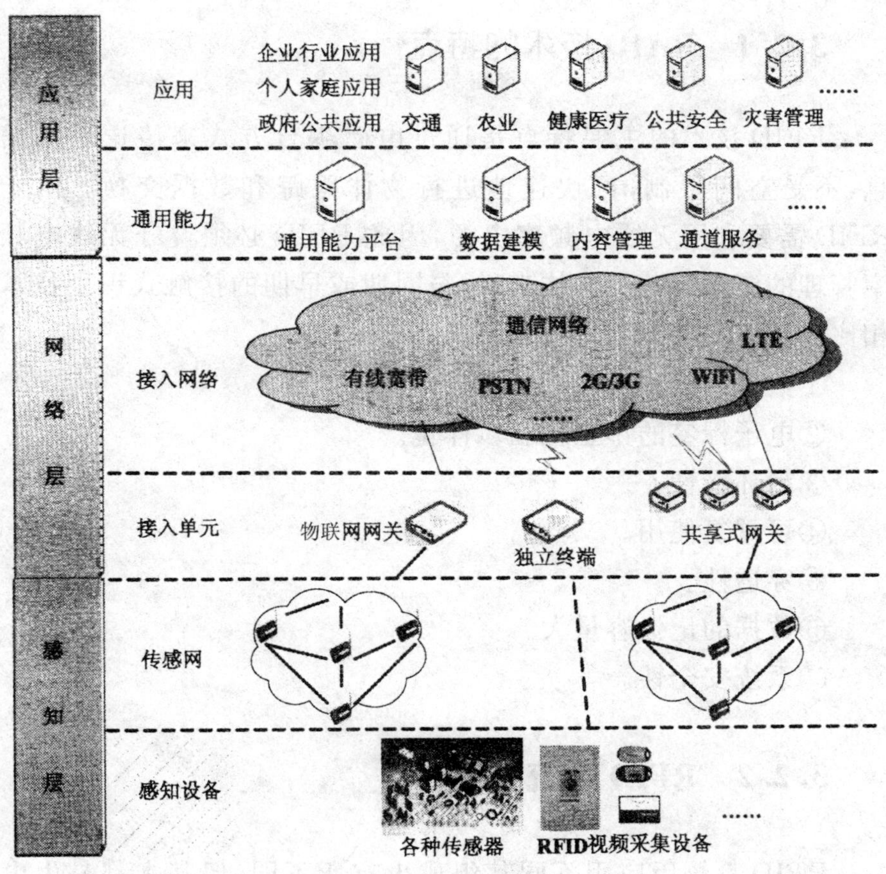

图 3-3　物联网的体系架构

3.2　射频识别技术

在物联网中，射频识别（Radio Frequency Identification，RFID）是实现物联网的关键技术。RFID 是一种非接触式的自动识别技术，它通过无线射频信号实现无接触信息传递，达到自动识别目标对象的目的，识别工作无须人工干预，即可完成物品信息的采集和传输，可工作于各种恶劣环境，被称为 21 世纪十大重要技术之一。

3.2.1 RAID 技术的特点

RFID 技术的主要特点是通过电磁耦合方式来传送识别信息，不受空间限制，可快速地进行物体跟踪和数据交换。由于 RFID 需要利用无线电频率资源，因此 RFID 必须遵守无线电频率管理的诸多规范。具体来说，与同期或早期的接触式识别技术相比较，RFID 还具有如下一些特点。

①数据的读写功能。

②电子标签的小型化和多样化。

③耐环境性。

④可重复使用。

⑤穿透性。

⑥数据的记忆容量大。

⑦系统安全性。

3.2.2 RFID 系统的组成

RFID 系统因应用不同其组成也有所不同，但基本都是由电子标签、读写器和系统高层三大部分组成。RFID 系统的基本组成如图 3-4 所示。

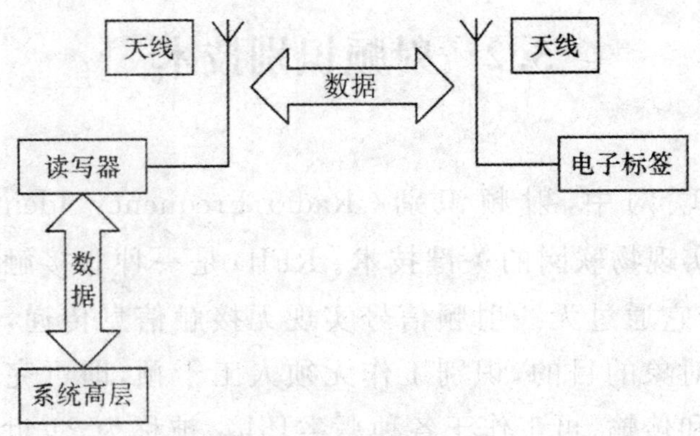

图 3-4 RFID 系统的基本组成

1. 电子标签

电子标签又称为射频标签或应答器，是射频识别的真正数据载体，主要由芯片和标签天线组成，如图 3-5 所示。从技术角度来说，电子标签是射频识别的核心，是读写器性能设计的依据。

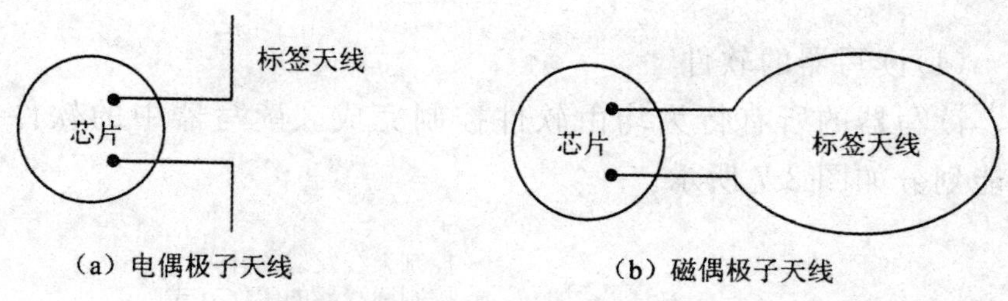

图 3-5　电子标签结构示意图

(1)标签天线

常见的标签天线类型包括双偶极子、折叠偶极子、印刷偶极子、对数螺旋天线等。如图 3-6 所示为几种常见的偶极子标签天线结构。

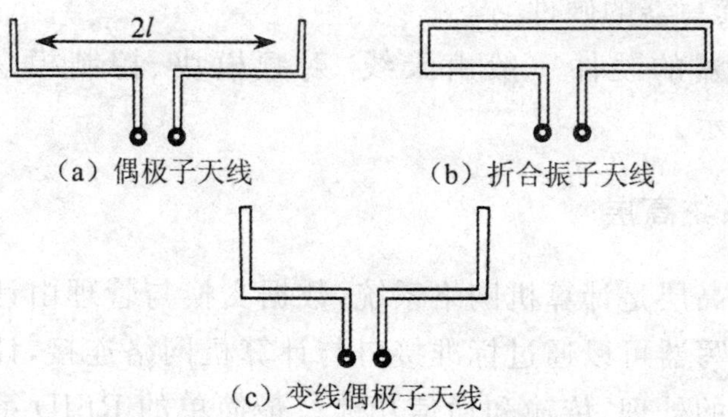

图 3-6　几种常见的偶极子标签天线结构

标签的应用需要与物体有较好的共形特性，小尺寸、低剖面和低成本等要求也使其具有一定的特殊性。天线与标签芯片之间的匹配问题是标签天线设计中的关键问题，当工作频率增加到微波区域的时候，该问题更具挑战性。

(2)芯片

芯片主要由数字电路及存储器组成。芯片及其组件的能量来源于电源控制/整流器模块,芯片的大小影响标签物理尺寸的大小。

2. 读写器

(1)读写器的软件

读写器的所有行为均由软件控制完成。读写器中的软件按功能划分如图 3-7 所示。

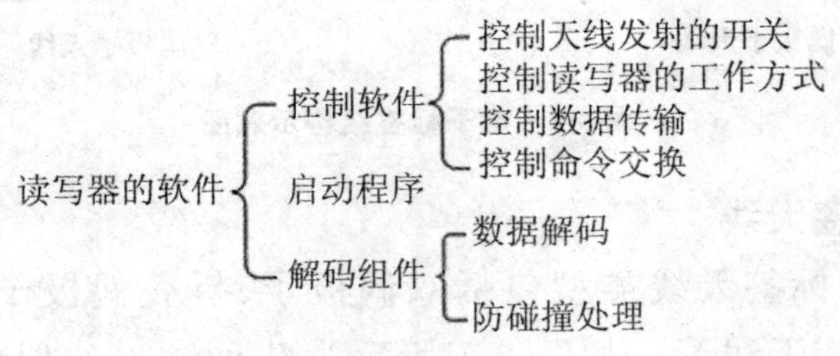

图 3-7 读写器的软件

(2)读写器的硬件

读写器的硬件一般由天线、射频模块、控制模块组成,如图 3-8 所示。

3. 系统高层

系统高层是计算机网络系统,数据交换与管理由计算机网络完成。读写器可以通过标准接口与计算机网络连接,计算机网络完成数据的处理、传输和通信功能。最简单的 RFID 系统只有一个读写器,它一次只对一个电子标签进行操作,例如,公交车上的票务系统。复杂的 RFID 系统会有多个读写器,每个读写器要同时对多个电子标签进行操作,并需要实时处理数据信息,这需要系统高层处理问题。

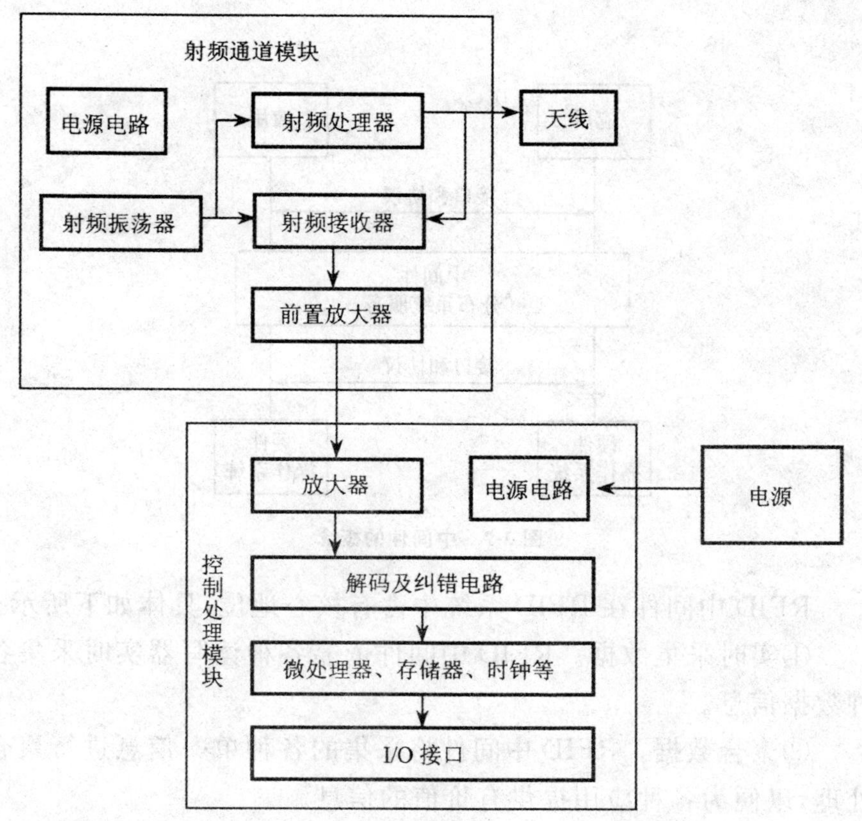

图 3-8　读写器基本结构图

3.2.3　RADI 中间件

目前,中间件并没有严格的定义。人们普遍接受的定义是,中间件是一种独立的系统软件或服务程序,分布式应用系统借助这种软件,可实现在不同的应用系统之间共享资源。人们在使用中间件时,往往是一组中间件集成在一起,构成一个平台(包括开发平台和运行平台),但在这组中间件中必须有一个通信中间件,即中间件=平台+通信。从上面这个定义来看,中间件由“平台”和“通信”两部分构成,这就限定了中间件只能用于分布式系统中,同时也把中间件与支撑软件和实用软件区分开来。中间件如图 3-9 所示。

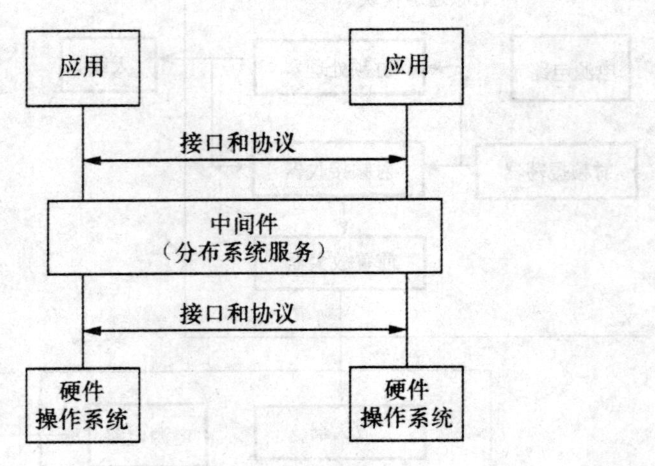

图 3-9　中间件的概念

RFID 中间件在 RFID 系统中占有核心地位，具体如下所示。

①实时采集数据。RFID 中间件依靠各种读写器实时采集各种数据信息。

②聚合数据。RFID 中间件将采集的各种单一信息进行聚合处理，以便为各种应用提供有价值的信息。

③过滤数据。RFID 中间件产生的数据信息的量非常庞大，其中一部分信息无须使用，且 RFID 中间件由于各种因素的影响，收集的信息会出现错误，因此，必须对数据进行过滤，保证数据的一致性和准确性。

④数据传递与共享。通常采用消息服务机制来传递 RFID 信息。例如，通过 J2EE 平台的 Java 消息服务（JMS）实现 RFID 中间件与应用程序或者其他 SAVANT 的消息传递。RFID 中间件典型消息传递结构如图 3-10 所示。这里采用 JMS 的发布/订阅模式，RFID 中间件给一个主题发布基于物理标示语言（Physical Makeup Language，PML）格式的消息，应用程序和其他的一个或者多个 SAVANT 都可以订购该主题消息。

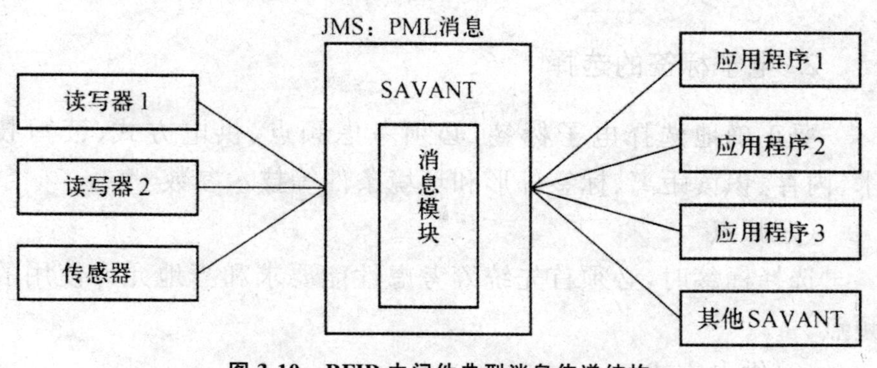

图3-10　RFID中间件典型消息传递结构

3.2.4　RFID系统的构建

RFID作为一种技术，具有特定的技术指标；作为一种产品，具有其本身的产品性能。近年来，RFID系统的发展极为迅猛。如何构建灵活高效的RFID系统，充分发挥其功能，是目前业界较为关注的问题。下面从频率的选择、电子标签的选择和读写器的选择三个方面阐述如何构建RFID系统。

1. 频率的选择

RFID的工作频率跨越多个频段，目前RFID使用的频率有6种，分别为135 kHz以下、13.56 MHz、433.92 MHz、860～930 MHz、2.45 GHz以及5.8 GHz。

目前，频率选择面临的主要问题是解决RFID在供应链中的应用，EPCglobal（国际物品编码协会EAN和美国统一代码委员会UCC的一个合资公司）规定用于EPC（Electronic Product Code，产品电子代码）的载波频率为13.56 MHz和860～960 MHz两个频段，ISO 18000－6定义了超高频RFID系统的频率范围和EPCglobal的协议，EPC Class 1 Gen 2给出的频率范围为860～960 MHz。这是因为RFID系统在全球找不到一个可以使用的共同频率，目前，各国采用的频率仍有不同，美国为915 MHz，欧洲为869 MHz。

2. 电子标签的选择

要正确地选择电子标签，必须考虑频点、供电方式、读写技术、内存、识读距离、标签外形和环境条件等技术参数。

(1)频点

选择标签时，必须首先统筹考虑性能要求和当地允许使用的频点。

(2)供电方式

电子标签按供电方式可以分为有源电子标签、无源电子标签和半无源电子标签。有源 RFID 标签由内部电池提供能量，无源式电子标签的内部不带电池，需靠外界提供能量才能正常工作，半无源电子标签部分依靠电池工作。供电方式的选择很大程度上决定了标签的尺寸和被识读距离。

(3)读写技术

按照实际需要决定使用只读标签还是读写标签。只读标签，其中的数据不允许改变；而采用读写技术，可以按照特殊需求改变标签中的数据。

(4)内存

选择的内存量一定大于写入数据的内存量。

(5)识读距离

标签的识读距离通常是要考虑的重要指标。标签的频点、功率和附着的材质都对识读距离有很大的影响。

(6)标签外形

根据使用场合的不同，对标签的外形有不同的要求，一般来说，尺寸大的标签识读距离也较大。

(7)环境条件

标签使用环境将对识读性能产生很大的影响，如标签周围的材质、温度、湿度等都会影响使用效果。

3. 读写器的选择

选择正确的读写器对成功实施各种应用具有关键性的作用。

如果读写器选择合理，就可以降低不少成本。要正确地选择读写器，需要考虑以下几个技术参数。

(1)频点

根据标签的频点确定读写器的频点，保证标签的识读。

(2)结构形式

主要是固定读写器和手持读写器两种。固定读写器一般安装在货物流通量较大的地方，而手持式的使用则比较灵活。

(3)天线

对于固定读写器而言，经常要考虑的是需要在什么位置安置天线，以及需要安装几个天线才能保证标签的识读率。而手持读写器的使用则相对灵活。

(4)输入输出装置

读写器需要与输入输出装置相连接，这些装置要么是控制读写器，要么是被读写器控制。

(5)网络的选择

许多读写器通过以太网或者 WiFi 与局域网或广域网相连接。

(6)协议兼容性

伴随标准协议的升级，标签的更替，读写器还需要考虑能否适应下一代标签的问题。

(7)成本预算

购买读写器必须计算需要投入的成本，除了设备费以外，还有大量的天线和电缆以及网络架设的费用。

3.3 传感器技术

3.3.1 传感器的定义

传感器是获取自然领域中信息的主要途径与手段。人通过五官(视、听、嗅、味、触)接受外界的信息，经过大脑的思维

(信息处理),做出相应的动作。而用计算机控制的自动化装置来代替人的劳动,可以说电子计算机相当于人的大脑(一般俗称电脑),而传感器则相当于人的五官部分("电五官")。如图 3-11 所示。

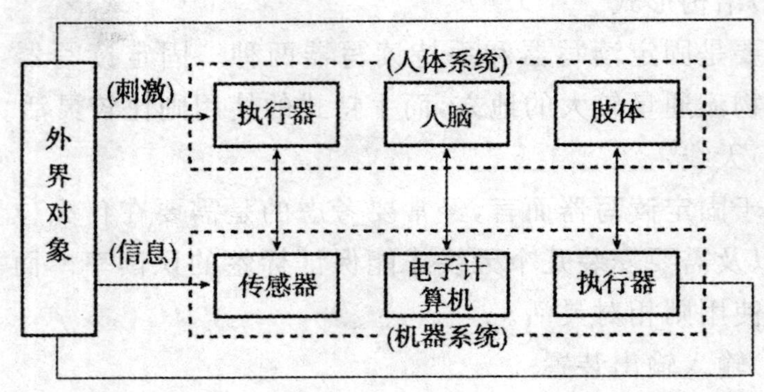

图 3-11 人体系统与机器系统的对比

作为一种模拟人脑的电子计算机,其发展极为迅速,但起五种感觉模拟作用的传感器却发展很慢,如果不进行传感器的开发,现在的电子计算机将不能适应实际需要。传感器相当于现代科学的中枢神经系统,它将越来越受到人们的重视。

3.3.2 传感器的组成

传感器通常由以下几个部分组成,分别为敏感元件、传感元件以及其他辅助组件,有时也将信号调节与转换电路、辅助电源等作为传感器的组成部分,其组成框图如图 3-12 所示。

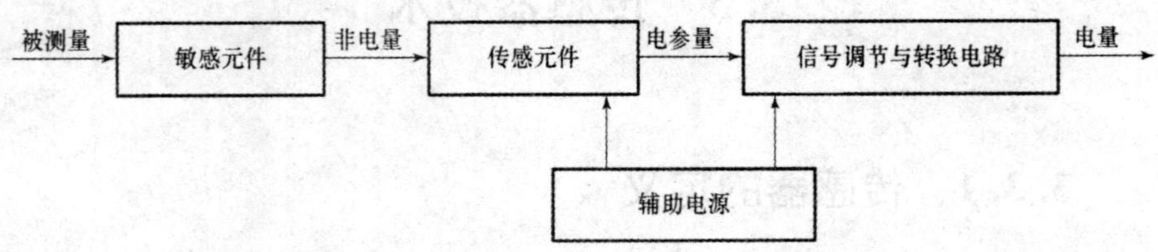

图 3-12 传感器的组成框图

(1)敏感元件

敏感元件是指能够灵敏地感受被测变量并做出响应的元件，是传感器中能直接感受被测量的部分，该元件输出与被测量成确定关系的某一物理量。

(2)传感元件

传感元件是以敏感元件的输出为相应的电量输入，将输入转化为电路参数，一般情况下它不直接感受被测量。常见的传感元件为霍尔效应传感元件。

(3)信号调节与转换电路

转换电路能够将传感元件输出的电信号转化为便于显示、记录、处理和控制的电信号。信号调节与转换电路的种类根据不同的应用需求而不同，通常包括电桥、振荡器、放大器以及阻抗转换器等不同的电路组件。

3.3.3　传感器的特性

1. 传感器的静态特性

传感器的静态特性是指静态的输入信号、传感器的输出量与输入量之间的相互关系。表征传感器静态特性的主要参数有线性度、灵敏度、迟滞等。

(1)线性度

传感器实际上是一种功能块，其作用是将来自外界的各种信号转换成电信号，如图 3-13 所示。传感器所检测的信号显著地增加，因而其品种也极其繁多。为了对各种各样的信号进行检测、控制，就必须获得尽量简单、易于处理的信号，这样的要求只有电信号能够满足。

图 3-13　传感器的作用

线性度是指传感器输出量与输入量之间的实际关系曲线偏离拟合直线的程度。拟合直线的选取有多种方法，可将与特性曲线上各点偏差的平方和为最小的理论直线作为拟合直线，此拟合直线称为最小二乘法拟合直线，如图 3-14 所示。

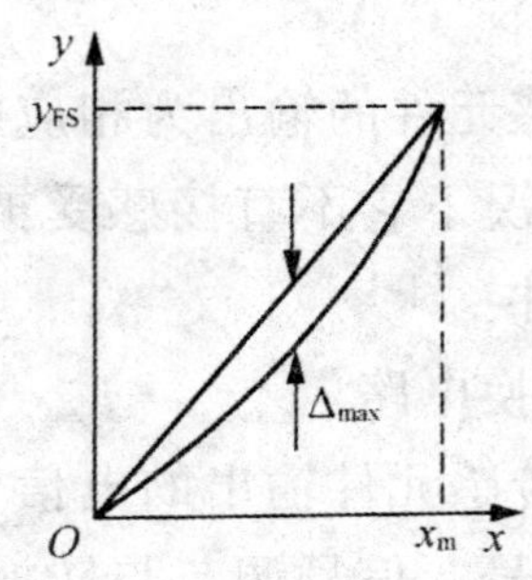

图 3-14 传感器的线性度

实际的输出-输入曲线与拟合曲线（工作曲线）间最大偏差的相对值 EL 即为线性度。

（2）灵敏度

灵敏度是传感器静态特性的一个重要指标，是指传感器在稳态工作情况下输出量变化 Δy 对输入量变化 Δx 的比值，如图 3-15 所示。

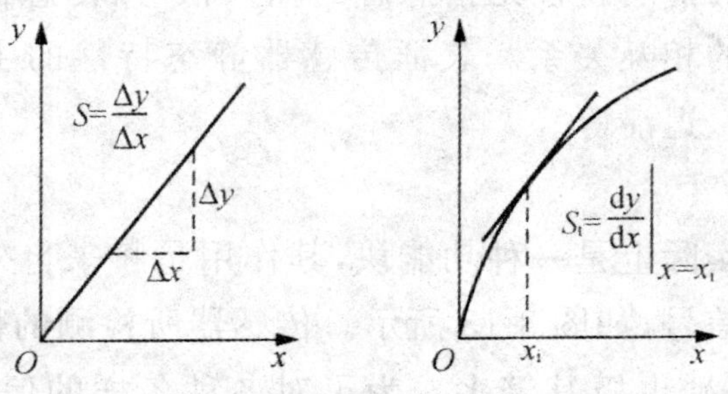

图 3-15 传感器的灵敏度

灵敏度在一定条件下可理解为放大倍数。灵敏度越高，测量的精度就越高，但稳定性可能会降低。

(3)迟滞

迟滞是指传感器的输入量由小到大及输入量由大到小变化的输入输出特性曲线不重合的现象。传感器的迟滞可由其内部元件存在能量的吸收造成,如图 3-16 所示。对于同一大小的输入信号,传感器的正反行程输出信号大小不相等,通常用这两条曲线之间的最大差值 Δmax 与满量程输出 FS 的百分比表示。

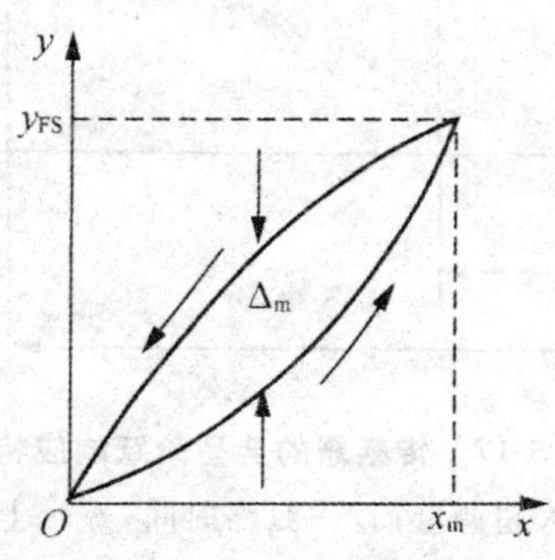

图 3-16　传感器的迟滞特性

2. 传感器的动态特性

动态特性是指传感器在输入变化时,它的输出的特性。在实际工作中,传感器的动态特性常用它对某些标准输入信号的响应来表示。这是因为被测物理量 $x(t)$ 是随时间变化的动态信号,不是常量。

动态特性用数学模型来描述,对于连续时间系统主要有 3 种形式:时域中的微分方程、复频域中的传递函数 $H(s)$ 、频率域中的频率特性 $H(j\omega)$ 。最常用的标准输入信号有阶跃信号和正弦信号两种,所以传感器的动态特性也常用阶跃响应和频率响应来表示。

(1)阶跃响应

给原来处于静态状态的传感器输入阶跃信号,在不太长的一段时间内,传感器的输出特性即为其阶跃响应特性,如图 3-17 所示。

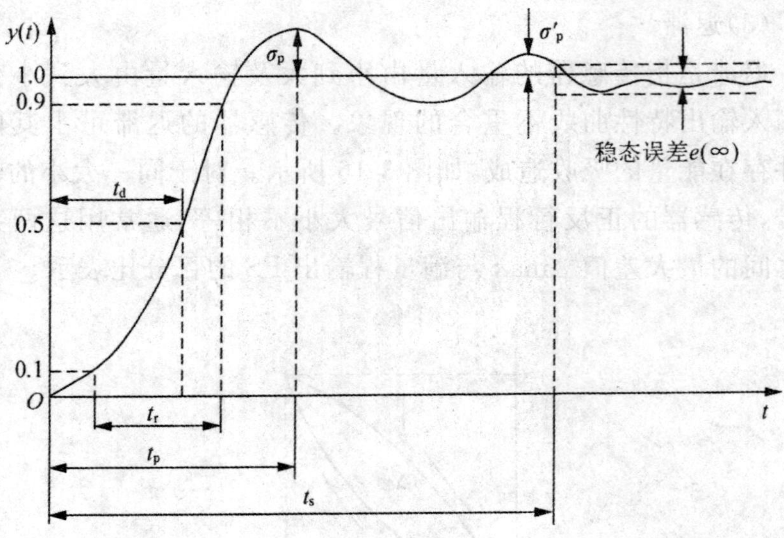

图 3-17 传感器的典型阶跃响应特性

σ_p —最大超调量；t_d —延滞时间；t_r —上升时间；

t_p —峰值时间；t_s —响应时间

输入量 $x(t)$ 一般可表示为

$$b_0 x(t)=\begin{cases}0, t\leqslant 0\\ b_0, t>0\end{cases}$$

(2)频率响应

传感器的频率响应是指各种频率不同而幅值相同的正弦信号输入时，其输出的正弦信号的幅值、相位（与输入量间的相差）与频率之间的关系，即幅频特性和相频特性。

3.4 条形码技术

条形码是由一组“条”“空”和数字符号组成，按一定编码规则排列，来表示一定的信息。“条”是指对光线反射率较低的部分。“空”是指对光线反射率较高的部分。

一个条形码图案由数条黑色和白色线条组成，如图 3-18 所示。

图 3-18　条形码符号的构成

目前条形码的种类很多，大体可以分为一维条形码和二维条形码。一维条形码和二维条形码都有许多码制，条形码中条、空图案对数据不同的编码方法，构成了不同形式的码制。不同码制有各自不同的特点，可以用于一种或若干种应用场合。

3.4.1　一维条形码

一维条形码是将宽度不等的多个黑条和空白，按照一定的编码规则排列，用以表达一组信息的图形标识符。

一维条形码有许多种码制，包括 Code25 码、Code128 码、EAN-13 码、EAN-8 码、ITF25 码、库德巴码、Matrix 码和 UPC-A 码等。如图 3-19 所示为几种常用的一维条形码样图。

1. Code128 码

Code128 码是目前中国企业内部自定义的码制，可以根据需要来确定条形码的长度和信息。这种编码包含的信息可以是数字，也可以是字母，主要应用于工业生产线领域、图书管理等。

(a) EAN-13码

(b) EAN-8码

(c) UPC-A码

图 3-19 几种常用的一维条形码样图

2. EAN-13 码

目前最流行的一维条形码是 EAN-13 码。EAN-13 码由 13 位数字组成，其中前 3 位数字为前缀码，目前国际物品编码协会分配给我国并已启用的前缀码为 690～692。当前缀码为 690 或 691 时，第 4～7 位数字为厂商代码，第 8～12 位数字为商品项目代码，第 13 位数字为校验码；当前缀码为 692 时，第 4～8 位数字为厂商代码，第 9～12 位数字为商品项目代码，第 13 位数字为校验码。EAN-13 码的构成如图 3-20 所示。

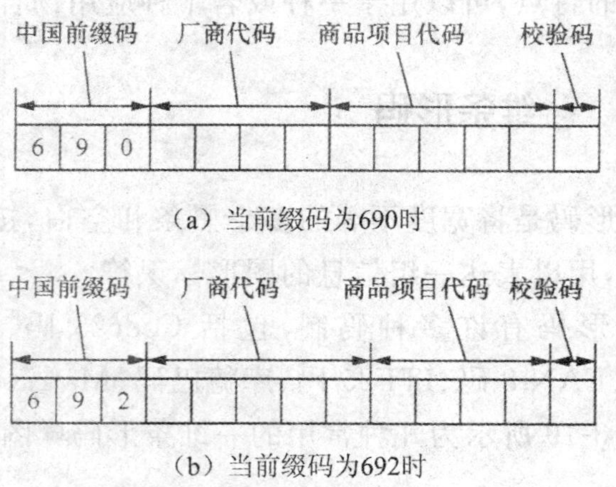

(a) 当前缀码为690时

(b) 当前缀码为692时

图 3-20 EAN-13 码的构成

3. UPC 码

UPC 码(统一商品条形码)在 1973 年由美国超市工会推行，是世界上第一套商用的条形码系统，主要应用在美国和加拿大。

UPC 码包括 UPC-A 和 UPC-E 两种系统，UPC 只提供数字编码，限制位数(12 位和 7 位)，需要校验码，允许双向扫描，主要应用在超市与百货业。

3.4.2 二维条形码

二维条形码是将一维条形码存储信息的方式扩展到二维空间上，从而存储更多的信息，具备一维条形码没有的“描述物品”的功能。二维条形码没有边缘界限，在印刷和识读方面具有较高的包容度，可以打印或印刷在任何介质中。

二维条形码主要具有如下特点：

①能够在有限的面积上表示大量的信息。

②打印或印刷的任意性。二维条形码在打印或印刷时，其尺寸大小对扫描的准确度没有影响。

③二维条形码能够对物品进行精确描述，可以将物品的信息全部存储在条形码中，无须事先建立数据库。

④支持手机识别。手机内置的识别芯片能够扫描二维条形码并将扫描信息进行传送。

⑤二维条形码具有纠错能力强、误码率极低的特点，即使局部发生污损、穿孔现象也可识别。

⑥二维条形码中引入了加密机制，能够对信息加密，防止伪造。

二维条形码技术是在一维条形码无法满足实际应用需求的前提下产生的。二维条形码在横向和纵向两个方位同时表达信息，因此能在很小的面积内表达大量的信息。目前有几十种二维条形码，常用的码制有 Data Matrix 码、QR Code 码、Maxi Code 码、PDF417 码、Code49 码、Code 16K 码和 Code one 码等。如图 3-21 所示为几种常用的二维条形码样图。

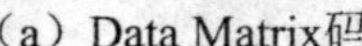

(a) Data Matrix码

(b) QR Code码

(c) Maxi Code码

图 3-21 几种常用的二维条形码样图

1. Data Matrix 码

Data Matrix 码是一种矩阵式二维条形码,由方形模块阵列与环绕它的定位图形组成。Data Matrix 码具有尺寸与其编入资料量相互独立的特点,其最小尺寸是目前所有条形码中最小的。Data Matrix 码的基本属性如图 3-22 所示。

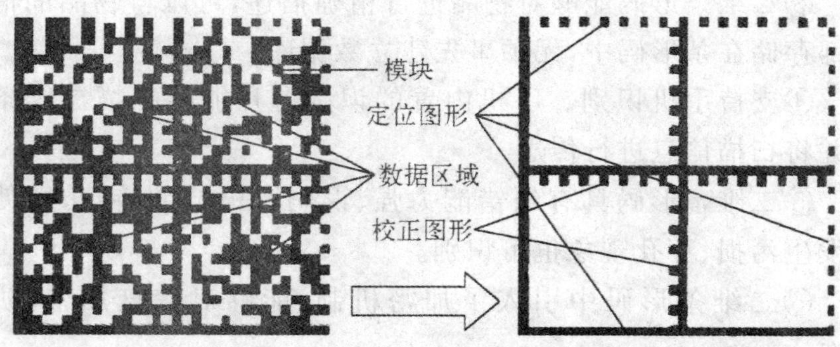

图 3-22 Data Matrix 码的基本属性

2. PDF417 码

PDF417 码可表示数字、字母或二进制数据,也可表示汉字。同时,二维条形码可把照片、指纹、视网膜扫描等编码于其中,可有效地解决证件的可机读和防伪问题。PDF417 码的应用范围广泛,我国目前已制定了 PDF417 码的国家标准,其基本属性如图 3-23 所示。

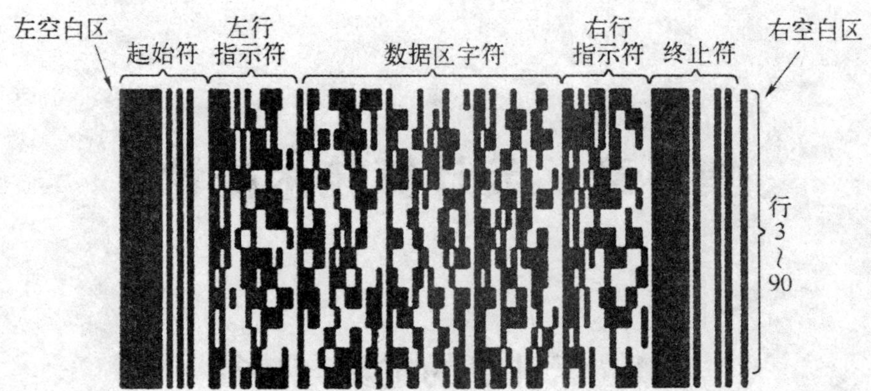

图 3-23　PDF417 码的基本属性

一个 PDF417 码最多可容纳 1 850 个字符或 1 108 个字节的二进制数据,如果只表示数字则可容纳 2 710 个数字。PDF417 的纠错能力依错误纠正码字数的不同分为 0～8 共 9 级,级别越高,纠正码字数越多,纠正能力越强,条形码也越大。当纠正等级为 8 时,即使条形码污损 50%也能被正确读出。PDF417 码的纠错如图 3-24 所示。

(a) 条形码位图原图

(b) 条形码污损纠错译码结果

(c) 条形码纠错纠删译码结果

图 3-24　PDF417 码的纠错

第 4 章　云计算技术概论

4.1　云计算的定义与特征

4.1.1　云计算的定义

在了解云计算的定义之前，先来看看为什么用“云”来命名这个新的计算模式，以及云计算中的“云”是什么。

一种比较流行的说法是当工程师画网络拓扑图时，通常是用一朵云来抽象表示不需表述细节的局域网或互联网，而云计算的基础正是互联网，所以就用了“云计算”这个词来命名这个新技术。另外一个原因就是上面提到的，云计算的始祖——亚马逊将它的第一个云计算服务命名为“弹性计算云”。

其实，云计算中的“云”不仅是互联网这么简单，它还包括了服务器、存储设备等硬件资源和应用软件、集成开发环境、操作系统等软件资源。这些资源数量巨大，可以通过互联网为用户所用。云计算负责管理这些资源，并以很方便的方式提供给用户。用户无须了解资源具体的细节，只需要连接上互联网，就可以使用了。例如，人们使用网络硬盘，只需连接上服务提供商的网站，就可以使用了，不需要知道存放文件的机器型号、存放位置、容量等。存储空间不够再申请就可以了。

当前流行的云计算是一种通过网络将弹性可扩展的共享物理和虚拟资源池以按需自服务的方式提供和管理的模式。对于云计算究竟是什么，业界并没有达成共识，有人说，虚拟化就是云计算；有人说，分布式计算就是云计算；也有人说，把一切资源都放在网上，一切服务都从网上取得就是云计算；更有人说，云计算是一个简单的、甚至没有关键技术的东西，它只是一种思维方式的转变；等等。

不同的组织、机构、企业分别从多个不同的角度给出了自己的定义，如图 4-1 所示。

· 美国国家标准与技术研究院：

云计算是一个模型，可以方便地按需访问一个可配置的计算资源的公共集，这些资源可以在实现管理成本或服务提供商干预最小化的同时被快速提供和发布

· 中国电子学会云计算专家委员会：

云计算是一种基于互联网的大众参与的计算模式，具动态、可伸缩、被虚拟化的计算资源，并以服务的方式提供，可以方便地实现分享和交互，形成群体智能

图 4-1　对云计算的不同定义

虽然各个机构对于云计算有不同的认识，但通过综合比较不难看出，云计算既是一种技术，也是一种服务，甚至还是一种商业模式。云计算是一种将池化的集群计算能力通过互联网向内外部用户提供自助、按需服务的互联网新业务、新技术，是传统 IT 领域和通信领域技术进步、需求推动和商业模式转换共同促进的结果。

云计算是多种技术混合演进的结果，其成熟度较高，又有大公司推动，发展极为迅速。Amazon、Google、IBM、微软和 Yahoo 等大公司是云计算的先行者。云计算领域的众多成功公司还包括 Salesforce、Facebook、Youtube、Myspace 等。

4.1.2　云计算的特征

云计算如今被热炒，很多商家不管是与不是，都把自己的产品贴上云标签，使得云产品满天飞，甚至以假乱真。那么，什么样的产品及其应用才算是云计算呢？云计算具备怎样的特征呢？

云计算具备一些共性的特征，它通过虚拟化、分布式处理、在线软件等技术的发展应用，将计算、存储、网络等基础设施及其上的开发平台、软件等信息服务抽象成可运营、可管理的资源，然后通过互联网动态按需提供给用户。

为了对云计算有一个全面的了解，这里进一步总结云计算所具有的特征，具体如下所示。

1. 以网络为中心，通过网络提供服务

云计算的组件和整体架构通过网络连接在一起并存在于网络中，还通过网络向用户提供服务。云计算所依托的网络主要是互联网，根据需要，也可以是广域网、局域网、企业网及专用网等。

2. 以服务为提供方式

与传统的一次性买断统一规格的有形产品的形式不同，云计算实现了用户根据自己的个性化需求提供多层次的服务；云服务的提供者为满足不同用户的个性化需求，可以从一片大云中进行切割，从而组合或塑造出各种形态特征的云。

3. 资源的池化与透明化

云服务提供者的各种底层资源（计算/存储/网络/逻辑资源等）被池化，从而方便以多用户租用模式被所有用户使用，所有资源可以被统一管理、调度，为用户提供按需服务。对用户而言，这些资源是透明的、无限大的，用户使用服务时，无需知道资源的结构、实现方式和所在的位置，也无需了解资源池复杂的内部结构、实现方法和地理分布等，只需要关心自己的需求是否得到满足。

4. 高扩展高可靠性

云计算要快速、灵活、高效、安全地满足海量用户的海量需求，完善的底层技术架构是必不可少的，这个架构应该有足够大的容量、足够好的弹性、足够快的业务响应和故障冗余机制、足够完备的安全和用户管理措施；对商业运营而言，层次化的 SLA、灵活的计费也是必需的。为此，它使用了数据多副本容错、计算节点同构可互换等措施来保证服务的高可靠性。

4.2 云计算架构

4.2.1 云计算基础架构

各厂家和组织对云计算的架构有不同的分类方式，但是总体趋势是一致的，概括起来如图 4-2 所示。

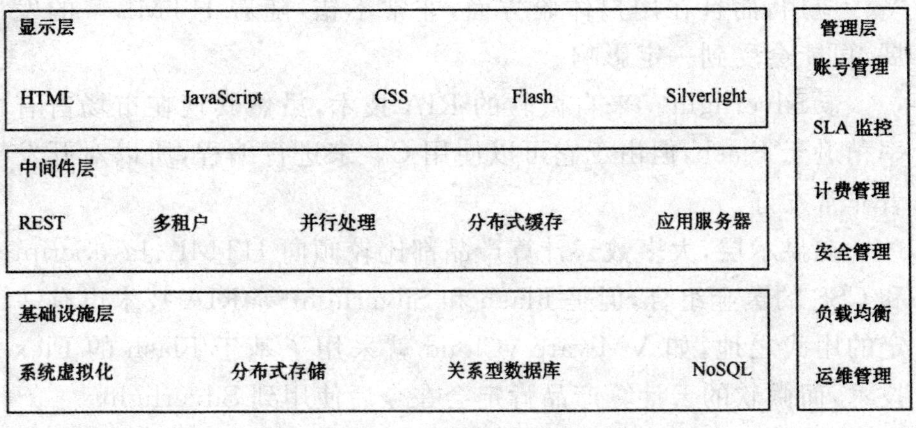

图 4-2 云计算的架构

这套架构主要可分为 4 层，其中有 3 层是横向的，分别是显示层、中间件层和基础设施层，通过这 3 层技术能够提供非常丰富的云计算能力和友好的用户界面，还有一层是纵向的，称为管理层，是为了更好地管理和维护横向的 3 层而存在的。接下来将逐个介绍每个层次的作用和属于这个层次的主要技术。

1. 显示层

显示层主要是用于以友好的方式展现用户所需的内容，并会利用到中间件层提供的多种服务，主要有以下几种技术。

①HTML。标准的 Web 页面技术，现在主要以 HTML 4 为主，但是将要推出的 HTML 5 会在很多方面推动 Web 页面的发展，如视频和本地存储等方面。

②JavaScript。一种用于 Web 页面的动态语言，通过 JavaScript，能够极大地丰富 Web 页面的功能，最流行的 JavaScript 框架有 jQuery 和 Prototype。

③CSS。主要用于控制 Web 页面的外观，而且能使页面的内容与其表现形式之间进行优雅的分离。

④Flash。业界最常用的 RIA(Rich Internet Applications)技术，能够在现阶段提供 HTML 技术所无法提供的基于 Web 的“富”应用，而且在用户体验方面，非常不错，随着 HTML 5 的发展，可能会受到一定影响。

⑤Silverlight。来自微软的 RIA 技术，虽然其现在市场占有率稍逊于 Flash，但由于它可以使用 C＃来进行编程，所以对开发者非常友好。

在显示层，大多数云计算产品都比较倾向 HTML、JavaScript 和 CSS 的黄金组合，但是 Flash 和 Silverlight 等 RIA 技术也有一定的用武之地，如 VMware vCloud 就采用了基于 Flash 的 Flex 技术，而微软的云计算产品肯定会在今后使用到 Silverlight。

2. 中间件层

中间件层是承上启下的，它在下面的基础设施层所提供资源的基础上提供了多种服务，如缓存服务和 REST(Representational State Transfer，基于表述性状态转移)服务等，而且这些服务既可用于支撑显示层，也可以直接让用户调用，并主要有以下几种技术。

①REST。通过 REST 技术，能够非常方便和迅速地将中间件层所支撑的部分服务提供给调用者。

②多租户。就是能让一个单独的应用实例可以为多个组织服务，而且保持良好的隔离性和安全性，并且通过这种技术，能有效地降低应用的购置和维护成本。

③并行处理。为了处理海量的数据，需要利用庞大的 x86 集群进行规模巨大的并行处理，Google 的 MapReduce 是这方面的代表。

④应用服务器。在原有的应用服务器的基础上为云计算做了一定程度的优化，如用于 Google App Engine 的 Jetty 应用服务器。

⑤分布式缓存。通过分布式缓存技术，不仅能有效地降低对后台服务器的压力，而且能加快相应的反应速度，最著名的分布式缓存例子莫过于 Memcached。

对于很多 PaaS 平台，如用于部署 Ruby 应用的 Heroku 云平台，应用服务器和分布式缓存都是必备的，同时 REST 技术也常用于对外的接口，多租户技术则主要用于 SaaS 应用的后台，如用于支撑 Salesforce 的 Sales Cloud 等应用的 Force.com 多租户内核，而并行处理技术常被作为单独的服务推出，如 Amazon 的 Elastic MapReduce。

3. 基础设施层

基础设施层的作用是为给中间件层或者用户准备所需的计算和存储等资源，主要有以下几种技术。

①系统虚拟化。也可以理解它为基础设施层的“多租户”，因为通过虚拟化技术，能够在一个物理服务器上生成多个虚拟机，并且能在这些虚拟机之间能实现全面的隔离，这样不仅能减低服务器的购置成本，还能同时降低服务器的运维成本，成熟的 x86 虚拟化技术有 VMware 的 ESX 和开源的 Xen、KVM。

②分布式存储。为了承载海量的数据，同时也要保证这些数

据的可管理性，需要一整套分布式的存储系统，在这方面，Google的GFS是典范之作。

③关系型数据库。基本是在原有的关系型数据库的基础上做了扩展和管理等方面的优化，使其在云中更适应。

④NoSQL。为了满足一些关系数据库所无法满足的目标，如支撑海量数据等，一些公司特地设计一批不是基于关系模型的数据库，如Google的BigTable和Facebook的Cassandra等。

4. 管理层

管理层是为横向的3层服务的，并给这3层提供多种管理和维护等方面的技术，主要包括以下几个方面。

①账号管理。通过良好的账号管理技术，能够在安全的条件下方便用户登录，并方便管理员对账号的管理。

②SLA监控。对各个层次运行的虚拟机、服务和应用等进行性能方面的监控，以使它们都能在满足预先设定的SLA(Service Level Agreement，服务等级协议)的情况下运行。

③计费管理。也就是对每个用户所消耗的资源等进行统计，来准确地向用户索取费用。

④安全管理。对数据、应用和账号等IT资源采取全面保护，使其免受犯罪分子和恶意程序的侵害。

⑤负载均衡。通过将流量分发给一个应用或者服务的多个实例来应对突发情况。

⑥运维管理。主要是使运维操作尽可能专业和自动化，从而降低云计算中心的运维成本。

4.2.2 云计算参考架构

云计算作为当今最热门的信息技术之一，受到美国联邦政府的高度重视。为了使美国政府、行业和个人对云计算有一致的认识，美国国家标准与技术研究局(NIST)组织制定了《云计算参考架构》,提出了“参与者-角色”云计算参考架构。如图 4-3 所示给出了美国国家标准与技术研究局给出的云计算参考架构。

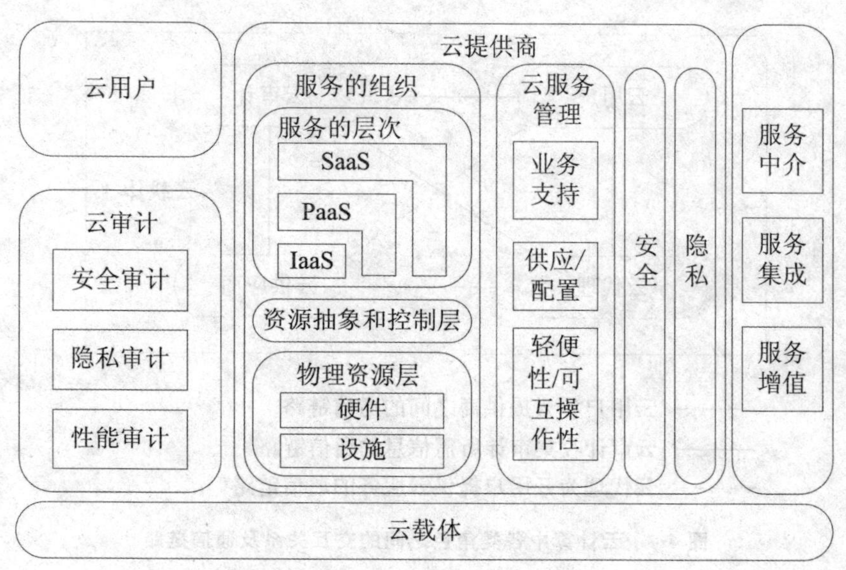

图 4-3　云计算参考架构

云计算参考架构中包含了五类重要的用户角色:云用户、云提供商、云载体、云审计和云代理。云计算参考架构中的五类角色之间的相互关系如图 4-4 所示。其中每个角色都是一个实体,既可以是个人也可以是机构,参与云计算的事务处理或任务执行。不同的用户在云计算中扮演不同的角色,它们是云计算的主体和推动力量。

云用户和云提供商之间存在一条通信链路,当需要云服务时,云用户向云提供商发出请求;云提供商收到请求后组织资源,进行相应的处理,并通过该链路为云用户提供云服务。为了审核云提供商或者云代理提供的云服务在性能、安全、隐私等方面是否符合用户需求,云审计需要收集大量来自云用户、云提供商及云代理的数据,因此在云审计和云用户、云提供商和云代理之间存在用于收集审计数据的通信链路。为了给用户提供云服务的集成、升级等各种服务,云代理需要获取云提供商的云服务,并将这些服务进行重组、升级、增值等,最后提供给云用户,因此在云代理和云用户及云提供商之间也存在相应的通信链路。所有的云业务都运行于云载体之上，由云载体承载。

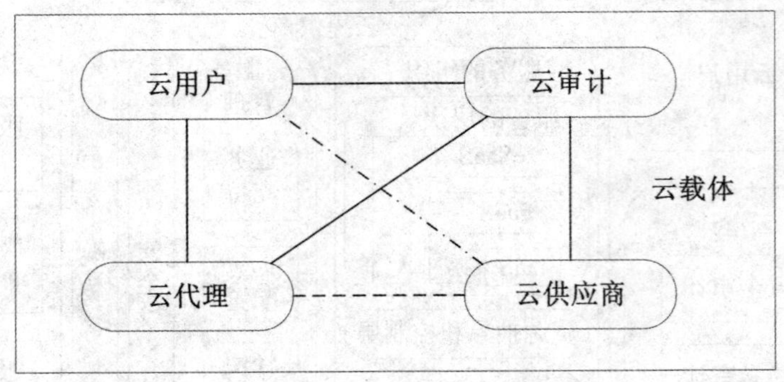

·-·-·- 云用户和云提供商之间的通信链路
——— 云审计收集审计所需信息的通信链路
- - - - - 云代理为云用户提供云服务的通信链路

图 4-4 云计算中各类角色之间的交互关系及通信链路

1. 云用户

云用户为云服务的使用者，它们与云提供商保持业务联系，使用云提供商提供的各种云服务，可以是个人也可以是机构，如政府、教育机构或企业客户等，它们租用而不是购买云服务提供商提供的各种服务，并为之付费。

云用户是云服务的最终消费者，也是云服务的主要受益者。云服务为云用户提供的服务包括：浏览云提供商的服务目录；请求适当的服务；云提供商建立服务合同；使用服务。

在云计算中，云用户和云服务提供商按照约定的服务等级协议进行通信。这里，服务等级协议(Service Level Agreement, SLA)指在一定开销下为保障服务的性能和可靠性，服务提供商与用户间定义的一种双方认可的协议。云用户使用 SLA 来描述自己所需的云服务的各种技术性能需求，如服务质量、安全、性能失效的补救措施等，云提供商使用 SLA 来提出一些云用户必须遵守的限制或义务等。

2. 云提供商

云服务的提供者，负责提供其他机构或个人感兴趣的服务，可以是个人、机构或者其他实体。云提供商获取和管理提供云服务需要的各种基础设施，运行提供云服务需要的云软件，并为云用户交付云服务。云提供者的主要活动包括服务的部署、服务的组织、云服务的管理、安全和隐私，如图 4-5 所示。

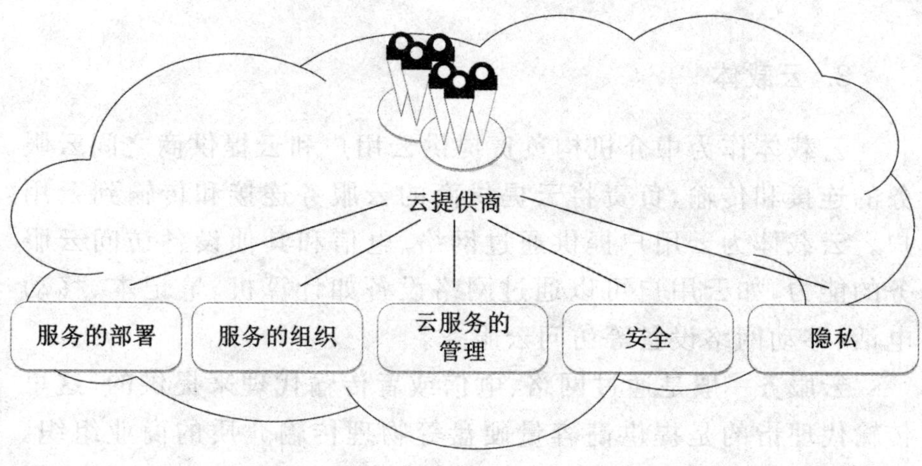

图 4-5　云提供者的主要活动

云服务的要求不同，云用户的活动和使用场景就不同。例如，云用户直接向云提供商发送服务请求，云服务提供商接收到云用户请求后，进行相应的处理，并将云服务直接交付给云用户，不经过任何中间机构或个人。云载体负责将云服务从云提供商传输给云用户。这里的云提供商需要两种不同的服务等级协议(图 4-6)：

①用于和云用户之间的通信(使用 SLA1)。

②用于和云载体之间的通信(使用 SLA2)。

云提供商为了保证能够按照 SLA1 为云用户提供高质量的服务，通常需要和云载体建立一定的服务约定，因此它们采用 SLA2 来向云载体提出其在能力、灵活性、功能方面的要求，如云提供商利用 SLA2 要求云载体为其提供专用的、加密的连接以保证云用户能够按照合同正确使用和消费云服务。云载体将按照SLA2来为云提供商提供高质量的通信服务。

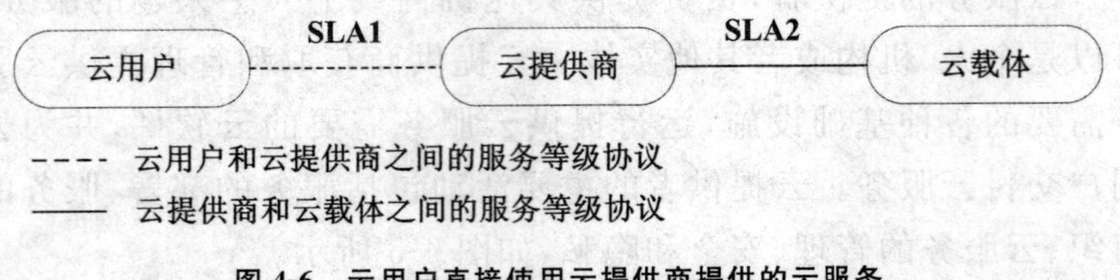

图 4-6 云用户直接使用云提供商提供的云服务

3. 云载体

云载体作为中介机构负责提供云用户和云提供商之间云服务的连接和传输，负责将云提供商的云服务连接和传输到云用户。云载体为云用户提供通过网络、电信和其他设备访问云服务的能力，如云用户可以通过网络设备如计算机、笔记本、移动电话、移动网络设备等访问云服务。

云服务一般是通过网络、电信或者传输代理来提供的，这里传输代理指的是提供高容量硬盘等物理传输介质的商业组织。为了确保能够按照与用户协商的服务等级协议(SLA)为用户提供高质量的云服务，云提供商将和云载体建立相应的服务等级协议，如在必要的时候要求云载体为云提供商和云用户之间建立专用的、安全的连接服务。

4. 云审计

云环境中的审计是指通过审查客观证据验证服务是否符合标准。云审计者是可独立评估云服务，信息系统操作、性能和安全的机构，能够从安全控制、隐私及性能等多个方面对云服务提供商提供的云服务进行评估。

例如，云审计负责对云服务提供商提供的云服务的实现和安全进行独立的评估，因此云审计需要同时与云提供者和云消费者进行交互。如图 4-7 所示，这里的云用户是直接向云提供商请求服务，而不是通过云代理或者其他机构使用云服务，因此云审计在收集审计所需要的信息时,仅需要与云用户和云提供商进行通信,但是在存在云代理或其他中间机构时,为了准确完成审计工作,云审计可能需要收集更多的审计信息,包括从云代理或其他中介机构那里获取信息。

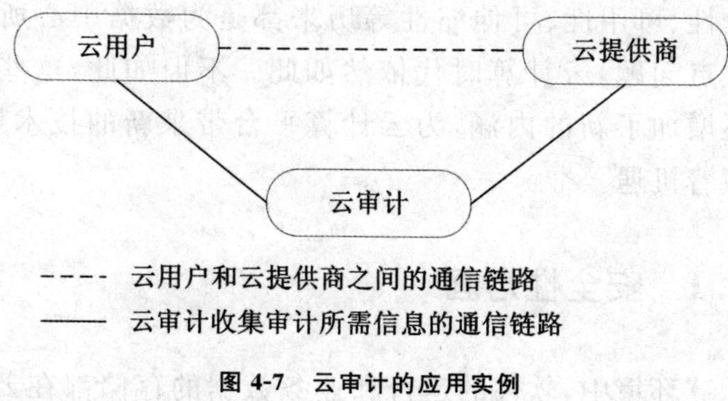

图 4-7　云审计的应用实例

5. 云代理

云环境中的代理机构,负责管理云服务的使用、性能和分发的实体,也负责在云提供者和云用户之间进行协商。此时。云用户不再需要直接向云提供商请求服务,而可以向云代理请求服务。

云代理提供的云服务包括服务中介、集成、增值三类。例如,如图 4-8 所示,云代理获取云提供商 1 和云提供商 2 的服务,并通过提升现有的服务或者组合不同的服务来产生新的服务,提供给云用户,并进行计费。对于云用户而言,云提供商是透明的,它们直接和云代理进行交互,使用云代理提供的云服务。

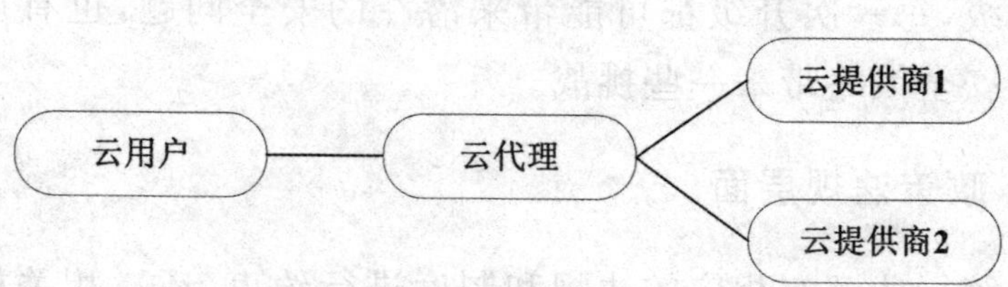

图 4-8　云用户通过云代理使用云服务

4.3 云计算面临的技术挑战

安全性、可用性、可伸缩性等历来都是为数据中心所关注的一系列重点问题，云计算时代依然如此。不但如此，这些关键问题同时还增加了新的内涵，为云计算平台带来新的技术挑战，同时也隐藏着机遇。

4.3.1 安全性方面

云计算环境中，软件的运行和业务数据的存储都在云中。云计算的安全问题主要涉及两个方面，一是云计算自身环境特有的安全问题，二是云计算如何改变现有的软件系统安全防护模式。

云计算在安全性方面面临着的挑战主要表现在以下几个方面。

1. 技术层面

传统的网络系统是封闭的，只有少数接口暴露在外面，只需在出口设置访问控制、防火墙等安全措施就可以减少很多安全方面的问题；而云环境是暴露在公开网络当中的，更容易受到攻击，因此需要它的安全模式能够由被动防御向主动预防转变。另一方面，在云环境中主要是通过用户远程执行来进行服务系统的更新和升级，每一次升级都可能带来潜在的安全问题，也有可能对原有的安全策略带来一些挑战。

2. 政策法规层面

传统行业都有相应的法规和制度进行约束，还有相关机构进行信誉担保，安全性程度高；而云环境则不同，通过前面的讨论我们已经知道它目前尚且缺乏有效的标准和规范，安全性也经受着一定的考验。

4.3.2　可用性方面

云计算在可用性方面已经取得了很大突破。看似具有高可用性的云计算平台在实际中出现可用性问题的事件却屡见不鲜，这必然会在一定程度上失去一部分人的信任。由此引发云计算平台在可用性方面所面临的挑战。

4.3.3　可伸缩性方面

可伸缩性管理主要通过两种方法得以实现。

1. 垂直伸缩

垂直伸缩是在现有的服务节点上增加或者减少资源，例如，增加或减少 CPU、内存、线程池和存储空间等。

2. 水平伸缩

水平伸缩是在现有的服务节点上增加或者减少服务节点，从而支持更多或者更少的服务请求。它需要原有系统提供对多个服务器组成的集群的管理，例如，数据同步、统一监控、负载均衡和性能调优等。

在云计算环境中，对于应用的垂直伸缩和水平伸缩都可以通过云计算的基础设施平台得到支持。理论上来说，云计算环境中的应用可以做到随意伸缩，即应用所占用的资源可以随着负载的上升或降低而增加或减少，从而保证在不同的负载下仍然能获得一致的性能。

云计算对于可伸缩性的要求通常包括及时、适量、细粒度、自动化和预动性。

①及时。虚拟机的资源调整应可以即时生效。

②适量。资源的伸缩基于应用对于资源的需求。

③细粒度。CPU、内存、存储资源等可以在非常细的粒度上调整。

④自动化。基于应用性能及资源需求的自动化可伸缩性管理。

⑤预动性。基于应用历史记录、应用模式及预测模型预测出的可伸缩性调整。

4.3.4 信息保密方面

信息保密是指信息的内容不应该被未经过授权的人得到。

在云的大规模分布式存储机制中，完整的数据实体往往是被零星地存储在不同的服务器上的，这大大增加了非法用户窥探云中数据的难度。这样来看，云环境下的信息保密问题完全是不需要担心的。不过这一方法并没有根本性地解决问题，而只是提高了访问信息的难度。

该方法也存在一些漏洞，比如有些非法用户如果破解了存储服务器或者云存储系统的数据分发逻辑，就会很快地找到每一个块的存放位置。并且，如果有很多个文件共同存储在一个大块里的情况，那数据泄漏的风险也随之加大了。可见，为了保证安全，还是要从根本上解决问题。

另外还要注意的是，不同国家的法律、法规也有所差异，这就导致云的服务器面临在不同国家有着不同管制政策的状况。用户在使用云服务时也会有多样化的要求。

云平台信息保密仍然面临着挑战。

4.3.5 性能方面

通过对大量服务器的整合和调度，一个云计算环境能够为用户提供的计算、存储和通信性能远远超出人们的想象。当然，同样的，它在这些方面所承担的负载也很大。

4.3.6　标准化与服务集成方面

大部分云计算的平台只能提供一类或者几类功能，在满足用户的个性化需求方面就显得不够，这样就容易出现新的问题，如用户往往需要同时使用多个云计算平台才能满足自己的需要，此时，用户需要维护多个云之间的数据等或者在多个云之间互操作等。

云计算为客户提供了公有云服务，但是由于诸多方面因素的存在使得客户将自己的核心业务迁移到公有云中并不可行。为了在一定程度上降低运营成本，有些公司选择将非关键业务迁移到公有云中，与此同时，在公司内部打造私有云来提高关键业务的服务质量和管理的自动化程度。公有云和私有云中的数据交换业务需要一种集成服务。如图 4-9 所示。云集成服务因云计算的标准化而能够变得更加简单可行。

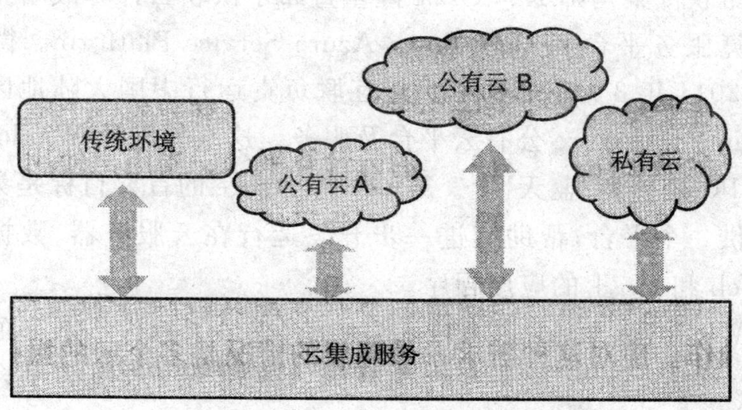

图 4-9　云集成平台

第 5 章　云计算平台及云存储技术

5.1　云计算平台

5.1.1　Microsoft 云计算平台

Microsoft 的商业模式建立在个人计算机时代，在网络时代软件免费的商业模式下，Microsoft 认清形势，抓住机遇并推出了自己的云计算操作系统。微软在 PDC2008 年度会议上，微软公司首席软件架构师 Ray Ozzie 隆重宣布了微软云计算战略及微软云计算服务平台——Windows Azure Service Platform。微软中国于 2014 年 3 月底宣布由世纪互联负责运行中国大陆地区的微软 Windows Azure 公有云平台及服务。这次转型让 Windows 真正由 PC 延伸到"蓝天"上。Windows Azure 的首要目标是为开发者提供一个平台，帮助其进一步开发运行在云服务器、数据中心及 Web 和 PC 上的应用程序。

Windows Azure 以云技术为核心，提供了软件＋服务的计算方法。它是 Azure 服务平台的基础。微软 Azure 服务平台包括了微软数据中心网络中的一系列存储、计算和网络基础服务。借助 Azure 服务平台，开发人员可以创建在云中运行的应用，并可将现有的应用加以扩展，使之可以利用以云为基础的性能优势。Azure 服务平台为商业和个人应用程序提供了基础，可以为用户轻松而安全地在云中存储和共享信息，并为任意位置的任意设备中进行访问实现了统一的方式。Azure 服务平台的整体结构如图 5-1 所示。

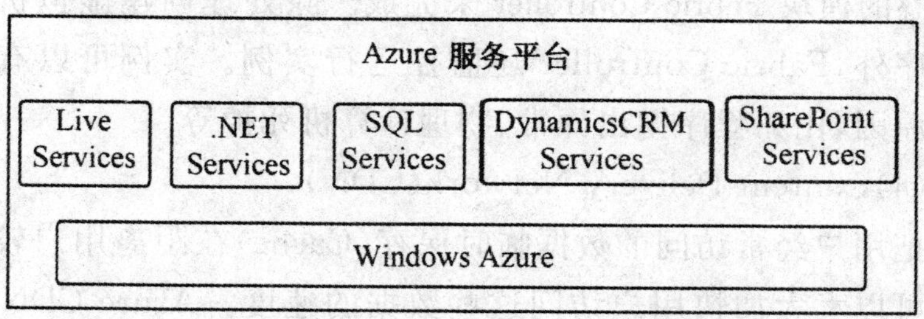

图 5-1　微软 Azure 服务平台

1. Windows Azure

Windows Azure 是 Azure 服务平台的底层部分，它是一套基于云计算的操作系统，提供云端线上服务所需要的作业系统与基础储存和管理的平台。这也是微软实施云计算战略的一部分。如图 5-2 所示，Windows Azure 包括如下五部分。

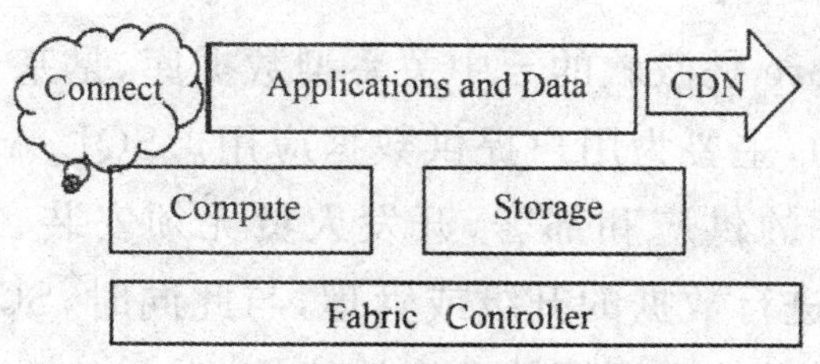

图 5-2　Windows Azure 的体系架构

(1)Compute(计算)

Azure 计算服务提供在 Windows Server 上运行应用程序。应用程序可以使用如 C＃、VB、C＋＋、Java 等语言去开发。

(2)Storage(存储)

用来存储大的二进制对象，提供 Azure 应用程序的组件间通信用的队列。Azure 应用程序和本地应用程序都可以用 RESTful (Representational State Transfer，表征状态转移)方法来访问该存储服务。

(3)Fabric Controller(结构控制器，FC)

Azure 应用程序运行在虚拟机上，其中虚拟机的创建由 Azure

最核心的模块 Fabric Controller 来完成。除处理创建虚拟机和运行程序外,Fabric Controller 还监控运行实例。实例可以有多种出错原因,比如程序抛出异常、物理计算机死掉等。

(4)Content Delivery Network(CDN)

把用户经常访问的数据临时保存(Cache)在距离用户较近的地方可以大大加快用户访问这些数据的速度。Azure CDN 可以临时保存大的二进制对象。

(5)Connect

Azure 应用程序通过 HTTP、HTTPS、TCP 与外部的世界交互。但 Azure Connect 支持云应用程序和本地服务的交互。比如通过 Connect 可以使云应用程序访问存储在本地数据库内的数据。

2. SQL Azure

SQL Azure 是微软的云中关系型数据库,是基于 SQL Server 技术而构建的,主要为用户提供数据应用。SQL Azure 数据库简化了多数据库的供应和部署,开发人员无须安装、设计数据库软件,也不需要进行数据的升级或管理,与此同时,SQL Azure 还为用户提供了内置的高可用性和容错能力。

用户使用 SQL Azure 的方式和使用传统的 SQL Server 环境基本一致,用户通过 SQL 客户端就可以访问,也可以使用 ADO. NET 约定的数据访问方式进行访问。当然,SQL Azure 数据服务也有独特的一面,例如,SQL Server 并不支持 CLR、空间数据及一部分系统管理功能(如启动、停止 SQL Server)。

SQL Azure 服务还能够为用户带来很多传统数据管理系统不具备的好处。首先,由于数据放置在云中,数据的常规管理都由云中的管理系统完成,因而用户可以摆脱繁重的数据库管理和维护的工作,无需对数据库进行定期备份,也不再需要定期为数据库打补丁。其次,云环境为用户提供了统一的数据访问接口,用户不需要关心数据的具体位置。在当前版本的 SQL Azure 服务中，每个数据库大小的上限在5 GB到10 GB之间，如果应用的数据小于这个限制，则可以保存在单个数据库中，否则系统会创建多个数据库，将应用数据划分在不同的数据库分别存放。在传统情况下，应用不仅需要知道所要访问的数据库，而且还需要知道每个数据库中的数据划分信息。而在SQL Azure服务中，系统会封装下层多个数据库的复杂操作，将用户提交的数据操作分发到各个数据库上执行，然后对执行结果进行合并，再返回给用户。再次，采用SQL Azure服务的应用能获取比传统单个数据库更健壮的服务。与Windows Azure数据服务类似，SQL Azure服务的每份数据都会在不同的地方进行备份。当一份数据失效时，可以从其他备份进行恢复。同时，SQL Azure服务会保证多个备份中数据的一致性，如果对数据库的更新操作返回成功信息，则意味着所有备份都已经成功进行了更新。

SQL Azure服务的特点是简单、有效、成本低，提供了一个具备良好扩展性、可控性以及可靠性的数据管理服务，随着云计算技术成熟和发展，各种新的需求不时涌现，这就要求SQL Azure服务不断丰富和提升，从而实现云计算环境中关于数据处理的问题。

3. Live服务

Live服务是一系列包含在Azure服务平台里面的用来处理用户数据和应用程序资源的构建块，Live服务为广大的开发者提供了简便可行的、内容丰富的体验入口，通过多种数字设备，这些应用程序可以和Internet上最大规模的用户相连。

通过Live服务，可以存储和管理Windows Live用户的信息和联系人，将Live Mesh中的文件和应用同步到用户的不同设备上去。微软Live Mesh是一个软件与服务相结合的平台，通过数据中心将文件、程序在网络上实现无缝的同步共享。它使得构建跨数字设备和Web的应用程序成为可能。

此外，还有SharePoint服务与Dynamics CRM服务。其用于在云端提供针对业务内容、协作和快速开发的服务，建立更强的客户关系。

5.1.2 Amazon 云计算平台

Amazon 是一家综合性的电子商务化公司，在多年的运作中积累了大量的基础性设施和先进的技术，因此它在云计算领域处于领先地位。在此基础上，Amazon 还不断地进行技术创新，开发并提供了一系列新颖且实用的云计算服务，赢得了巨大的用户群体。这些云计算服务共同构成了 Amazon 的云计算服务平台 Amazon Web Service(AWS)。

1. Dynamo

在 Web 服务兴起之际，各种平台大多采用关系型数据库进行数据存储，但由于 Web 数据中大部分为半结构化数据且数据量巨大，关系型数据库无法满足其存储要求。为此，很多服务商都设计并开发了自己的存储系统。其中，Amazon 的 Dynamo 是非常具有代表性的一种存储架构，被作为状态管理组件用于 AWS 的很多系统中。

Amazon 是世界上最成功的电子商务供应商之一，其系统每天要接受全球数以百万计的服务请求。如图 5-3 所示为 Amazon 平台基本架构。为了实现稳定性的需要，Amazon 的系统采用完全的分布式、去中心化的架构 ID，其中，作为底层存储架构的 Dynamo 也同样采用了无中心的模式。

Dynamo 只支持简单的键/值方式的数据存储，不支持复杂的查询，适用于 Amazon 的购物车、S3 等服务。Dynamo 中存储的是数据值的原始形式，即按位存储，并不解析数据的具体内容，这也使得 Dynamo 几乎可以存储所有类型的数据。

Dynamo 在设计时被定位为一个基于分布式存储架构的、高可靠、高可用且具有良好容错性的系统。表 5-1 列举了 Dynamo 设计时面临的主要问题及所采取的解决方案。

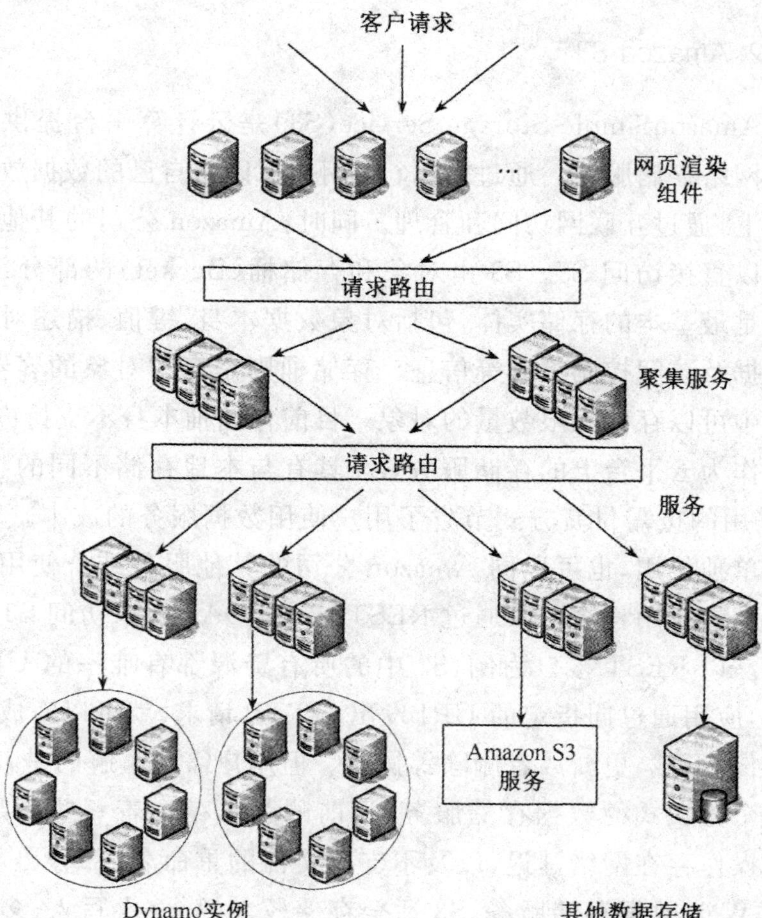

图 5-3　**Amazon** 平台基本架构

表 5-1　**Dynamo** 需要解决的主要问题及解决方案

问题	采取的相关技术
数据均衡分布	改进的一致性哈希算法
数据备份	参数可调的弱 quorum 机制
数据冲突处理	向量时钟(VectorClock)
成员资格及错误检测	基于 Gossip 协议的成员资格和错误检测
临时故障处理	Hintedhandoff(数据回传机制)
永久故障处理	Merkle 哈希树

2. Amazon S3

AmazonSimple Storage Service(S3)是云计算平台提供的可靠的网络存储服务。通过S3,个人用户可以将自己的数据放到存储云上,通过互联网访问和管理。同时,Amazon公司的其他服务也可以直接访问S3。S3由对象和存储桶(Bucket)两部分组成。对象是最基本的存储实体,包括对象数据本身、键值、描述对象的元数据及访问控制策略等信息。存储桶则是存放对象的容器,每个桶中可以存储无限数量的对象。目前存储桶本身不支持嵌套。

作为云平台上的存储服务,S3具有与本地存储不同的特点。S3采用的按需付费方式节省了用户使用数据服务的成本。S3既可以单独使用,也可以同Amazon公司的其他服务结合使用。云平台上的应用程序可以通过REST或者SOAP接口访问S3中的数据。以REST接口为例,S3中的所有资源都有唯一的URI标识符,应用通过向指定的URI发出HTTP请求,就可以完成数据的上传、下载、更新或者删除等操作。但用户需要了解的是,S3作为一个分布式的数据存储服务,目前的版本存在着一些不足,如数据操作存在网络延迟,以及不支持文件的重命名、部分更新等。作为Web数据存储服务,S3适合存储较大的、一次写入、多次读取的数据对象,例如,声音、视频、图像等媒体文件。

安全性和可靠性是云计算数据存储普遍关心的两个问题。S3采用账户认证、访问控制列表及查询字符串认证三种机制来保障数据的安全性。当用户创建AWS账户的时候,系统自动分配一对存取键ID和存取密钥,利用存取密钥请求签名,然后在服务器端进行验证,从而完成认证。访问控制策略是S3采用的另外一种安全机制,用户利用访问控制列表设定数据(对象和存储桶)的访问权限,例如,数据是公开的还是私有的等。即使在同一公司内部,相同的数据对不同的角色也有不同的视图,S3支持利用访问规则来约束数据的访问权限。通过对公司员工的角色进行权限划分,能够方便地设置数据的访问权限。如系统管理员能够看到整个公司的数据信息，部门经理能看到部门相关的数据，普通员工只能看到自己的信息。查询字符串认证方式广泛适用于以 HTTP 请求或者浏览器的方式对数据进行访问。为了保证数据服务的可靠性，S3 采用了冗余备份的存储机制，存放在 S3 中的所有数据都会在其他位置备份，保证部分数据失效不会导致应用失效。在后台，S3 保证不同备份之间的一致性，将更新的数据同步到该数据的所有备份上。

3. EC2

Amazon 弹性计算云(Elastic Compute Cloud，EC2)是一个让使用者可以租用云端计算机运行所需应用的系统，提供基础设施层次的服务(IaaS)。EC2 提供了可定制化的云计算能力，这是专为简化开发者开发 Web 伸缩性计算而设计的，EC2 借由提供 Web 服务的方式让使用者可以弹性地运行自己的 Amazon 虚拟机，使用者将可以在这个虚拟机器上运行任何自己想要的软件或应用程序。Amazon 为 EC2 提供简单的 Web 服务界面，让用户轻松地获取和配置资源。用户以虚拟机为单位租用 Amazon 的服务器资源，并且可以全面掌控自身的计算资源。另外，Amazon 的运作是基于“即买即用”模式的，只需花费几分钟时间就可获得并启动服务器实例，所以它可以快速定制以响应计算需求的变化。

Amazon EC2 的优势如下：在 AWS 云中提供可扩展的计算容量；使用 Amazon EC2 避免前期的硬件投入，因此用户能够快速开发和部署应用程序；通过使用 Amazon EC2，用户可以根据自身需要启动任意数量的虚拟服务器、配置安全和网络以及管理存储；Amazon EC2 允许用户根据需要进行缩放，以应对需求变化或流量高峰，降低流量预测需求。Amazon EC2 提供以下具体功能：

①虚拟计算环境，也称为实例。

②实例的预配置模板，也称为亚马逊系统映像(AMI)，其中包含用户服务器需要的程序包(包括操作系统和其他软件)。

③实例 CPU、内存、存储和网络容量的多种配置，也称为实例类型。

④密钥对的实例的安全登录信息(在 AWS 存储公有密钥，在安全位置存储私有密钥)。

⑤临时数据(停止或终止实例时会删除这些数据)的存储卷，也称为实例存储卷。

⑥使用 Amazon Elastic Block Store(Amazon EBS)的数据的持久性存储卷，也称为 Amazon EBS 卷。

⑦用于存储资源的多个物理位置，如实例和 Amazon EBS 卷，也称为区域和可用区。

⑧防火墙，让用户可以指定协议、端口，以及能够使用安全组到达用户实例的源 IP 范围。

⑨用于动态云计算的静态 IP 地址，也称为弹性 IP 地址。

⑩元数据，也称为标签，用户可以创建元数据并分配 Amazon EC2 资源。

4. SimpleDB

Amazon SimpleDB 的任务是非关系数据储存服务，其特点是应用灵活、适应性好。它与 S3 完全不同，S3 主要用于非结构化数据的存储，而 Amazon SimpleDB 主要用于结构化数据的存储。开发人员的首要任务是通过 Web 服务完成数据项的存储和查询，剩下的工作都交给 Amazon SimpleDB 处理。

Amazon SimpleDB 不会受限于关系数据库的严格要求，并能够保障更高的可用性和灵活性，这样管理的负担大幅减少甚至没有负担。退至后台工作后，Amazon SimpleDB 会自动创建和管理分布在其他多个位置的数据副本，因而可用性和数据的持久性大大提高。

SimpleDB 的操作流程如图 5-4 所示，用户注册登录后，可以创建一个域(domain，存放数据的容器)，然后可以向域中添加数据条目(item，一个实际的数据对象，由属性和值组成)，接着用户可以查看或修改域中的数据条目。当用户不再需要存储的数据时，可以删除域。

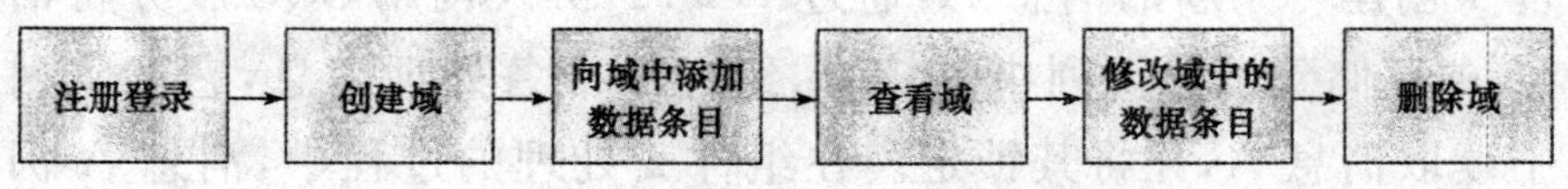

图 5-4 SimpleDB 的操作流程

5. SQS

Amazon Simple Queue Service（SQS）主要用于分布到应用的组件之间数据传递的消息队列服务，这些组件往往分散在不同的计算机之上，有的甚至分布在不同的网络中。SOS 的作用将在这里显现，它能够以松耦合的方式将分散于不同计算机或网络的组件结合，这就创立了可靠的有一定规模的分布式系统，当然系统中某一组件的损毁并不会影响到整个系统的运行。

消息和队列是 SQS 实现的核心。消息是可以存储到 SQS 队列中的文本数据，可以由应用通过 SQS 的公共访问接口执行添加、读取、删除操作。队列是消息的容器，提供了消息传递及访问控制的配置选项。SQS 是一种支持并发访问的消息队列服务，它支持多个组件并发的操作队列，如向同一个队列发送或者读取消息。消息一旦被某个组件处理，则该消息将被锁定，并且被隐藏，其他组件不能访问和操作此消息，此时队列中的其他消息仍然可以被各个组件访问。

SQS 成功的应用了分布式构架，因此每一条消息都会分散的存入不同的机器中，也有可能存于不同的数据中心。这种分布式存储策略保证了系统的可靠性，同时也体现出其与中央管理队列的差异，这些差异需要分布式系统设计者和 SQS 使用者充分理解。首先，SQS 并不会严格遵循消息的顺序性，也就是说并不是先进入队列的消息优先可见；其次，分布式队列中已经被处理的消息并不会彻底处理干净，它有可能还存在于其他的队列中，所以一个消息会被处理多次；再者，因为是分布式的传输，所以用户获得的消息可能并不完全；最后，可能会出现信息传递的延迟，因而不能期望消息一发出就被其他组件看到。

如图 5-5 所示为一条消息的生命周期管理示例。首先，由组件 1 创建一条新的消息 A，通过 HTTP 协议调用 SQS 服务将消息 A 存储到消息队列中。接着，组件 2 准备处理消息，它从队列中读取消息 A，并将其锁定。在组件 2 处理的过程中，消息 A 仍然存在于消息队列中，只是对其他组件不可见。最后，当组件成功处理完消息 A 后，SQS 将消息 A 从队列中删除，避免这个消息被算他组件重复处理。但是，如果组件 2 在处理过程中失效，导致处理超时，SQS 将会把消息 A 的状态重新设为可见，从而可以被其他组件继续处理。

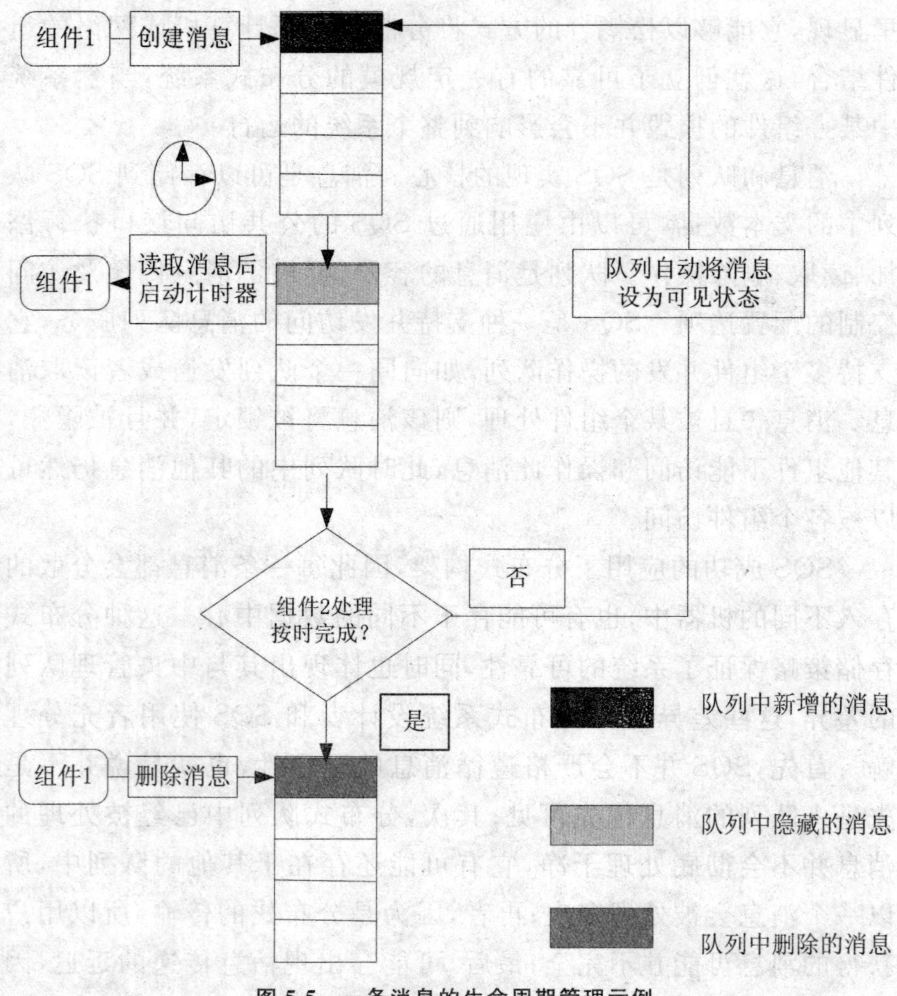

图 5-5　一条消息的生命周期管理示例

5.1.3　Google 云计算平台

Google 在云计算方面一直走在世界的前列，是目前世界上最大的云计算使用者。Google 的云计算技术实际上是针对 Google 特定的网络应用程序而定制的。针对内部网络数据规模超大的特点，Google 提出了一套云计算解决方案。主要包括分布式处理技术 MapReduce、分布式文件系统 GFS、非结构化存储系统 BigTable。

1. 系统架构

GFS 的系统架构如图 5-6 所示。GFS 将整个系统的节点分为三类角色：Client（客户端）、Master（主服务器）和 Chunk Server（数据块服务器）。Client 是 GFS 提供给应用程序的访问接口，Master 是 GFS 的管理节点，Chunk Server 负责具体的存储工作。

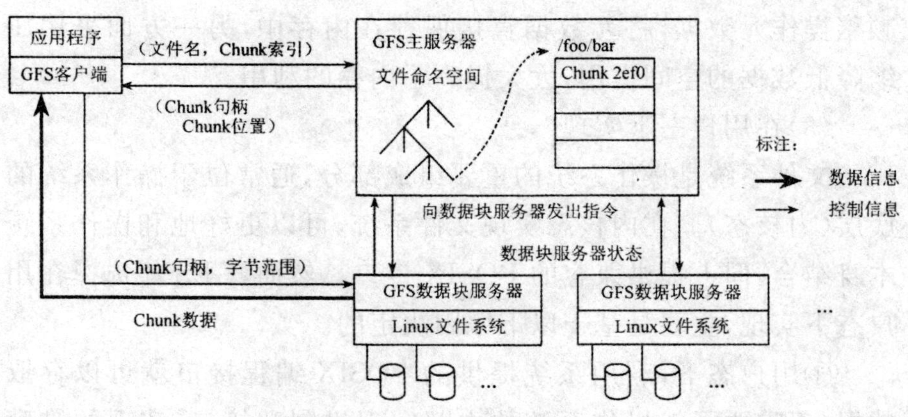

图 5-6　GFS 的系统架构

客户端在访问 GFS 时，首先访问 Master 节点，获取与之进行交互的 Chunk Server 信息，然后直接访问这些 Chunk Server，完成数据存取工作。GFS 的这种设计方法实现了控制流和数据流的分离。Client 与 Master 之间只存在控制流，并没有数据流，从而有效地降低了 Master 的负载。Client 与 Chunk Server 之间直接传输数据流，与此同时，由于文件被分成多个 Chunk 并采用分布式存储，因此 Client 可同时访问多个 Chunk Server，从而使得整个系统的 I/O 高度并行，系统整体性能得到提高。

针对多种应用的特点，Google 不遗余力地推进 GFS 的简化设计，最终实现了成本、可靠性和性能的相互平衡。总的来说，它有以下几个特点。

(1)采用中心服务器模式

GFS 采用中心服务器模式管理整个文件系统，简化了设计，降低了实现难度。

(2)不缓存数据

缓存机制主要作用是提升系统的性能，常用的文件系统往往需要实现较为复杂的缓存机制。GFS 文件基于实际应用，并没有实现缓存。从本质上讲，客户端大部分实现了流式顺序读写，大大减少了重复读写，可见缓存在这里意义不大；对于存储在 Master 中的元数据，GFS 采取了缓存策略。这是由于一方面 Master 需要频繁操作元数据，将元数据直接保存在内存中，另一方面采用压缩降低数据的空间占用，大大提高了内存的利用。

(3)在用户态下实现

文件系统是操作系统的重要组成部分，通常位于操作系统的底层(内核态)。在内核态实现文件系统，可以更好地和操作系统本身结合，向上提供兼容的 POSIX 接口。然而，GFS 却选择在用户态下实现，主要是基于以下原因决定的。

①用户态下，利用系统提供的 POSIX 编程接口就可以存取数据，不需要了解操作系统的内部实现机制和接口，实现的难度降低了，通用性相应地提高了。

②POSIX 接口的特点是灵活且功能强大，在实现过程中可自由选择更多的特性，不会像内部编程那样受限制。

③用户态下的调试工具较为丰富，而内核态中的调试较为困难。

④用户态下，Master 和 Chunk Server 同时以进程的方式进行，某一进程并不会影响到整个操作系统的运作，达到了充分地

优化。而内核态下，若掌握不好其特性，运行效率不但不会提升，就连整个系统的效率也是大打折扣。

⑤用户态下，GFS 和操作系统独立运行，两者之间的耦合性降低，有利于 GFS 和内核的单独升级。

(4)只提供专用接口

通常的分布式文件系统一般都会提供一组与 POSIX 规范兼容的接口，GFS 在设计时，采用了专用接口。其优点表现如下：

①实现的难度降低。常用的 POSIX 兼容的接口升级操作在系统内核一级实现，GFS 则在应用层就可以实现。

②专用接口可根据应用提供某些特殊的支持。

③专用接口实现了和 Client、Master、Chunk Server 的直接交互，使操作更为容易，有效减少了系统间上下文之间的切换，实现了效率的提升。

2. 系统管理技术

GFS 是一个分布式文件系统，它包含了系统软件和硬件的整套解决方案。GFS 除了涉及一些关键的技术，还有相应的系统管理技术来支撑整个 GFS 的运作，这些技术有可能是共享技术。

(1)大规模集群安装技术

安装 GFS 的集群中通常有非常多的节点，目前最大的集群超过 1 000 个节点，Google 数据中心处理数据的能力非常强大，当然运行的机器数量也非常之多，因此必须快速安装并部署一个 GFS 系统，并且迅速地运行节点的系统，系统的升级也需要相应的技术支持。

(2)故障检测技术

GFS 是构建在不可靠的廉价计算机之上的文件系统，由于节点数目众多，故障发生十分频繁，如何在最短的时间内发现并确定发生故障的 Chunk Server，需要相关的集群监控技术。

(3)节点动态加入技术

当有新的 Chunk Server 加入时，如果需要事先安装好系统，那么系统扩展将是一件十分烦琐的事情。如果能够做到只需将裸机加入,就会自动获取系统并安装运行,那么将会大大减少GFS维护的工作量。

(4)节能技术

有关数据表明,服务器的耗电成本大于当初的购买成本,因此Google采用了多种机制来降低服务器的能耗,例如,对服务器主板进行修改,采用蓄电池代替昂贵的UPS,不间断电源系统,提高能量的利用率。Rich Miller在一篇关于数据中心的博客文章中表示,这个设计让Google的UPS利用率达到99.9%,而一般数据中心只能达到92%~95%。

3. 分布式存储服务

GAE提供的分布式存储服务基于BigTable技术,支持结构化数据查询和更新操作,并提供事务处理功能,从而保证数据的一致性。该服务能够随着应用数据需求规模的变化而伸缩,满足应用不断变化的数据存储要求。分布式存储服务支持应用通过Java JDO/JPA接口或Python数据库标准接口访问和操作数据。与传统关系数据库相比,分布式存储服务的优势在于成本低、支持伸缩、并发性好且易管理。

在分布式存储服务的数据库中,每个实体在GAE中都包含一个全局唯一的键值。实体的键值可以由描述实体间关系的属性、实体类型、应用程序名称或者系统分配的数字实体ID组成。实体ID由实体内部的一个属性来表示。ID值可以由数据库自动生成,也可以由应用程序自己管理。实体的属性可以是简单的数据类型,如整数、浮点数、字符串、日期和二进制数据等,也可以是对其他实体的引用。多个实体可以构建成一个实体组,存储在分布式系统的相同的数据库节点中,从而提高数据创建和更新的性能。

分布式存储服务在数据操作上提供了一些高级特性。分布式存储服务目前支持以下两种类型的事务操作:

①将对实体的一组操作组成一个事务，保证单个实体的数据完整性。

②将一组实体对象的操作组成一个事务，从而保证一组实体的数据完整性。

为了支持应用对数据进行灵活的查询操作，分布式存储服务定义了专门的语言 GQL，GQL 的语法与 SQL 的语法非常相似。

为了提高查询效率，GAE 应用程序采用一个配置文件来定义数据的索引，在应用执行查询语句时，数据存储区能够直接从相应索引中获取结果。

为了保证数据的一致性，分布式数据存储服务采用了乐观的并发控制策略。乐观并发控制策略假定大多数数据事务和其他事务不冲突，当多个应用同时访问同一数据实体时，首先将数据实体保存到本地，更新的数据只有在没有事务冲突的情况下才能直接写入数据库；若有事务冲突，则分布式数据存储服务会调用相应的冲突解决算法，或者终止事务。由于 HTTP 协议是无状态的协议，加锁机制在分布式存储服务的并发控制中是不可行的。因此，乐观并发控制便是一种自然的选择，不仅实现起来简单，而且减少了不必要的等待时间。

4. 应用程序环境

Google App Engine 有着自身的应用程序环境，这个应用程序环境包括以下特性。

①动态网络服务功能。能够完全支持常用的网络技术。

②具有持久存储的空间。在这个空间里平台可以支持一些基本操作，如查询、分类和事务的操作。

③具有自主平衡网络和系统的负载、自动进行扩展的功能。

④可以对用户的身份进行验证，并且支持使用 Google 账户发送邮件。

⑤有一个功能完整的本地开发环境，可以在自身的计算机上模拟 Google App Engine 环境。

⑥支持指定时间或定期触发事件的计划任务。

基于这样的环境支持，Google App Engine 可以在负载很重和数据量极大的情况下轻松构建安全运行的应用程序。

最开始 Google App Engine 只支持 Python 开发语言，现阶段开始支持 Java 语言。本书案例中，Google App Engine 应用程序使用 Python 编程语言实现。该运行时环境包括完整的 Python 语言和绝大多数的 Python 标准库。在 Python 运行时环境中使用的是 Python2.5.2 版本。这里先详细介绍一下 Python 运行时环境。

Python 运行时环境包括 Python 标准库，开发人员可以调用库中的方法来实现程序功能，但是不能使用沙盒限制的库方法。这些受限制的库方法包括尝试打开套接字、对文件进行写入操作等。为了便于编程，Google App Engine 设计人员将一些模块禁用了，被禁用的这些模块的主要功能是不受运行时环境的标准库支持的，因而，开发者导入这些模块的代码时，程序将给出错误提示。

在 Python 运行的环境中，应用程序只能以 Python 语言编写，扩展代码中若有 C 语言，则应用程序将不受系统支持。Python 环境为开发平台中的数据库、Google 账户、网址抓取和电子邮件服务等提供了丰富的 Python API。此外，Google App Engine 还提供了一个简单的 Python 网络应用程序框架，这个框架称为 Webapp。借助于这个框架，开发人员可以轻松构建自己的应用程序。为了方便开发，Google App Engine 还包括了 Django 网络应用程序框架，在开发过程中，可以将 Django 与 Google App Engine 配合使用。

沙盒是 Google App Engine 虚拟出的一个环境，类似于 PC 所使用的虚拟机。在这个环境中，用户可以开发使用自己的应用程序，沙盒将用户应用程序隔离在自身的安全可靠的环境中，该环境和网络服务器的硬件、系统及物理位置完全无关，并且沙盒仅提供基础操作系统的有限访问权限。

沙盒还可以对用户进行如下限制。

①用户的应用程序只能通过 Google App Engine 提供的网址抓取 API 和电子邮件服务 API 来访问互联网中其他的计算机，并且其他计算机的请求与该应用程序相连接，只能在标准接口上通过 HTTP 或 HTTPS 进行。

②应用程序无法对 Google App Engine 的文件系统进行写入操作，只能读取应用程序代码上的文件，并且该应用程序必须使用 Google App Engine 的 Data Store 数据库来存储，应用程序运行期间持续存储数据。

③应用程序只有在响应网络请求时才运行，并且这个响应时间必须极短，在几秒之内必须完成。与此同时，请求处理的程序不能在自己的响应发送后产生子进程或执行尺码。

简言之，沙盒给开发人员提供了一个虚拟的环境，这个环境使应用程序与其他开发者开发使用的程序相隔离，从而保证每个使用者可以安全地开发自己的应用程序。

开发人员开发程序必须使用 Google App Engine SDK，即 Google App Engine 软件开发套件。可以先下载这个套件到自己的本地计算机上，然后进行开发和运行。使用 SDK 对，可以在本地计算机上模拟包括所有 Google App Engine 服务的网络服务器应用程序，该 SDK 包括 Google App Engine 中的所有 API 和库。该网络服务器还可以模拟沙盒环境，这些沙盒环境用来检查是否存在禁用的模块被导入，以及对不允许访问的系统资源的尝试访问等情况的发生。

Google App Engine SDK 完全使用 Python 实现，这个开发套件可以在装有 Python 2.5 的任何平台上面运行，包括 Windows、Mac OS X 和 Linux 等，开发人员可以在 Python 网站上获得适合自己系统的 Python。

该开发套件还包括将应用程序上传到 Google App Engine 之上的工具。用户创建自己应用程序的代码、静态文件和配置文件之后，就可以运行这个工具将数据上传到平台上面。在上传过程中，该工具还将提示开发者输入 Google 账户、电子邮件地址及密码等信息。

系统中有一个管理控制台，这个管理控制台有一个网络接口，用于管理在 Google App Engine 上运行的应用程序。开发人员可以使用管理控制台来创建应用程序、配置域名、更改应用程序当前的版本、检查访问权限和错误日志以及浏览应用程序数据库等。

5.1.4 IBM“蓝云”计算平台

IBM 的云基础构架主要包括 Xen 和 PowerVM 虚拟化、Linux 操作系统映像以及 Hadoop 文件系统与并行构建。2007 年 11 月，IBM 推出“蓝云”（Blue Cloud）计划，为客户带来即买即用的云计算平台。它包括一系列自我管理和自我修复的虚拟化云计算软件，使来自全球的用户可以访问分布式的大型服务器池，使得数据中心在类似于互联网的环境下运行计算。

“蓝云”解决方案是由 IBM 云计算中心开发的企业级云计算解决方案。该解决方案结合了 IBM 自身的软、硬件系统以及服务技术，支持开放标准与开放游代码软件。通过虚拟化技术和自动化技术，实现企业硬件资源和软件资源的统一管理、统一分配、统一部署、统一监控和统一备份，打破应用对资源的独占，从而帮助企业实现云计算理念。如图 5-7 所示为 IBM 蓝云产品架构。

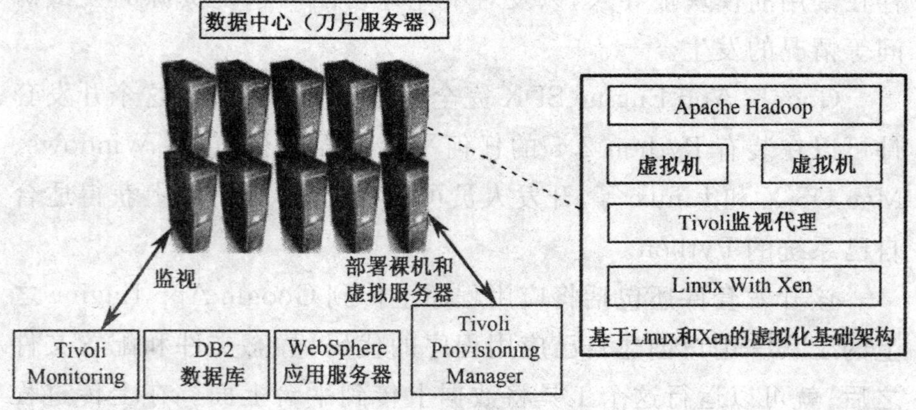

图 5-7 IBM 蓝云产品架构

由图 5-7 可知，蓝云计算平台由一个数据中心、IBM Tivoli 部署管理软件（Tivoli Provisioning Manager）、IBM Tivoli 监控软件（IBM Tivoli Monitoring）、IBM Websphere 应用服务器、IBM DB2 数据库以及一些开源信息处理软件和开源虚拟化软件共同组成。

“蓝云”的硬件平台环境与一般的 x86[1] 服务器集群类似，只是使用刀片的方式增加了计算度。“蓝云”软件的一个重要特点是虚拟化技术的使用。虚拟化的方式在“蓝云”中有两个级别，一个是在硬件级别上实现虚拟化，另一个是通过开源软件实现虚拟化。硬件级别的虚拟化可以借助 IBM p 系列服务器和 IBM PowerVM 虚拟化解决方案实现。软件级别上的虚拟化采用开源的 Xen 虚拟化软件，通过 Xen 能够在 Linux 基础上运行另外一个操作系统。蓝云软件平台的另一特点是使用 Hadoop。

5.1.5　开源云计算平台

1. OpenStack

OpenStack 是一个由美国宇航局 NASA 与 Rackspace 公司共同开发的云计算平台项目，且通过 Apache 许可证授权开放源码。它可以帮助服务商和企业实现类似于 AmazonEC2 和 S3 的云基础架构服务。下面是 OpenStack 官方给出的定义。

OpenStack 是一个管理计算、存储和网络资源的数据中心云计算开放平台，通过一个仪表板，为管理员提供了所有的管理控制，同时通过 Web 界面为其用户提供资源。OpenStack 是一个可以管理整个数据中心里大量资源池的云操作系统，包括计算、存储及网络资源。管理员可以通过管理台管理整个系统，并可以通过 Web 接口为用户划定资源。现在我们知道了 OpenStack 的主要目标是管理数据中心的资源，简化资源分配。

OpenStack 主要管理计算、存储和网络三部分资源。

(1)计算资源管理

OpenStack 可以规划并管理大量虚拟机,从而允许企业或服务提供商按需提供计算资源;开发者可以通过 API 访问计算资源从而创建云应用,管理员与用户则可以通过 Web 访问这些资源。

(2)存储资源管理

OpenStack 可以为云服务或云应用提供所需的对象及块存储资源;因对性能及价格有需求,很多组织已经不能满足于传统的企业级存储技术,因此 OpenStack 可以根据用户需要提供可配置的对象存储或块存储功能。

(3)网络资源管理

如今的数据中心存在大量的设置,如服务器、网络设备、存储设备、安全设备,而它们还将被划分成更多的虚拟设备或虚拟网络;这会导致 IP 地址的数量、路由配置、安全规则将呈爆炸式增长;传统的网络管理技术无法真正高扩展、高自动化地管理下一代网络;因而 OpenStack 提供了插件式、可扩展、API 驱动型的网络及 IP 管理。

2. Eucalyptus

Eucalyptus 是一种开源的软件基础结构,用来通过计算集群或工作站群实现弹性的云计算。它最初是加利福尼亚大学为进行云计算研究而开发的 Amazon EC2 的一个开源实现,它与 EC2 和 S3 的服务接口兼容,使用这些接口的几乎所有现有工具都可以与基于 Eucalyptus 的云协同工作。与 EC2 一样,Eucalyptus 依赖于 Linux 和 Xen 进行操作系统虚拟化。其现在已经商业化,发展成为 Eucalyptus Systems Inc。不过,Eucalyptus 仍然按开源项目进行维护和开发。

Eucalyptus 包含如下五个主要组件,它们相互协作、共同提供所需的云服务。

(1)节点控制器(Node Controller,NC)

节点控制器的主要任务是管理一个物理节点,负责启动、检查、关闭和清除虚拟机实例等工作。

(2)集群控制器(Cluster Controller,CC)

集群控制器负责收集节点的状态信息、调度虚拟机实例执行请求、配置实例网络,运行在集群的头节点或服务器上。请求通过基于SOAP或REST的接口被送至CC。CC维护有关运行在系统内的NC的全部信息,并负责控制这些实例的生命周期。它将开启虚拟实例的请求路由到具有可用资源的NC上。

(3)云控制器(Cloud Controller,CLC)

云控制器相当于系统的中枢神经。它是用户和管理员进入云的入口点和做出全局决定的组件,负责处理由用户或系统管理员发出的请求,做出高层的虚拟机实例调度决定。

(4)存储服务入口(Walrus,W)

这个控制器组件管理对Eucalyptus内的存储服务的访问。请求通过基于SOAP或REST的接口传递至Walrus。Walrus兼容Amazon S3的存储,为外界提供存储服务。

(5)存储控制器(Storage Controller,SC)

这个存储服务实现Amazon的S3接口。SC与Walrus联合工作,用于存储和访问虚拟机映象、内核映象、RAM磁盘映象和用户数据。其中,虚拟机映象可以是公共的,也可以是私有的,最初以压缩和加密的格式存储。这些映象只有在某个节点需要启动一个新的实例并请求访问此映象时才会被解密。

5.2 云存储技术

5.2.1 云存储的内涵

云存储是在云计算概念上延伸和发展而来的一个新的概念,是指通过集群应用、网格技术或分布式文件系统等功能,将网络中大量的、不同类型的存储设备通过应用软件集合起来协同工作,共同对外提供数据存储和业务访问功能的一个系统。当云计算系统运算和处理的核心是大量数据的存储和管理时,云计算系统中就需要配置大量的存储设备,那么云计算系统就转变成为一个云存储系统,所以云存储是一个以数据存储和管理为核心的云计算系统。存储技术的发展如图 5-8 所示。

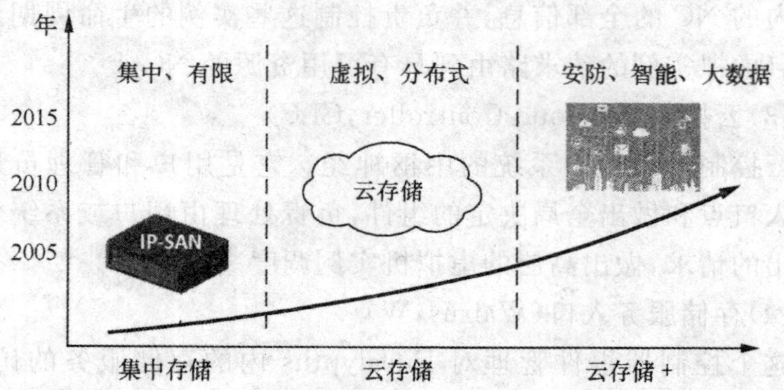

集中存储:传统 NVR/NAS/SAN 存储,多设备独立运行,存储容量有限。
云存储:海量设备容量虚拟化整合,分布式存储。
云存储 +:数据挖掘,智能分析,助力行业大数据应用。

图 5-8 存储技术的发展

相对传统存储来说,云存储改变了数据垂直存储在某一台物理设备的存放模式,通过宽带网络集合大量的存储设备,通过存储虚拟化、分布式文件系统、底层对象化等技术将位于各单一存储设备上的物理存储资源进行整合,构成逻辑上统一的存储资源池对外提供服务。云存储系统的基本架构如图 5-9 所示。

云存储系统可以在存储容量上从单设备 PB 级横向扩展至数十、数百 PB;由于云存储系统中的各节点能够并行提供读写访问服务,系统整体性能随着业务节点的增加而获得同步提升;同时,通过冗余编码技术、远程复制技术,进一步为系统提供节点级甚至数据中心级的故障保护能力。容量和性能的按需扩展、极高的系统可用性,是云存储系统最核心的技术特征。

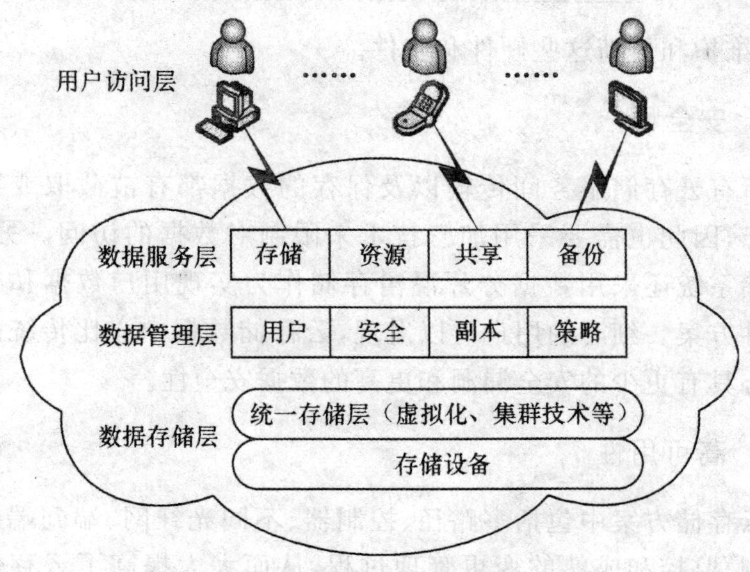

图 5-9　云存储系统的基本架构

云存储本质上来说是一种网络在线储存的模式，即把资料存放在通常由第三方代管的多台虚拟服务器，而非专属的服务器上。代管公司营运大型的数据中心，需要数据储存代管的人则通过向其购买或租赁储存空间的方式来满足数据储存的需求。数据中心营运商根据用户的需求，在后端准备储存虚拟化的资源，并将其以储存资源池的方式提供，用户便可自行使用此储存资源池来存放数据或文件。实际上，这些资源可能被分布在众多的伺服主机上。云存储这项服务通过 Web 服务应用编程接口（API）或是 Web 化的使用者接口来存取。

云存储的主要用途包括数据备份、归档和灾难恢复等。

5.2.2　云存储的特点

1. 低成本

云存储最大的特点就是可以为中小企业降低成本，降低企业因需要服务器存储数据而专门购买昂贵的硬件和软件成本。与此同时，企业还节省了一大笔劳务开销，如聘请专业的 IT 人士来管理、维护和更新这些硬件和软件。

2. 安全性

所有云存储服务间传输以及保存的数据都有被截取或篡改的隐患,因此也需要采用加密技术来限制对数据的访问。另外,云存储系统还采用数据分片混淆存储作为实现用户数据私密性的一种方案。细心的用户可以发现,云存储数据中心比传统的数据中心具有更少的安全漏洞和更高的数据安全性。

3. 高可用性

云存储方案中包括多路径、控制器、不同光纤网、端到端的架构控制/监控和成熟的变更管理过程,从而大大提高了云存储的可用性。此外,还可以在满足 CAP 理论下,适当放松对数据一致性的要求来提高数据的可用性。

4. 服务模式

实际上云存储不仅仅只是一个采用集群式的分布式架构,它还是一个通过硬件和软件虚拟化而提供的一种存储服务,其亮点之一就是按需使用、按量付费。企业或个人只需购买相应的服务就可把数据存储到云计算数据中心,而无须去购买并部署这些硬件设备来完成数据的存储。

5. 可动态伸缩性

存储系统的动态伸缩性主要指的是读/写性能和存储容量的扩展与缩减。一个设计良好的云存储系统可以在系统运行过程中简单地通过添加或移除节点来自由扩展和缩减,并且这些操作对用户来说都是透明的。

6. 超大容量存储

云存储可以支持数十 PB 级的存储容量和高效地管理上百亿个文件,同时还具有很好的线性可扩展性。

5.2.3 云存储系统的结构模型

云存储系统的结构模型主要包括四个部分，即存储层、基础管理层、应用接口层及访问层，如图 5-10 所示。

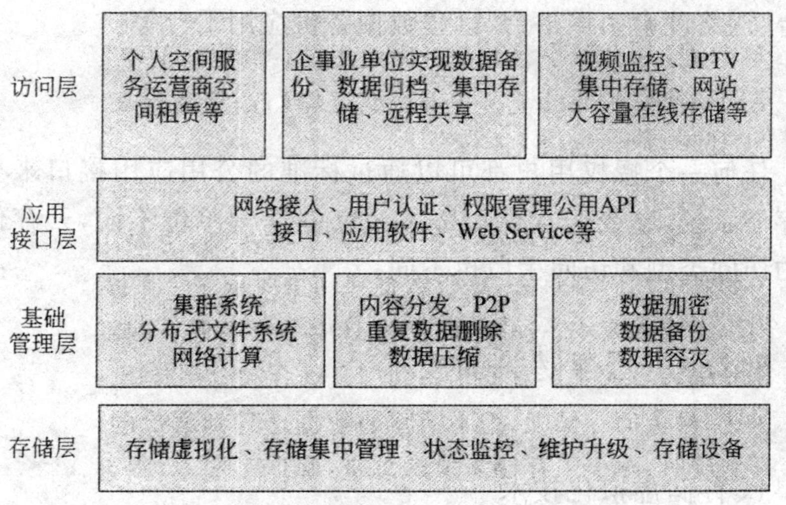

图 5-10　云存储系统的结构模型

1. 存储层

存储层是云存储最基础的部分。存储设备可以是 FC 光纤存储设备，可以是 IP 存储设备，也可以是 DAS 存储设备。云存储中的存储设备往往数量庞大且分布在不同地域，彼此之间通过广域网、互联网或者 FC 光纤通道网络连接在一起。

2. 基础管理层

基础管理层是云存储最核心的部分，也是云存储中最难以实现的部分。基础管理层通过集群、分布式文件系统和网格计算等技术，实现云存储中多个存储设备之间的协同工作，使多个存储设备可以对外提供同一种服务，并提供更大、更强、更好的数据访问性能。

3. 应用接口层

应用接口层是云存储最灵活多变的部分。不同的云存储运营单位可以根据实际业务类型，开发不同的应用服务接口，提供不同的应用服务。如视频监控应用平台、IPTV 和视频点播应用平台、网络硬盘引用平台、远程数据备份应用平台等。

4. 访问层

任何一个授权用户都可以通过标准的公用应用接口来登录云存储系统，享受云存储服务。云存储运营单位不同，云存储提供的访问类型和访问手段也不同。

5.2.4 云存储关键技术

1. 存储虚拟化技术

存储虚拟化技术是云存储的核心技术。通过存储虚拟化方法，把不同厂商、不同型号、不同通信技术、不同类型的存储设备互联起来，将系统中各种异构的存储设备映射为一个统一的存储资源池。存储虚拟化技术能够对存储资源进行统一分配管理，又可以屏蔽存储实体间的物理位置以及异构特性，实现了资源对用户的透明性，降低了构建、管理和维护资源的成本，从而提升云存储系统的资源利用率。

2. 分布式存储技术

分布式存储是通过网络使用服务商提供的各个存储设备上的存储空间，并将这些分散的存储资源构成一个虚拟的存储设备，数据分散地存储在各个存储设备上。它所涉及的主要技术有网络存储技术、分布式文件系统和网格存储技术等，利用这些技术实现云存储中不同存储设备、不同应用、不同服务的协同工作。

3. 数据备份技术

在以数据为中心的时代，数据的重要性不置可否，如何保护数据是一个永恒的话题，即便是现在的云存储发展时代，数据备份技术也非常重要。数据备份技术是将数据本身或者其中的部分在某一时间的状态以特定的格式保存下来，以备原数据由于出现错误、被误删除、恶意加密等各种原因不可用时，可快速准确地将数据进行恢复的技术。数据备份是容灾的基础，是为防止突发事故而采取的一种数据保护措施，其根本目的是数据资源重新利用和保护，核心的工作是数据恢复。

4. 存储加密技术

存储加密是指当数据从前端服务器输出或在写进存储设备之前通过系统为数据加密，以保证存放在存储设备上的数据只有授权用户才能读取。目前云存储中常用的存储加密技术有以下几种：全盘加密，全部存储数据都是以密文形式书写的；虚拟磁盘加密，存放数据之前建立加密的磁盘空间，并通过加密磁盘空间对数据进行加密；卷加密，所有用户和系统文件都被加密；文件/目录加密，对单个的文件或者目录进行加密。

5. 内容分发网络技术

内容分发网络是一种新型网络构建模式，主要是针对现有的 Internet 进行改造。其基本思想是尽量避开互联网上由于网络带宽小、网点分布不均、用户访问量大等影响数据传输速度和稳定性的弊端，使数据传输得更快、更稳定。通过在网络各处放置节点服务器，在现有互联网的基础之上构成一层智能虚拟网络，实时地根据网络流量、各节点的连接和负载情况、响应时间、到用户的距离等信息将用户的请求重新导向离用户最近的服务节点上。

6. 重复数据删除技术

数据中重复数据的数据量不断增加，会导致重复的数据占用更多的空间。重复数据删除技术是一种非常高级的数据缩减技术，可以极大地减少备份数据的数量，通常用于基于磁盘的备份系统，通过删除运算，消除冗余的文件、数据块或字节，以保证只有单一的数据存储在系统中。其目的是减少存储系统中使用的存储容量，增大可用的存储空间，增加网络传输中的有效数据量。然而重复删除运算相当消耗运算资源，对存取能效会造成相当程度的冲击，若要应用在对存取能效较敏感的网络存储设备上，将会面临许多困难。

第 6 章　云计算服务及虚拟化技术

6.1　云计算服务

6.1.1　云服务概述

云服务是指可以作为服务提供使用的云计算产品，包括云主机、云空间、云开发、云测试和综合类产品等。云服务基本结构示意图如图 6-1 所示。

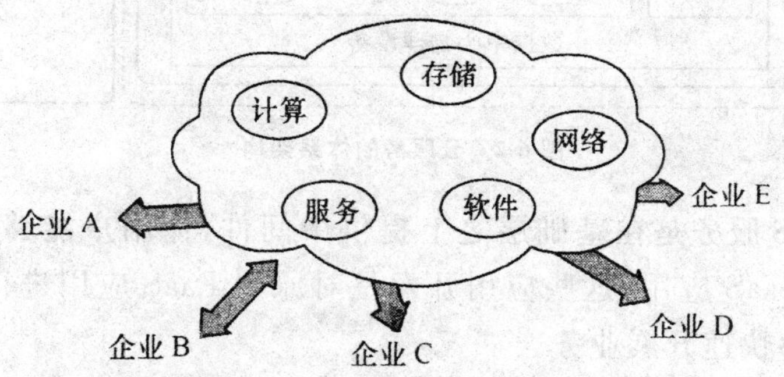

图 6-1　云服务基本结构示意图

“云”提供 3 个层面的服务：IaaS、PaaS 和 SaaS。云服务的体系架构如图 6-2 所示。

在 IaaS 层，服务于用户的是基础设施，如计算机，包括 CPU、内存、磁盘空间、网络连接等基础设备以及操作系统等基础软件。用户使用的一般都是虚拟机，因此 IaaS 服务是虚拟化技术发展的产物。

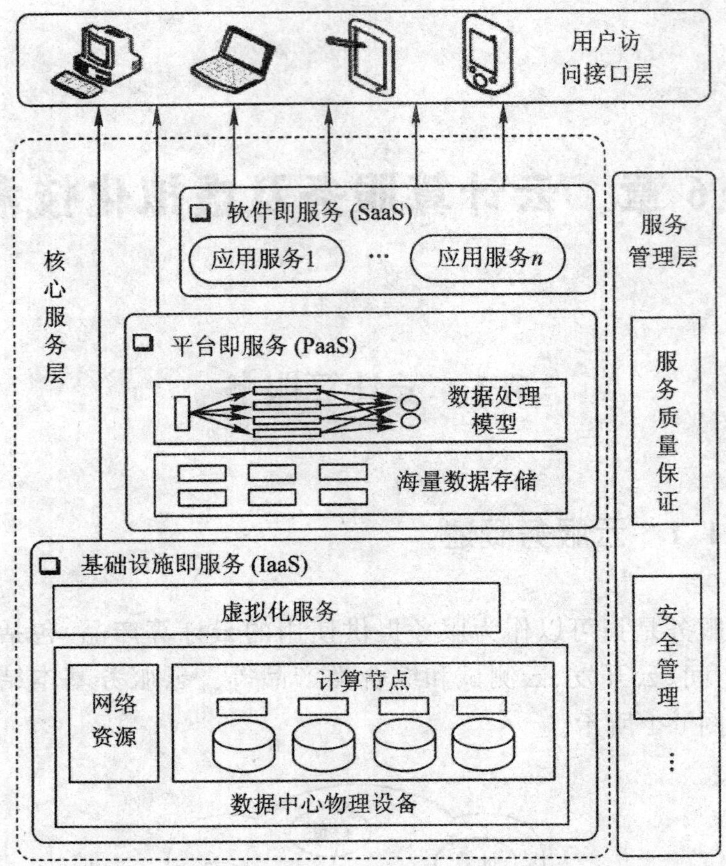

图 6-2　云服务的体系架构

PaaS 服务是在基础层之上提供中间件，让用户能够快速开发部署 SaaS 应用，这些应用开发是对原始 PaaS 应用进行扩展，使其能够快速开展业务。

SaaS 服务是面向用户的应用，是基于 PaaS 开发的，并可使用 IaaS 部署的服务，因此构建"云"服务时，要同时了解 IaaS、PaaS 和 SaaS 特点，有针对性地设计构架。

6.1.2　云的服务模式

1. IaaS

基础设施即服务（Infrastructure as a Service，IaaS）是为用户

按需提供基础设施资源(服务器/存储和网络)的共享服务,是当前业界相对成熟的云计算服务形式。IaaS 的服务通常包括网络和通信系统提供的通信服务、服务器设备提供的计算服务、数据存储系统提供的存储服务。

(1)IaaS 的服务理念

由于 IaaS 还是较新的概念,不同的组织、机构和个人都有不同的理解,但归根结底,其对 IaaS 理念的理解是一致的。IaaS 的理念是通过网络向企业用户和个人用户提供 IT 基础资源服务,如计算能力、存储能力等,这些服务直接依赖于基础设施资源(如服务器、存储设备和网络设备等)。IaaS 就是将这些硬件和基础软件以服务的形式交付给用户,使用户可以在这个平台上安装部署各自的应用系统。

通常,IaaS 服务所能提供的服务功能较单一,不能直接满足应用系统的运行要求,IaaS 提供者将几个 IaaS 服务进行组合,包装成 IaaS 服务产品。如一个虚拟化服务器产品可能需要来自网络和通信服务的 IP 地址和 VLAN ID,需要来自计算服务的虚拟化服务器,需要来自存储服务的存储空间,还可能需要来自软件服务的操作系统。

(2)IaaS 的优势

与传统的企业数据中心相比,IaaS 服务在很多方面都存在一定的优势,如下是最明显的几个优势。

①免维护。主要的维护工作都由 IaaS 云供应商负责,所以用户不必操心。

②非常经济。首先免去了用户前期的硬件购置成本,而且由于 IaaS 云大都采用虚拟化技术,所以应用和服务器的整合率普遍在 10%(也就是一台服务器运行 10 个应用)以上,这样能有效降低使用成本。

③开放标准。虽然很多 IaaS 平台都存在一定的私有功能,但是由于 OVF 等应用发布协议的诞生,IaaS 在跨平台方面稳步前进,这样应用能在多个 IaaS 云上灵活地迁移,而不会被固定在某

个企业数据中心。

④支持的应用。因为IaaS主要是提供虚拟机，而且普通的虚拟机能支持多种操作系统，所以IaaS所支持应用的范围非常广泛。

⑤伸缩性强。一方面能够弹性地进行扩容，另一方面能够为用户按需提供资源，并能够对资源配置进行实时修改和变更。

⑥更加智能。IaaS能实现资源的自动监控和分配、业务的自动部署，能够将设备资源和用户需求更紧密地结合。

(3)IaaS的功能

IaaS在企业内部能够进行资源整合和优化，提高资源利用率；对外则能够将IT资源作为一种互联网服务提供给终端用户，使用户能低成本、低门槛地实现信息化。IaaS的主要功能如下：

①资源抽象。使用资源抽象的方法，能更好地调度和管理物理资源。

②负载管理。通过负载管理，不仅能使部署在基础设施上的应用更好地应对突发情况而且还能更好地利用系统资源。

③数据管理。对云计算而言，数据的完整性、可靠性和可管理性是对Iaas的基本要求。

④资源部署。也就是将整个资源从创建到使用的流程自动化。

⑤安全管理。IaaS的安全管理的主要目标是保证基础设置和其提供的资源被合法地访问和使用。

⑥计费管理。通过细致的计费管理能使用户更灵活地使用资源。

(4)IaaS的技术架构

IaaS通过采用资源池构建、资源调度、服务封装等手段，可以将资源池化，实现IT资产向IT资源按需服务的迅速转变。

通常来讲，基础设施服务(IaaS)的总体技术架构主要分为资源层、虚拟化层、管理层和服务层在内的4层架构，如图6-3所示。

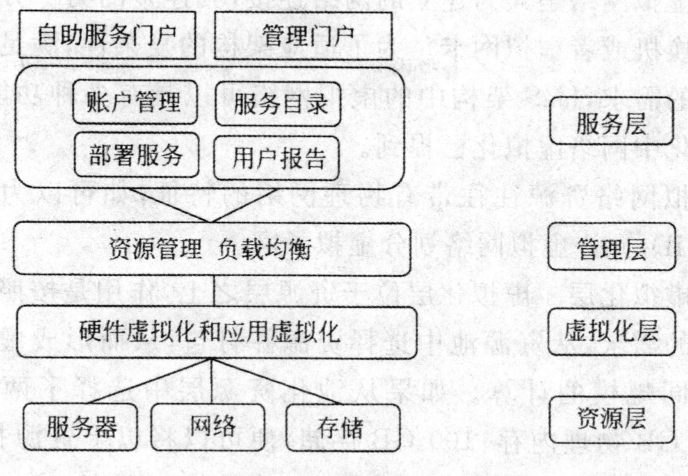

图 6-3 IaaS 的技术架构

①资源层。位于架构最底层的是资源层，主要包含数据中心所有的物理设备，如硬件服务器、网络设备、存储设备及其他硬件设备。

资源层的主要资源如下：

a. 计算资源。计算资源是指数据中心中各类计算机的硬件配置，如机架式服务器、刀片服务器、工作站、桌面计算机、笔记本等。在 IaaS 架构中，计算资源是一个大型资源池，其计算资源可动态、快速地重新分配，并且不需要中断应用或者业务。不同时间，同一计算资源被不同的应用或者虚拟机使用。

b. 存储资源。存储资源分为本地存储和共享存储。本地存储指可以直接连接在计算机上的磁盘设备，如 PC 普通硬盘、服务器高速硬盘、外置 USB 接口硬盘等；共享存储一般指 NAS、SAN 或者 iSCSI 设备，这些设备通常由专用的存储厂提供。在 IaaS 架构中，存储资源的主要目的是存放应用数据或者数据库，以及大量的虚拟机。而且在合理设计的 IaaS 架构中，由于高可用性、业务连续性等因素，一般都会选择在共享存储中存放虚拟机，而不是本地存储中。

c. 网络资源。网络资源分为物理网络和虚拟网络。物理网络是指主硬件网络接口（NIC）连接物理交换机或其他网络设备的网络。虚拟网络是人为建立的网络连接，其连接的另一方通常是虚拟交换机或者虚拟网卡。为了适应架构的复杂性，满足多种网络架构的需求，IaaS架构中的虚拟网络可以具有多种功能，在前面虚拟化中网络虚拟化已提到。

虚拟网络资源往往带有物理网络的特征，如可以为其指定VLAN ID，允许虚拟网络划分虚拟子网。

②虚拟化层。虚拟化层位于资源层之上，作用是按照用户或者业务的需求，从资源池中选择资源并打包，从而形成虚拟机应用于不同规模的计算。如果从池化资源层中选择了两个物理CPU、4 GB物理内存、100 GB存储，便可以将以上资源打包，形成一台虚拟机。

虚拟化层是实现IaaS的核心模块，位于资源层与管理层中间，包含各种虚拟化技术，主要是为IaaS架构提供最基本的虚拟化实现。针对虚拟化平台，IaaS应该具备完善的运维、管理功能。这些管理功能以虚拟化平台中的内容及各类资源为主要操作对象，而对虚拟化平台加以管理的目的是保证虚拟化平台的稳定运行，可以随时顺畅地使用平台上的资源及随时了解平台的运行状态。虚拟化平台主要包括虚拟化模块、虚拟机、虚拟网络、虚拟存储及虚拟化平台所需要的所有资源，包括物理资源及虚拟资源，如虚拟机镜像、虚拟磁盘、虚拟机配置文件等。

虚拟化技术的运用，可以实现使用物理资源构建不同规模、不同能力的计算资源，并可以动态、灵活地对这些计算资源进行调配。对于IaaS架构的运维中，针对虚拟化平台的管理是必不可少的，这也是极其重要的一个部分。

③管理层。虚拟化层之上为管理层，管理层主要对下面的资源层进行统一的运维和管理，包括收集资源的信息，了解每种资源的运行状态和性能情况，决定如何借助虚拟化技术选择、打包不同的资源，以及如何保证打包后的计算资源——虚拟机的高可用性或者如何实现负载均衡等。

管理层的主要构成包括以下几个部分：

a. 资源配置模块。是资源层的主要管理任务处理模块，管理人员可以通过资源配置模块方便、快速地建立不同的资源，包括计算资源、网络资源和存储资源。除此之外，管理人员还应该能够按照不同的需求灵活地分配资源、修改资源分配情况等。

b. 系统监控平台。在 IaaS 架构中，管理层位于虚拟化层与服务层之间。管理层的主要任务是对整个 IaaS 架构进行运维和管理，因此其包含的内容非常广泛，主要有配置管理、数据保护、系统部署和系统监控。

c. 数据备份与恢复平台。同系统监控一样，数据备份与恢复也属于位于虚拟化层与服务层之间的管理层中的一部分。数据备份与恢复的作用是帮助 IT 运维、管理人员按照提前制订好的备份计划进行各种类型数据、各种系统中数据的备份，并在任何需要的时候恢复这些备份数据。

d. 系统运维中心平台。在 IaaS 架构中包含各种各样的专用模块，这些模块需要一个总的接口，一方面能够连接到所有的模块，对其进行控制，得到各个模块的返回值，从而实现交互；另一方面需要能够提供人机交互界面，便于管理人员进行操作、管理，这就是 IaaS 中的系统运维中心平台。

e. IT 流程的自动化平台。位于服务层的管理平台主要是 IT 流程的自动化平台。在传统数据中心中，IT 管理人员的任务往往是单一的、任务化的。即使数据中心包含多个模块、组成部分，但管理人员所需要进行的工作往往只发生在一个独立的系统中，且通过简单的步骤或者过程即可完成。既不需要牵扯到其他的模块、组成部分，同时参与的人员数量也相对较小，大部分的工作通过手工或半自动的方式即可完成，因此对于服务流程自动化的需求相对较低。

④服务层。服务层位于整体架构的最上层，主要向用户提供使用管理层、虚拟化层和资源层的接口。不论是通过虚拟化技术将不同的资源打包形成虚拟机，还是动态调配这些资源，IaaS 的管理人员和用户都需要统一的界面来进行跨越多层的复杂操作。

服务门户可对资源进行综合运行监控管理,一目了然地掌控多时运行状态。

a. 服务器资源信息。这里是用户所拥有的服务器信息一览,可以直观地看到服务器所处的健康状况。

b. 应用程序信息。这里是用户在自己服务器上安装的应用程序的信息,可以直观地看到应用程序的健康状况。

c. 资源统计信息。即用户拥有资源的一个综合汇总信息。

d. 系统报警信息。这里是系统告警信息的一个汇总。

e. 由云数据中心提供的各类增值服务,如系统升级维护、数据备份/恢复、系统告警、运行趋势分析等。

另外,对所有基于资源层、虚拟化层、管理层,但又不限于这几层资源的运维和管理任务将被包含在服务层中。这些任务在面对不同业务时往往有很大的差别,其中包含比较多的自定义、个性化因素,例如,用户账号管理、用户权限管理、虚拟机权限设定及其他各类服务。

2. PaaS

平台即服务(Platform as a Service,PaaS)是一种在云计算基础设施上把服务器平台、开发环境(开发工具、中间件、数据库软件等)和运行环境等以服务形式提供给用户(个人开发者或软件企业)的服务模式。PaaS 服务提供商通过基础架构平台或开发引擎为用户提供软件开发、部署和运行环境。用户基于 PaaS 提供商提供的开发平台可以快速开发并部署自己所需要的应用和产品,缩短了应用程序的开发周期,降低了环境的配置和管理难度,节省了环境搭建和维护的成本。

(1)PaaS 的优势

与 SaaS 产品的百花齐放相比,PaaS 产品以少而精为主。和现有的基于本地的开发和部署环境相比,PaaS 平台的优势主要体现在:

①开发环境友好。通过提供SDK和IDE(Integrated Development Environment,集成开发环境)等工具来让用户不仅能在本地方便地进行应用的开发和测试,而且能进行远程部署。

②服务类型多样。PaaS平台会以API的形式将各种各样的服务提供给上层的应用。

③精细的管理和监控。PaaS能够提供应用层的管理和监控,如能够观察应用运行的情况下具体数值(如吞吐量和响应时间等)来更好地衡量应用的运行状态,还能通过精确计量应用所消耗的资源来更好地计费。

④缩性强。PaaS平台会自动调整资源来帮助运行于其上的应用更好地应对突发流量。

⑤多租户(Multi-Tenant)机制。许多PaaS平台都自带多租户机制,不仅能更经济地支撑庞大的用户规模,还能提供一定的可定制性以满足用户的特殊需求。

⑥整合率高。PaaS平台的整合率非常高,如Google App Engine能在一台服务器上承载成千上万个应用。

(2)传统PaaS的构架

传统的PaaS系统系统主要由管理、计算和服务三个部分组成。管理部分主要负责应用部署、运维监控、认证授权等。应用实际运行在计算节点上,计算节点提供应用所需要的运行环境,包含语言环境和应用框架等,一般采用Cgroup和Namespace为应用提供资源隔离和限制,也有PaaS系统采用沙箱机制来隔离应用。服务节点通过代理或接口为应用提供数据库、缓存和存储等服务。

如图6-4所示描述了传统PaaS的架构,其具有如下的功能。

①应用部署。PaaS中有代码仓库(SVN/Git)或者应用仓库,这些用来保存用户上传的代码或者编译后的应用,系统根据应用的开发语言,将其和所依赖的中间件和框架打包,按照用户设置的应用提供所需的CPU、内存和磁盘资源,系统的调度模块根据调度算法选出合适的计算节点,该节点上的管理程序将应用下载到本地后启动。

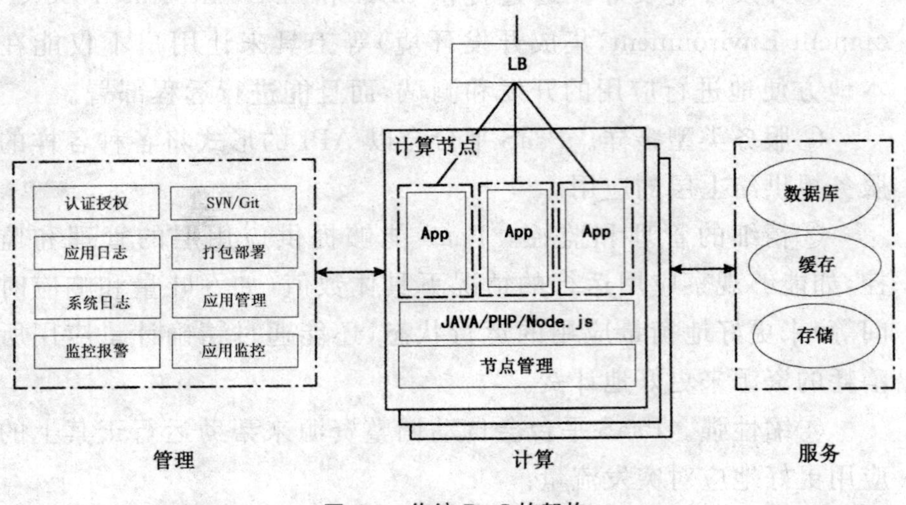

图 6-4 传统 PaaS 的架构

②应用日志。用来查看用户的应用日志信息，方便测试和调试。

③应用伸缩。用户可以手工地增减应用的实例数量，以应对负载的变化。有的 PaaS 提供应用的自动伸缩功能，可以根据用户需要设置 CPU/内存的负载阈值或者根据应用访问量自动地增减应用实例数量。为了实现应用的自由伸缩，要求应用必须是无状态应用，Session 信息、数据库都要放在服务节点上的资源池中。

④负载均衡。系统设置有负载均衡模块，其上注册了所有的应用和位置，是应用的访问入口。

⑤资源管理。通常情况下，用户的数据和状态信息都不保存在计算节点上，而是存放在服务节点上的数据库和缓存集群中，用户可以设置所需资源的额度和配置信息。应用通过接口或者代理来访问这些资源。

⑥应用商店。PaaS 公有云提供商大都会设置应用商店，提供各种第三方应用，用户只需一键就可以将应用部署在系统中。

⑦认证授权。系统中所有的访问都会通过授权认证模块的验证，保证系统的安全。

⑧系统运维。用来监控系统中的各个模块的状态和信息；

PaaS 实时地监控系统中所有应用的状态和 CPU、内存信息，发现应用意外停止时，系统会将其再次启动。用户可以手动启动、停止和升级应用。

(3)新型 PaaS 的架构

新型 PaaS 以 Docker 容器为基础，面向未来云化、微服务场景，对接大数据、ML/DL 等多种计算服务，集成开发测试部署流水线，成为一个一站式的应用开发运行平台(图 6-5)。

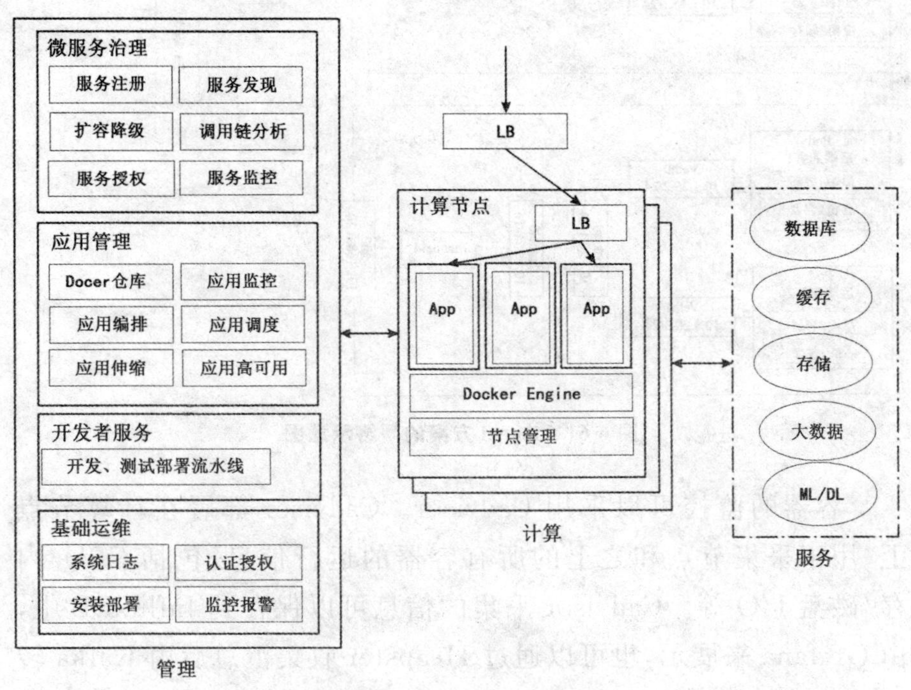

图 6-5　新型 PaaS 的架构

新 PaaS 平台在构架上与传统的 PaaS 变化比较大，在每个计算节点上通常会部署负载均衡模块，为多实例应用或者微服务提供访问服务，实现了服务治理中的负载均衡功能。

管理节点上会安装 etcd/zookeeper/consul，用于服务注册和服务发现，同时也是整个系统的配置中心。其还会部署 DNS 模块(如 SkyDNS)，为系统中的应用提供名字解析服务。

在计算节点上，容器网络一般采用 Bridge 模式，采用 Flannel、

Weaver 或 Calico 实现跨节点的容器间互联互通，如图 6-6 所示为采用 Flannel 方案的网络示意图。

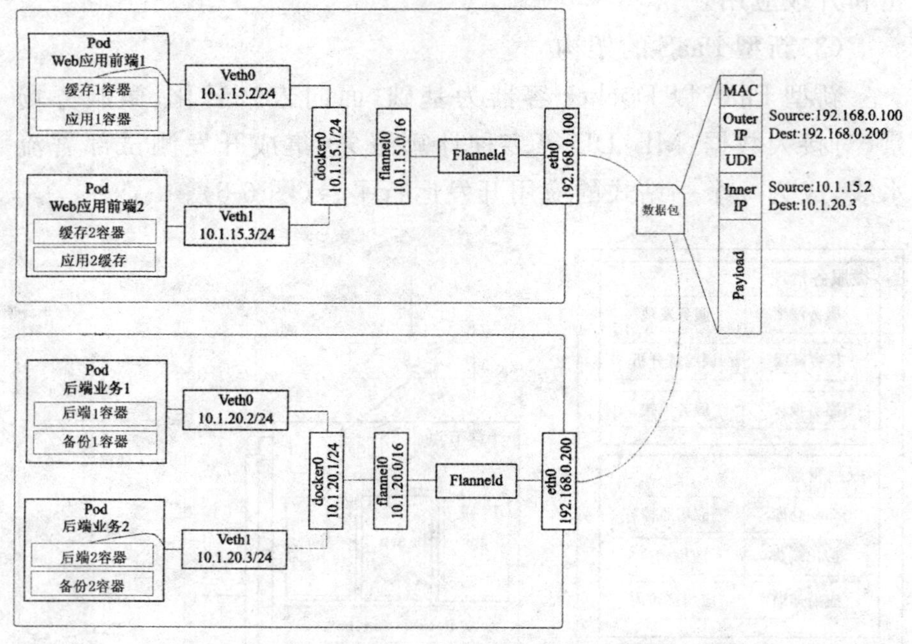

图 6-6　Flannel 方案的网络示意图

容器的监控可以采用 Cadvisor。Cadvisor 部署在计算节点上，用于采集节点和之上的所有容器的运行信息，包括 CPU/内存/磁盘 I/O 等。Cadvisor 采集的信息可以保存到 InfluxDB 中，由 Grafana 来展示，也可以通过 Heapster 收集汇总后由 Kafka 转发至其他系统。

新 PaaS 平台需要至少提供如下的功能。

①应用编排。应用编排帮助用户构建和管理分布式应用，一般采用 ymal 或者 ison 格式的模板文件定义应用各个模块，比如依赖的 Docker 镜像、环境变量、运行端口、健康检查机制与其他模块关系等，编排引擎调用容器调度模块在 PaaS 上构建出整个应用。

②容器调度。根据调度算法，在系统中创建应用编排模板中定义的容器应用。

③应用模块(容器)自动伸缩。为了高可用性,分布式应用的每个模块会在系统中部署多份容器,用户可以手工修改容器的数量,也可以定义多种策略,如 CPU/内存阈值、定期、周期以及访问量让系统自动增减容器数量。

④应用滚动升级。应用升级时,系统会用新版本的镜像创建容器,逐步增加数量,同步减少旧版本容器数量,实现对外服务不中断,如果应用升级失败,会回滚到旧版本。

⑤跨云部署应用。PaaS 通过 CloudAPI 等接口可以部署在物理机群、IaaS 系统和公有云上,实现跨云调度部署。

⑥对微服务架构的支持。微服务架构的核心是将一个大的单体应用分解为众多独立的服务,一个微服务在系统中可能有多个实例在运行,实例的数量可以根据负载进行调整。

⑦服务治理。在分布式应用特别是微服务架构中服务众多,之间的调用关系又比较复杂,因此需要一个统一的框架来管理这些服务。

⑧集成持续集成/持续部署系统(CI/CD)系统。如图 6-7 所示为 CI/CD 与 PaaS 集成后,一次应用从源码提交到线上部署的自动化流程。

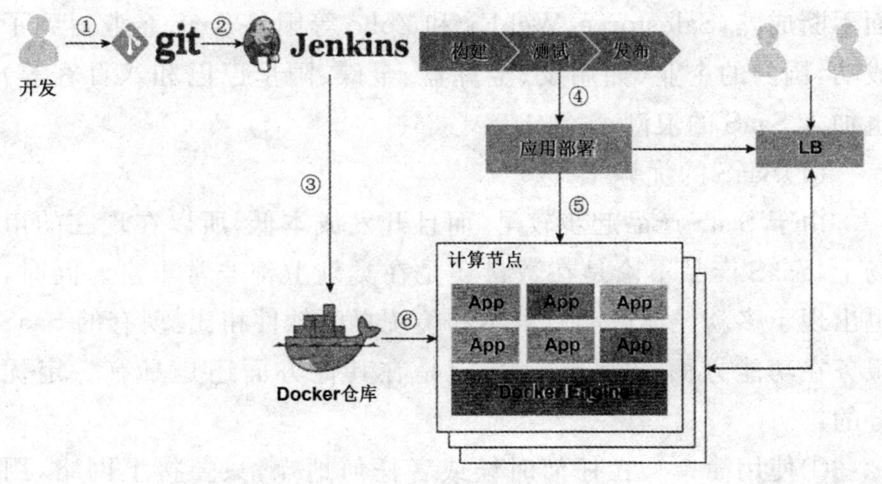

图 6-7　PaaS 开发自动化流程

开发人员提交代码后，代码仓库(git)里的钩子(hook)触发CI系统的应用构建测试和发布流程，将通过测试的应用打包成Docker镜像上传到Docker镜像仓库中，调用管理节点上的应用部署接口，发起部署，整个过程无须人工干预，自动完成创建、打包和部署到计算节点上。

3. SaaS

软件即服务(Software as a Service，SaaS)是最常见的，也是最先出现的云计算服务。通过SaaS这种模式，用户只要接上网络，通过浏览器就能直接使用在云上运行的应用。SaaS云供应商负责维护和管理云中的软/硬件设施，同时以免费或者按需使用的方式向用户收费，所以用户不需要顾虑类似安装、升级和防病毒等琐事，并且免去初期高昂的硬件投入和软件许可证费用的支出。

SaaS的前身是ASP(Application Service Provider)，其概念和思想与ASP相差不大。当时ASP本身的技术并不成熟，且缺少定制和集成等重要功能，又适逢网络环境欠佳，所以ASP在开始没有受到市场的热烈欢迎。而随后在Salesforce的带领下，残存的ASP企业喊出了SaaS这个口号，并随着技术和商业这两方面不断成熟，Salesforce、WebEx和Zoho等国外SaaS企业得到了成功，国内的企业(如用友、金算盘、金碟、阿里巴巴和八百客等)也加入SaaS的浪潮。

(1)SaaS的优势

由于SaaS产品起步较早，而且开发成本低，所以在现在的市场上，SaaS产品不论是在数量还是在类别上都非常丰富。同时，也出现了多款经典产品。虽然和传统桌面软件相比，现有的SaaS服务在功能方面还稍逊一筹，但是在其他方面还是具有一定优势的：

①使用简单。在任何时候或者任何地点，只要接上网络，用户就能访问SaaS服务，而且无须安装、升级和维护。

②支持公开协议。现有的SaaS服务在公开协议(如HTML

4、HTML 5)的支持方面都做得很好,用户只需一个浏览器就能使用和访问 SaaS 应用。这对用户而言非常方便。

③安全保障。SaaS 供应商需要提供一定的安全机制,不仅要使存储在云端的用户数据绝对安全,也要通过一定的安全机制(如 HTTPS 等)来确保与用户之间通信的安全。

④初始成本低。使用 SaaS 服务时,不仅无须在使用前购买昂贵的许可证,而且几乎所有的 SaaS 供应商都允许免费试用。

(2)SaaS 的技术架构

基于 SaaS 模式的企业信息化服务平台通过 Internet 向企业用户提供软件及信息化服务,用户无须再购买软件系统和昂贵的硬件设备,转而采用基于 Web 因特网的租用方式引入软件系统。

服务提供商必须通过有效的技术措施和管理机制,以确保每家企业数据的安全性和保密性。在保证安全的前提下,还要保证平台的先进性、实用性。为了便于承载更多的应用服务,还需保证平台的标准化、开放性、兼容性、整体性、共享性和可扩展性。为了保证平台的使用效果,提供良好的客户体验,必须保证良好的可靠性和实时性。同时平台应该是可管理和便于维护的,通过大规模的租用,先进的技术保证,降低成本实现使用的经济性。基于 SaaS 模式的企业信息化平台框架如图 6-8 所示,主要包含 4 大部分,分别是基础设施、运行时支持设施、核心组件和业务服务应用。

基础设施包含了 SaaS 平台的硬件设施(如服务器、网络建设等)和基本的操作系统等 IT 系统的基础环境;运行时支持设施包括运行基于 Java EE 和 . Net 软件架构的应用系统所必需的中间件和数据库等支撑软件;核心组件主要包括 SaaS 中间件、基于 SOA 的业务流程整合套件和统一用户管理系统,这些软件系统提供了实现 SaaS 模式和基于 SOA 的业务流程整合的先决条件;业务服务主要包含专有业务系统、通用服务和业务应用系统,为用户提供了全方位的应用服务。

SaaS 平台首先建设面向数据中心标准的软硬件基础设施,为任何软件系统的运行提供了基础的保障。高性能操作系统安装在必需的集群环境下，为整个数据中心提供高性能的虚拟化技术保障。SaaS平台是一个非常复杂的软件应用承载环境，不可能为每个应用设立独立的运行环境、数据支持环境和安全支持环境，共享和分配数据中心资源才是高效运营SaaS平台的基础。虚拟化技术既提供了这样的资源虚拟能力，能够将数据中心集群中的资源综合分配给每个应用，也能够将数据中心集群中的独立资源再细化分解为计算网格节点，细化控制每个应用利用的资源数量与质量。建成具有数据中心承载能力的软硬件基础环境后，SaaS平台上会部署一层中间件、数据库服务和其他必要的支持软件系统。硬件和操作系统的资源并不能直接为最终应用所使用，通过中间件、数据库服务和其他必要的支持软件系统，存在于SaaS平台数据中心的计算和存储能力才能够真正地发挥作用。不论是基于JavaEE还是.Net framework创建的(超)企业级应用，都能够稳定高效地运行在这些高性能的服务软件之上。

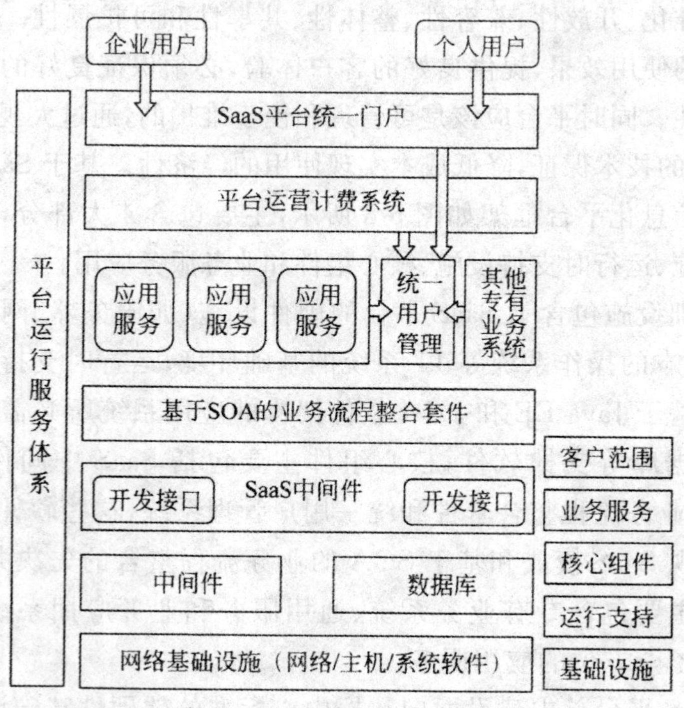

图6-8 基于SaaS模式的企业信息化平台框架

整个 SaaS 平台协同运行的核心是多租户管理和用户资源整合。基于自主知识产权的统一用户授权管理系统与单点登录系统(UUM/SSO)很好地满足了 SaaS 平台在这方面的需求。依照 UUM/SSO 所提供的标准接口,各类应用在整合用户的角度能够无缝连接到 SaaS 平台上,当最终用户登录 SaaS 平台的服务门户后,整个使用过程就好像是统一操作每个软件系统的不同模块,所有各系统的用户登录和授权功能都被整合在一起,给用户最佳的使用体验。同时,由于用户整合工作在所有应用服务登录平台前就已经完成,这就为日后的应用系统业务流程整合提供了良好的基础,为深层数据挖掘与数据利用提供了重要的前提。在基于 UUM/SSO 的支持下,SaaS 平台运营收费管理系统提供了平台完整的运营功能,保障整个 SaaS 平台顺利安全稳定运行,并具有开放的扩展能力,保证 SaaS 平台在日后的发展中不断完善和进步,走在业界的前沿。

基于上述所有 SaaS 平台自身建设的基础,SaaS 平台将为最终用户提供高效、稳定、安全、可定制、可扩展的现代企业应用服务。不管是通用的因特网服务还是满足企业业务需求的专有应用,SaaS 平台运营商都会依照客户需求选择、采购、开发和整合专业的应用系统为用户提供最优质的服务。

4. IaaS、PaaS 和 SaaS 之间的关系

IaaS 为用户提供虚拟计算机、存储、防火墙、网络、操作系统和配置服务等网络基础架构部件,用户可根据实际需求扩展或收缩相应数量的软硬件资源,主要面向企业用户。

PaaS 是一套平台工具,用户可以使用平台提供的数据库、开发工具和操作系统等开发环境进行开发、测试和部署软件,主要面向应用程序研发人员,有利于实现快速开发和部署。

SaaS 通过互联网,为用户提供各种应用程序,直接面向最终用户。服务提供商负责对应用程序进行安装、管理和运营,用户无须考虑底层的基础架构及开发部署等问题,可直接通过网络访问所需的应用服务。SaaS 服务可基于 PaaS 平台提供,也可直接

基于 IaaS 提供。易观分析认为，IaaS 是云计算服务的底层基础架构，为 PaaS 和 SaaS 服务提供硬件和平台服务，PaaS 是基于 SaaS 应用而提供的一个软件开发环境，可以为开发者提供数据处理、编程模型及数据库管理等服务。SaaS 是基于互联网的快速发展而产生的面向最终用户的产品服务模式，通过 SaaS 模式，用户可直接享受 Web 端的各类产品应用及服务，与传统软件服务模式相比，SaaS 模式具备成本低、迭代快、种类丰富等特征。

SaaS、PaaS 和 IaaS 三者之间没有必然的联系，只是 3 种不同的服务模式，都是基于互联网，按需按时付费，就像水、电、煤气一样。从用户体验角度而言，它们之间的关系是独立的，因为它们面对的是不同的用户。从实际的商业模式角度而言，PaaS 的发展确实促进了 SaaS 的发展，因为提供了开发平台后，SaaS 的开发难度降低了。从技术角度而言，三者并不是简单的继承关系，因为 SaaS 可以基于 PaaS 或者直接部署于 IaaS 之上，其次 PaaS 可以构建于 IaaS 之上，也可以直接构建在物理资源之上。SaaS、PaaS 和 IaaS 之间关系如图 6-9 所示。

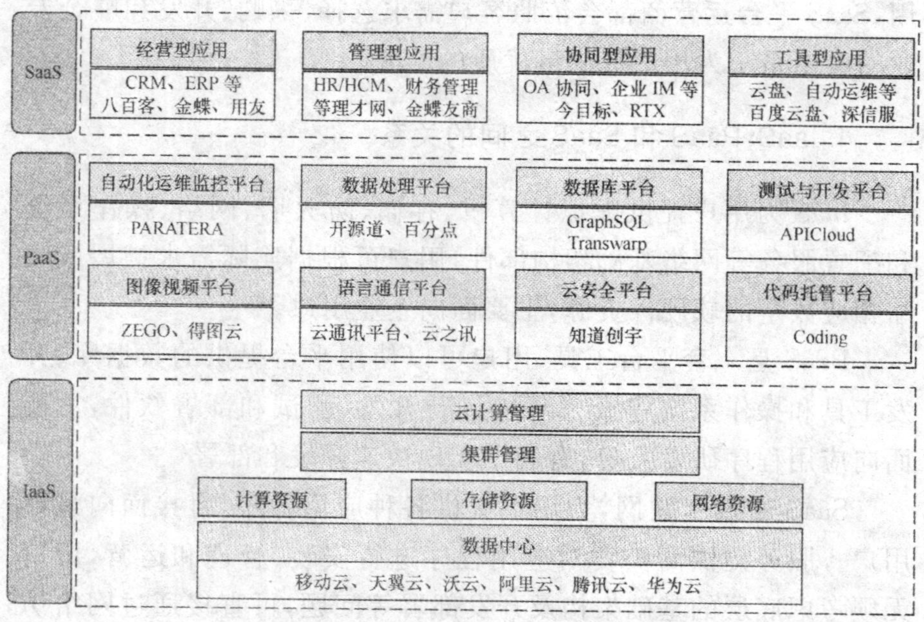

图 6-9　SaaS、PaaS 和 IaaS 之间的关系

6.1.3　云的部署模式

云有 3 种不同的部署模式，分别为公有云、私有云和混合云。在介绍云的部署模式之前，先对安全边界进行阐述。如图 6-10 所示，安全边界能够对访问进行限制：安全边界内部的实体能够自由地访问安全边界内的资源，而安全边界外的实体只有在边界控制设备允许的情况下才能访问安全边界内的资源。典型的边界控制设备包括防火墙、安全卫士和虚拟专用网。通过对重要资源设置安全边界，机构既能够实现对这些资源的访问控制，又能够实现对这些资源使用情况的监控。更进一步，通过更改配置，机构可以根据需求改变设备的安全边界，如根据业务情况的变化阻止或允许不同的协议或数据格式。

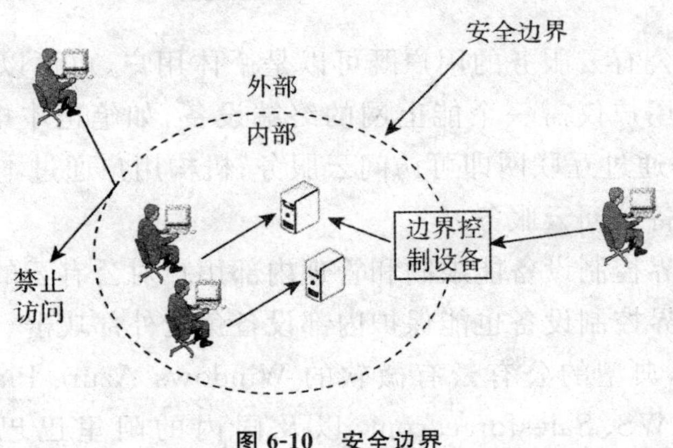

图 6-10　安全边界

不同的云部署模式具有不同的安全控制边界，因此云用户对云资源也具有不同的执行权限。

1. 公有云

在公有云中，云提供商负责公有云服务产品的安全管理及日常操作管理等，用户对云计算的物理安全、逻辑安全的掌控及监管程度较低。如图 6-11 所示给出了一个公有云应用实例图。

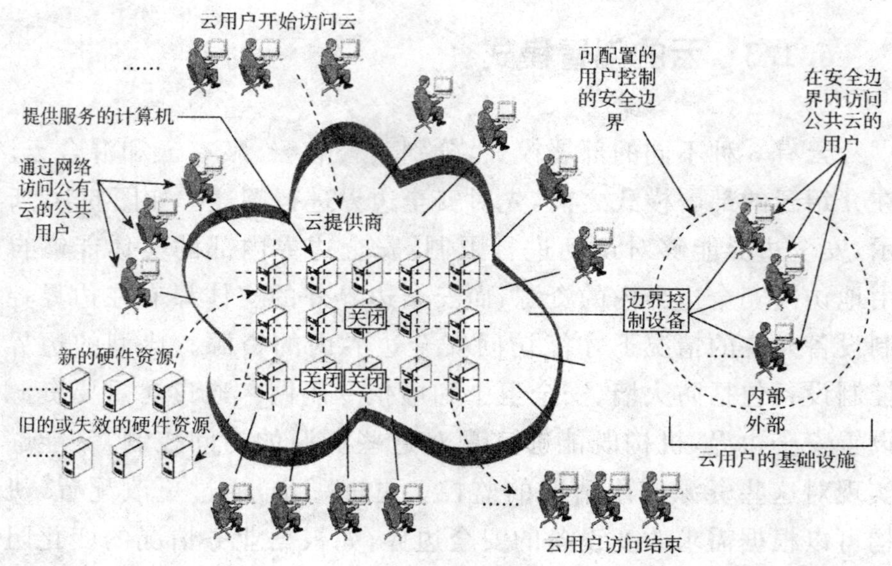

图 6-11 公有云应用实例图

使用公有云服务的用户既可以是个体用户，也可以是机构用户。个体用户仅需一个能上网的终端设备，如笔记本电脑、手机或 iPad 等通过互联网即可访问云服务；机构用户通过本单位的边界控制设备访问云服务。

①边界控制设备能限制和管理内部用户对公有云的访问。

②边界控制设备也能保护内部设备免受外部攻击。

目前，典型的公有云有微软的 Windows Azure Platform、亚马逊的 AWS、Salesforce.com，以及国内的阿里巴巴、用友伟库等。

2. 私有云

私有云有以下两种部署方式：

①将私有云部署在企业数据中心的防火墙内，由云用户自己管理，称为自建私有云。

②将私有云部署在一个安全的主机托管场所，如外包给托管公司，由托管公司负责云基础设施的维护和管理，称为托管私有云。

如图 6-12 所示给出了一个简单的自建私有云。

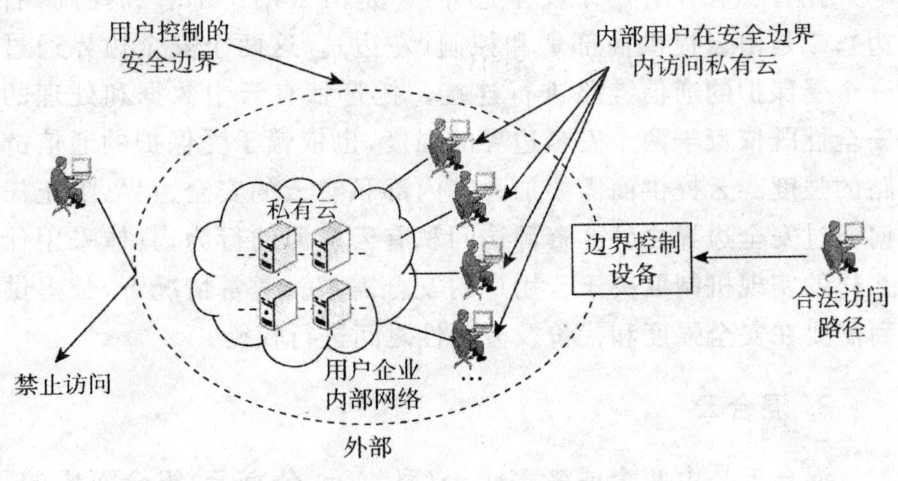

图 6-12 自建私有云

对图 6-12 进行分析可知，安全边界既覆盖了云用户的内部资源，也覆盖了私有云资源。私有云可以集中在单个云用户站点内部，也可以分布在多个私有云用户的站点之间。安全边界的存在使得云用户有机会对站点内的私有云资源进行控制。如图 6-13 所示描述了一个托管私有云。

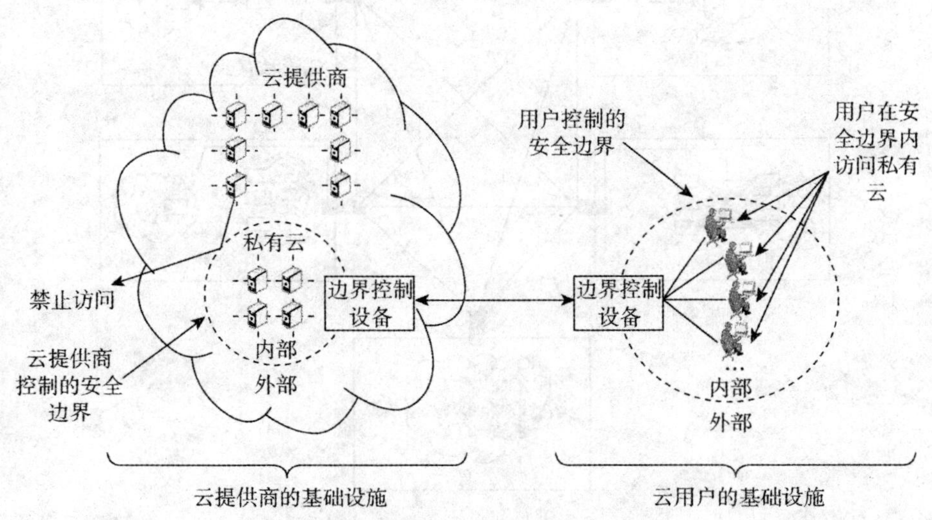

图 6-13 托管私有云

托管私有云有两个安全边界：一是由云用户部署和控制（右边）；二是由云提供商部署和控制（左边）。这两个安全边界通过一个受保护的通信链路进行连接。托管私有云中数据和处理的安全性既依赖于两个安全边界的强度，也依赖于受保护的通信链路的强度。云提供商需要加强其内部私有云的安全边界，阻止任何通过安全边界之外的资源访问私有云资源的行为，具体采用什么样的实现机制取决于云用户的安全需求。通常情况下，云提供商需要在安全强度和代价及方便性之间进行权衡。

3. 混合云

混合云是由两个或者多个云（私有云、公有云）组合而成的。在混合云计算模式下，机构在公有云上运行非核心应用程序，而在私有云上运行核心程序及内部敏感数据。相比较而言，混合云的部署方式对提供者的要求较高。如图 6-14 所示给出了一个简单的混合云。

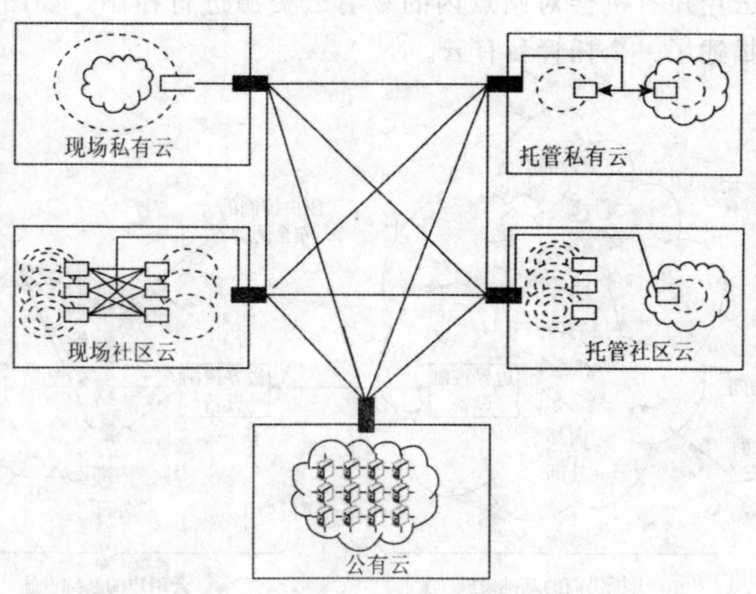

图 6-14　混合云

社区云是图 6-14 中涉及的一类云部署模式。社区云类似于私有云,可分为自建社区云和托管社区云。同时将包含公有云、私有云、混合云中的两种或多种形式的云称为混合云。

6.2　虚拟化技术

6.2.1　虚拟化概述

目前 IT 发展面临的一些挑战主要集中在资源的闲置、IT 的运营维护成本的增长、大数据的爆发、产品的供应链跟不上等方面。采用虚拟化技术,可以缓解 IT 面临的这些问题。这也是越来越多的人选择使用虚拟化技术的重要原因。

虚拟化技术是一种调配计算资源的方法,它将应用系统的不同层面——硬件、软件、数据、网络、存储等一一隔离开来,从而打破数据中心、服务器、存储、网络、数据和应用中的物理设备之间的划分,实现架构动态化,并达到集中管理和动态使用物理资源及虚拟资源,以提高系统结构的弹性和灵活性,降低成本、改进服务、减少管理风险等目的。

通过运用虚拟化技术,计算机硬件的容量得到了有效的扩展,计算机软件配置的过程得到了简化,并且多个应用系统可以同时在一个平台上运行,这样计算机的闲置资源就得到了有效的利用,工作效率大大地增加。

虚拟化技术实现了物理资源的逻辑抽象和统一表示。通过虚拟化技术可以提高资源的利用率,并能够根据用户业务需求的变化,快速、灵活地进行资源部署(图 6-15)。

虚拟化技术已经成为一个庞大的技术家族,其形式多种多样,实现的应用也已形成体系。但对其分类,从不同的角度有不同分类方法。如图 6-16 所示给出了虚拟化的分类。

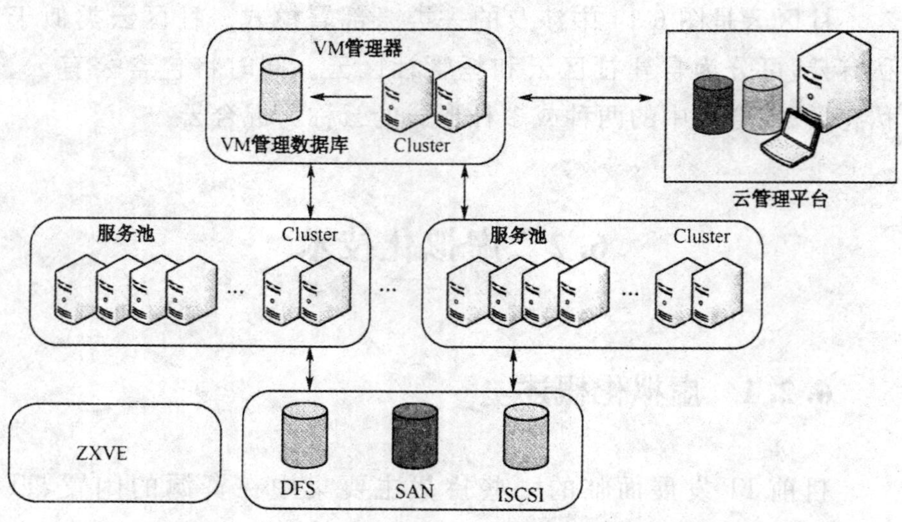

图 6-15 虚拟化平台物理部署

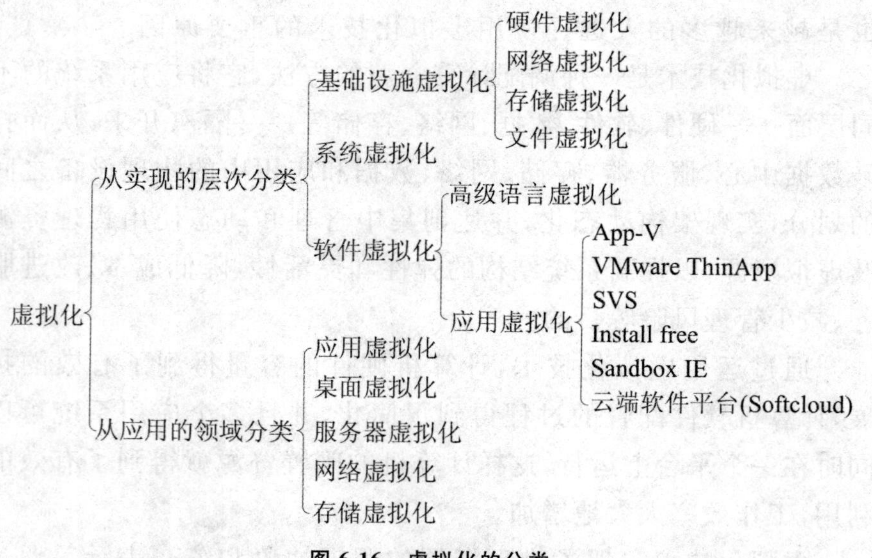

图 6-16 虚拟化的分类

6.2.2 应用虚拟化

我们知道,要在电脑上使用一个程序,首先要在电脑上安装这个程序,安装程序会先检查电脑环境是否满足程序的运行要求。如果条件满足,就会将程序安装在电脑的硬盘上;如果不满足,安装程序可能会提醒你:"当前操作系统的版本与软件不兼容",结果是你不能在该电脑上使用这个程序。使用应用虚拟化就可以解决这个不兼容问题。

1. 应用虚拟化的含义

应用虚拟化是把应用对底层系统和硬件的依赖抽象出来,从而解除应用与操作系统和硬件的耦合关系。应用程序运行在本地应用虚拟化环境中时,这个环境为应用程序屏蔽了底层可能与其他应用产生冲突的内容,如图 6-17 所示。

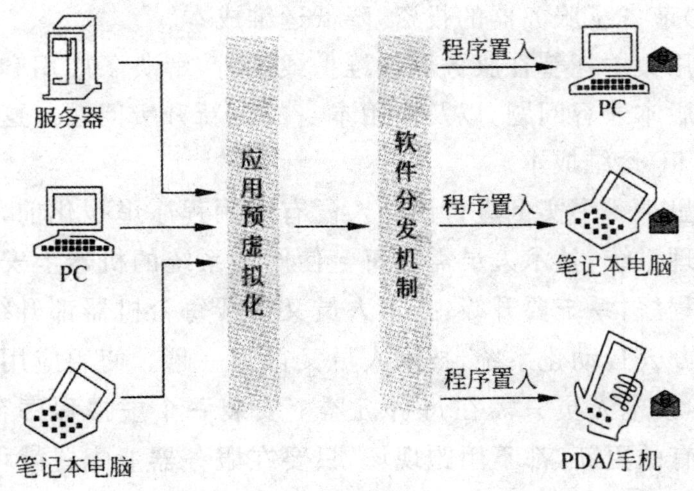

图 6-17　应用虚拟化

应用程序虚拟化是在操作系统之上建立一个虚拟环境,这个环境提供程序运行所需的条件。这时,程序不是安装在本地电脑上,而是安装在远程服务器上,当要运行程序时,再将程序传送到本地电脑,在虚拟环境上运行。应用程序虚拟化将应用程序和操作系统分离,应用程序的运行不再依赖操作系统和底层的硬件,使得应用程序可以运行在不同的应用终端上。

应用虚拟化的一层含义包含着应用软件虚拟化。所谓应用软件虚拟化,就是将应用软件从操作系统中分离出来,通过自己压缩后的可执行文件夹来运行,而不需要任何设备驱动程序或者与用户的文件系统相连，借助于这种技术，用户可以减少应用软件的安全隐患和维护成本，以及进行合理的数据备份与恢复。除了可以将应用软件与操作系统分离外，一部分解决方案还可以将应用软件流水化包装起来，应用软件无须安装，只要一部分程序能够在计算机上运行即可，用户只需使用他们自己所需要的那部分程序或功能。

2. 应用虚拟化的优势

应用虚拟化可以从以下几个方面给用户带来好处。

(1)节省了服务器的投资，降低运维成本

应用集中托管在服务器上维护或运行，解决了应用和用户操作系统版本兼容问题，以及应用本身的更新升级问题。这极大地降低了 IT 运维成本。

这里举一个实例进行说明。没有应用程序虚拟化前，要使用财务管理系统，技术人员需在每台使用该系统的机器上安装该财务系统程序，系统要升级，技术人员又得帮每台机器都升级程序。要登录办公自动化系统，技术人员又得跑一趟。使用应用程序虚拟化后，技术人员只需在每台机器上安装一个虚拟程序客户端，以后所有的更新，都不用跑现场，只要在服务器上配置就可以了。使用虚拟应用程序，程序的安装、更新、删除都在服务器上完成，这些工作对用户是完全透明的，简化了软件的配置过程。

(2)降低应用 license 费用

采用应用虚拟化方案管理的应用，不需要在每一个用户操作系统上安装应用，而是集中托管在应用服务器上，用户按需运行应用。这就可以不以应用的安装数量购买 license，而是以应用的最大并发运行数量来购买应用 license，可以极大地降低 license 费用。

(3)提高安全性

采用应用虚拟化，将应用数据集中托管和保存在数据中心，终端用户所能接触到的仅是应用的界面，无法接触到应用数据。

这在企业应用场景下可以极大地保护 IT 资源,在核心涉密场景下,应用虚拟化是一个非常好的解决方案。

事实上,应用虚拟化往往和桌面虚拟化同时使用,通过桌面虚拟化技术发布的虚拟桌面上的应用,很多场景下这些应用并不是真正安装在虚拟桌面里的,而是通过应用虚拟化技术发布到虚拟桌面上的应用。这可以降低应用的 license 成本,以及更为便捷地对应用进行管理。

3. 应用虚拟化的实现原理

应用虚拟化实现的是应用和用户操作系统的解耦。有两个方案可以实现此目标。

(1)应用窗口拉远方案

在介绍 VDI 方案时,我们了解到 VDI 就是将桌面拉远。如果更进一步地将桌面上运行的单个应用窗口拉远,那么就是一种很好的应用虚拟化实现方案。原理如图 6-18 所示。

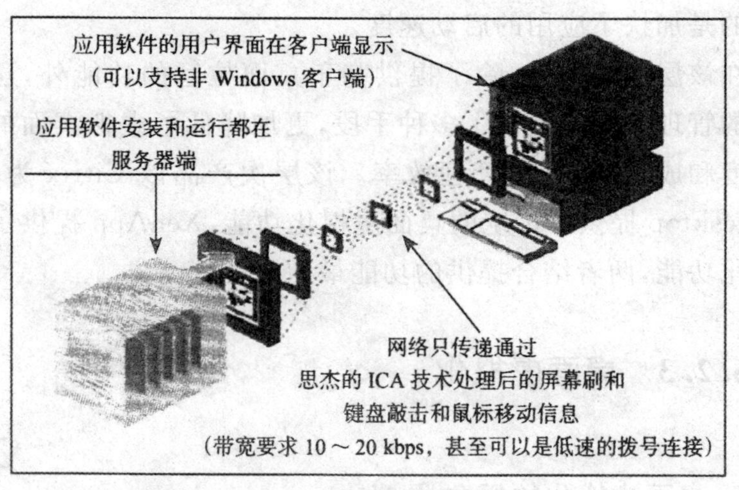

图 6-18　应用虚拟化的实现原理

(2)应用通过沙箱技术流化到客户端运行方案

前一种通过应用窗口拉远的方案实现应用虚拟化,应用运行在服务端,通过网络将应用界面传输到客户端。这种实现方案的弊端是必须依赖网络,如果中间断开网络则用户无法使用应用。

一种替代的方案是将应用与其本身的运行环境打包，按需流化到用户终端上运行。简单理解就是将应用做成无须安装的绿色软件，随意在用户终端上运行，而不用考虑用户操作系统的版本问题，以实现应用与用户操作系统解耦。

4. 应用虚拟化的关键技术

根据应用虚拟化技术实现原理，对应于应用窗口拉远方案，这一种方案最核心的关键技术在于传输协议。

对于应用流化方案，此方案的难点在于如何将应用绿色化，以及应用的版本管理、应用的license管理等。应用和其运行环境打包后，在应用运行过程中也不是一下子将这个应用包完全下载到本地，而是按需下载。Microsoft App-V Sequence是这一方案的典型代表，App-V Sequence会将打包后的应用分割成一小块一小块，应用在终端运行时，首先下载必须要运行的代码，对于可选的代码，在需要执行时再按需下载，从而减少网络的传输量，更重要的是加快了应用的启动速度。

在该层次的产品，除了提供基于桌面拉远的功能外，还针对应用的管理和发布提供了多种手段，更加降低了虚拟桌面的管理复杂度和成本，提升了管理效率。该层次产品以Citrix为代表，XenDesktop提供了传统的桌面虚拟化功能，XenApp提供了应用虚拟化功能，两者结合提供的功能最为完备。

6.2.3 桌面虚拟化

1. 桌面虚拟化的概念

桌面虚拟化是指将桌面的计算机进行虚拟化，通过服务的形式交付桌面，要求以少的资源做更多的事，维持和提高桌面的管理效率，降低需要应用补丁花的时间，以达到桌面使用的安全性和灵活性。桌面虚拟化是基于云计算模型的托管服务，并且与服务器虚拟化结合，借用了各类终端接入云端。桌面虚拟化如图 6-19 所示。

图 6-19　桌面虚拟化

2. 虚拟桌面的架构及模式

虚拟桌面的一个架构如图 6-20 所示。

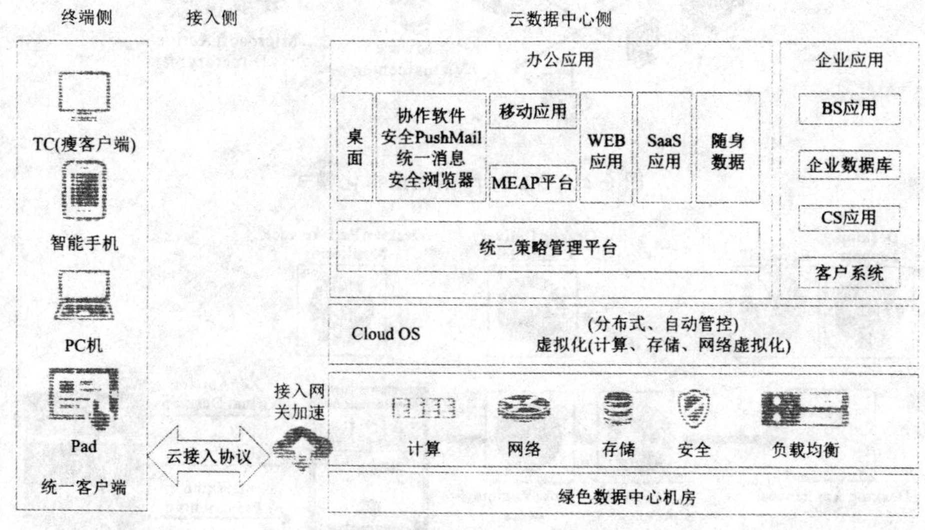

图 6-20　云接入端对端架构图

在桌面虚拟化环境下，需要解决的问题如下：

①如何实现用户的信息安全性？

②如何实现用户数据和信息的保密性？

③如何收用户的服务费？

如图 6-21 所示为 VMware 公司的一个桌面虚拟化模式。而 Citrix 作为应用虚拟化的传统厂商，则采用了自己很成熟的“逻辑”拆分法，按照逻辑分类将其进行拆分，即对操作系统、应用与配置文件进行拆分，用时进行按需组装，这样能够保证不同逻辑单元的相互独立性，防止一方发生变化，对其他方面造成影响，如应用与系统的升级和维护。如图 6-22 所示为 Citrix 的一个桌面虚拟化模式图。

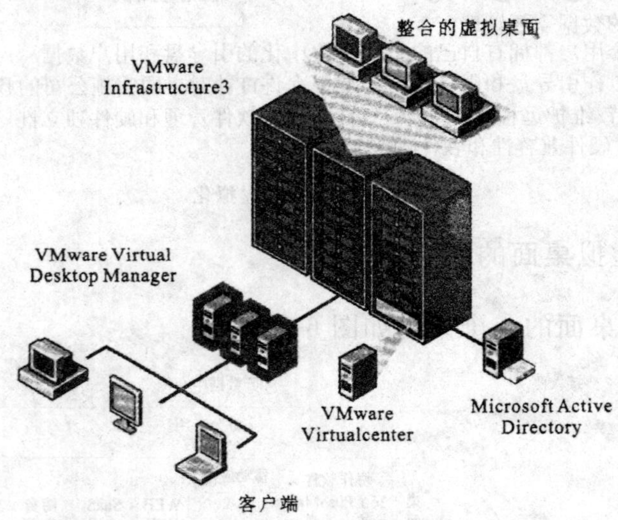

图 6-21 VMware 桌面虚拟化模式

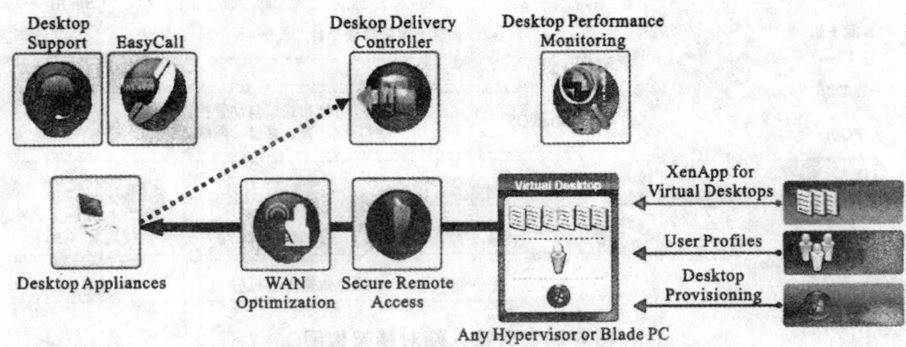

图 6-22 Citrix 桌面虚拟化模式

3. 桌面云的典型应用场景

(1)网管维护解决方案

网管维护解决方案如图 6-23 所示。

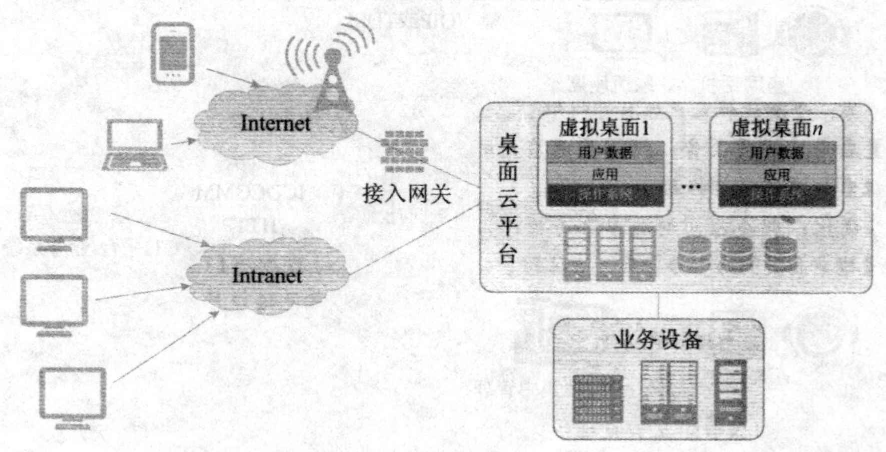

图 6-23　网管维护解决方案

①特点。

桌面云网管维护解决方案针对网络管理的特点,定制了多种接入终端的接入程序,方便随时随地地接入进行网络状态分析与网络故障定位,对于重大问题,充分发挥企业网管专家的经验优势。

桌面云网管维护解决方案集成多种网管适配解决方案,无须对既有网管系统进行改造,即可实现统一管理。

②优势。

桌面云网管维护解决方案是针对各类网管推出的解决方案,网管维护解决方案具有如下优点。

a. 无缝接入。支持各种接入终端,包括多种手持终端(Android 类、Windows Mobile 类、iPhone OS 类、iPad OS 类、Embedded Linux 类终端),可以实现无缝地、随时随地地接入以及远程维护和监控,有利于企业发挥维护专家的优势。

b. 广泛支持多种类型的网管系统。支持远程维护非 C/S、B/S 架构的网管系统,使用近端观测程序,极大地减少现场维护需求。

c. 整合零散的网管系统。企业现有网管系统无须改造，通过桌面云系统即可以实现网络的全集中管理，提高网管维护效率。

(2)绿色座席解决方案

绿色座席解决方案如图 6-24 所示。

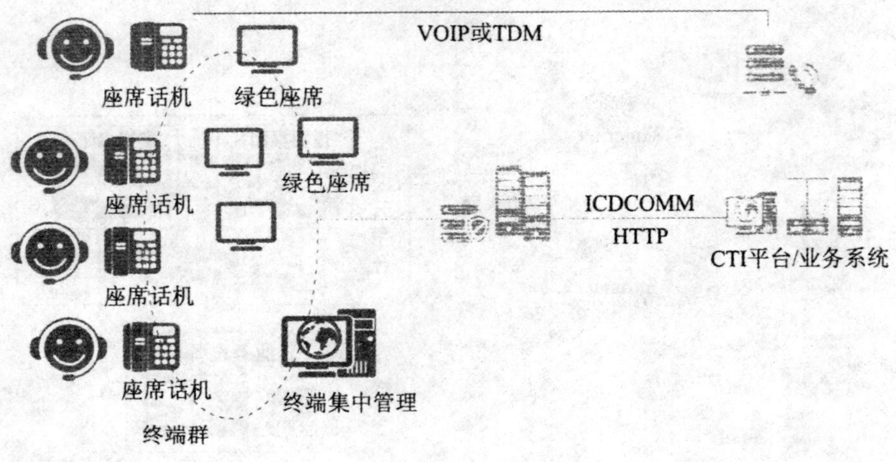

图 6-24　绿色座席解决方案

①特点。

多数企业用户部署的呼叫中心越来越多地由 TDM 方式的语音解决方案演进到采用 IP 语音解决方案。

②优势。

绿色座席解决方案具有如下优点。

a. 支持平滑迁移。完善的呼叫中心平台和桌面云的集成方案，平滑迁移客户原有呼叫中心。

b. 快速应用，优质语音。提供桌面应用的快速响应特点和优质的语音体验。

c. 成本优化。同类应用的共享部署模式，大大节省了虚拟桌面实例的资源占用，方便维护、升级。采用 TC 终端替代传统 PC，降低呼叫中心的噪音、电力消耗，为客户打造绿色呼叫中心。

(3)办公桌面云解决方案

办公桌面云解决方案如图 6-25 所示。

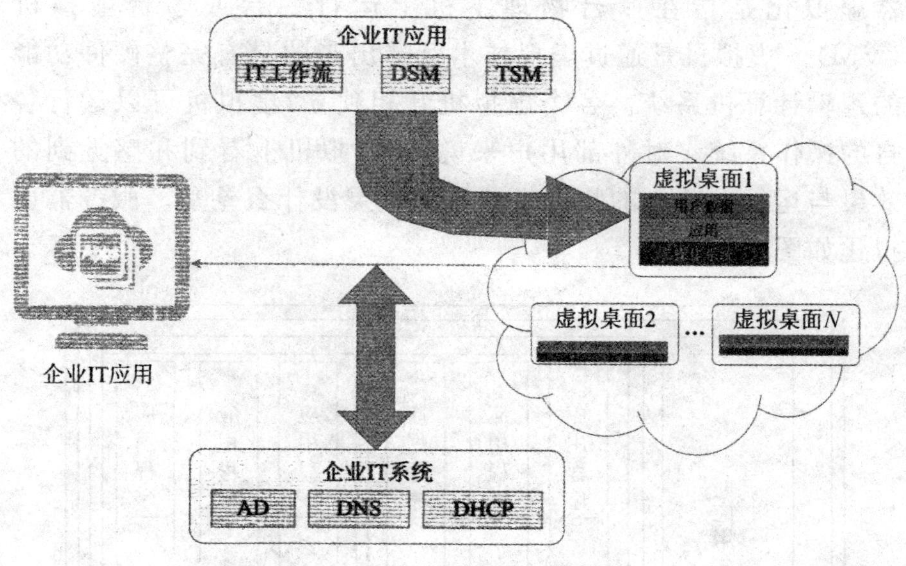

图6-25　办公桌面云解决方案

①特点。

桌面云支持与企业已有的IT系统对接，充分利用已有的IT应用。例如，利用已有的AD系统进行桌面云用户鉴权；在桌面云上使用已有的IT工作流；通过DHCP给虚拟桌面分配IP地址；通过企业的DNS来进行桌面云的域名解析等。

②优势。

办公桌面云解决方案具有如下优点。

a. 减少投资，平滑过渡。充分利用已有的IT系统设备与IT应用，减少重复投资，做到平滑过渡。

b. 可靠的信息安全机制。桌面云提供多种认证鉴权与管理机制，保证办公环境的信息安全。

6.2.4　服务器虚拟化

1. 服务器虚拟化的概念

服务器虚拟化是目前虚拟化技术应用的重要领域。服务器虚拟化是指在一台物理主机上运行一台或多台虚拟机(VM)。虚拟机是通过虚拟技术营造出来的具有完整硬件功能的逻辑计算机系统。各个虚拟机互相独立,虚拟机可以运行各自的操作系统。对外部用户来说,在虚拟机上看到和感觉到的效果与运行在独立的物理机器上的效果没什么差别。服务器虚拟化如图 6-26 所示。

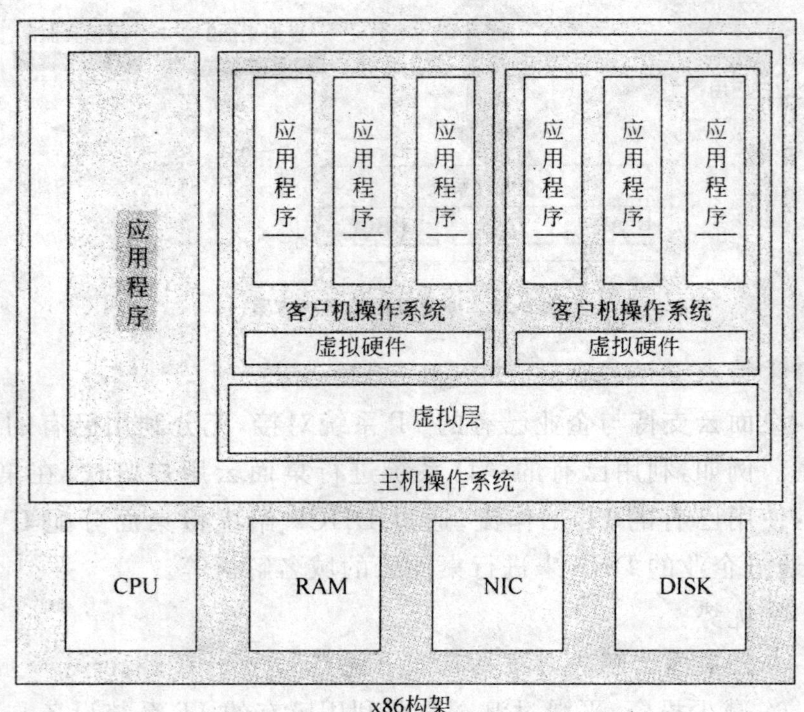

图 6-26 服务器虚拟化

2. 服务器虚拟化的本质

服务器虚拟化的本质是使用虚拟软件在物理机上虚拟出虚拟机。多台虚拟机共用一套物理资源,如 CPU、内存、I/O、网络接口等。一台机可以变出多台机,所以使用服务器虚拟化,可以充分发挥服务器的性能。例如,某企业拥有一台性能优良的服务器,但当前只运行了一个基于 Windows 操作系统的财务管理系统，运行这个系统只占用了服务器20%的性能，大材小用。当企业准备启用一个基于Linux操作系统的办公自动化系统时，就可以通过虚拟化技术，在原机上生成一个Linux的虚拟机，办公自动化系统就安装在虚拟机上。这样，虽然只有一台物理机，但通过服务器虚拟化，“变”出了一台新机器。若还要增加新系统？不怕，只要物理机性能足够，再“变”就是。

服务器虚拟化还有另外一种情况，就是把许多低性能的小服务器，变成一台或多台高性能的虚拟服务器，满足用户大计算量的需求。这也是云计算技术的初衷。

云计算向用户提供服务器租用服务时，通常都以虚拟机的方式提供给用户。

3. 服务器虚拟化的类型

(1)单机虚拟化与多机聚合虚拟化

如图6-27所示给出了两种虚拟化的形式，实际上对于第二种虚拟化形式是对单机版虚拟化的一种深化，是虚拟化平台环境，对于联网的多台计算机设备，在上一层有一台服务器安装这样一个管理程序，负责管理安装在不同计算机上的虚拟管理程序，每台虚拟机管理程序又能虚拟出更多的虚拟机来。

(2)半虚拟化与全虚拟化

如图6-28所示给出了半虚拟化与全虚拟化的区别。半虚拟化也可以称为准虚拟化，这种虚拟化技术主要是改变客户操作系统，让它以为自己运行在虚拟环境下，能够与虚拟机管理程序协同工作。通过已经被修改了Guest OS代码的方法使得虚拟机管理程序无须重新编译或者捕获相应的CPU特权指令，直接与硬件打交道，从而使得性能得到提升。常见的这种虚拟化产品有Xen(亚马逊的云平台的虚拟化产品就是采用了这种技术)，以及微软的Hyper-V产品。

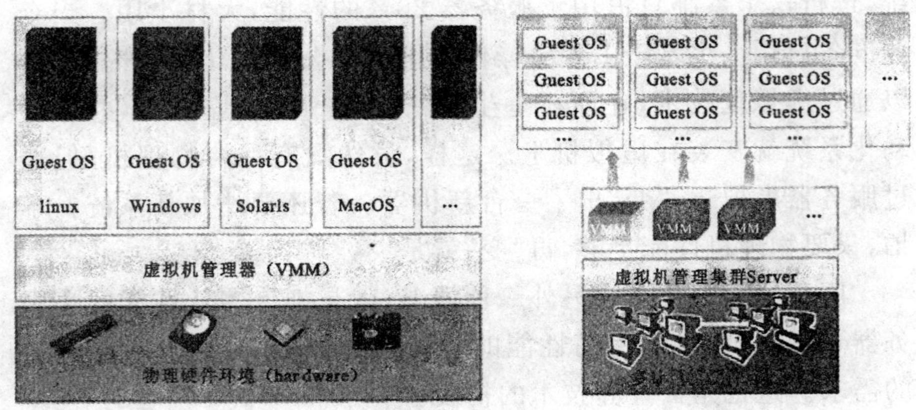

图 6-27 单机虚拟化与多机聚合虚拟化

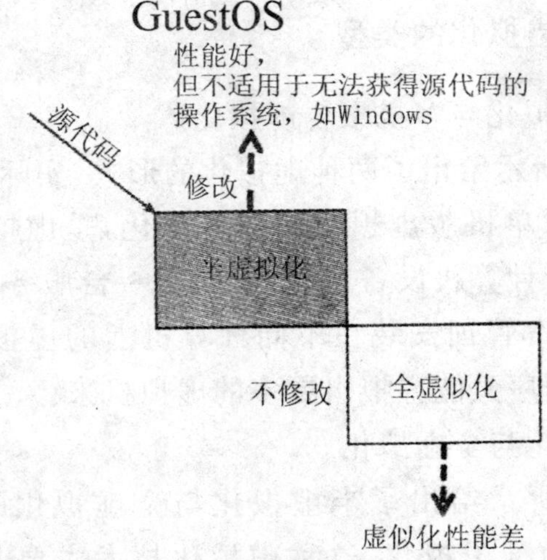

图 6-28 半虚拟化与全虚拟化的区别

4. 服务器虚拟化的特性及优势

与其他虚拟器相比，服务器虚拟化的关键特性如图 6-29 所示。

服务器虚拟化的优势如下：

①降低运营成本。

②提高应用兼容性。

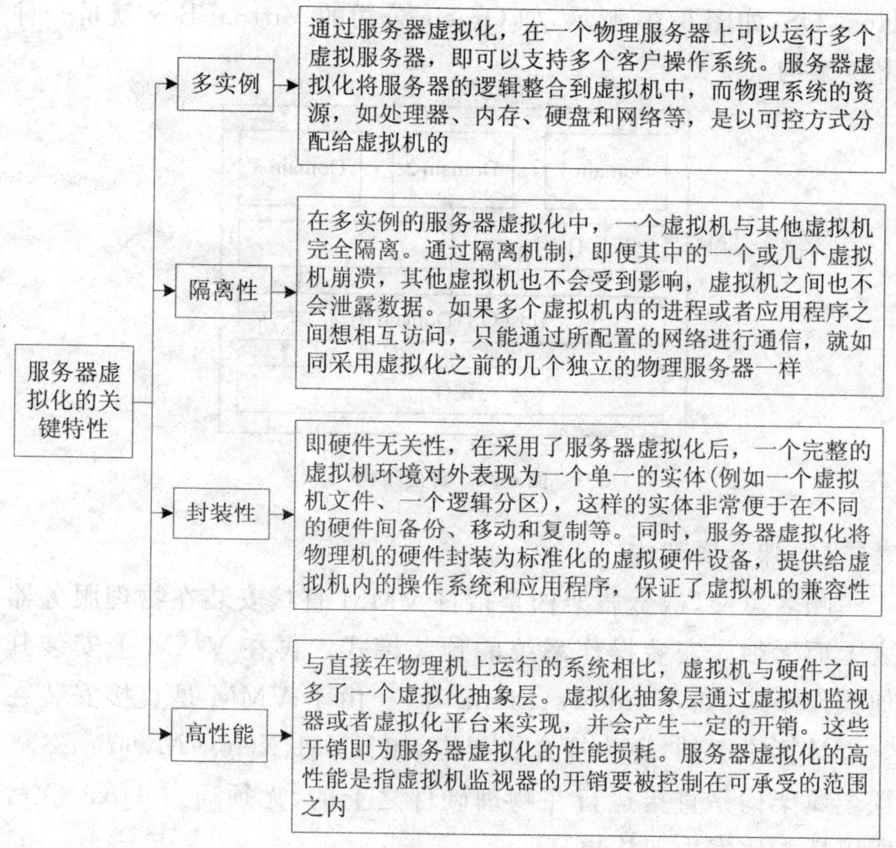

图6-29 服务器虚拟化的关键特性

③加速应用部署。

④提高服务可用性。

⑤提升资源利用率。

⑥动态调度资源。

⑦降低能源消耗。

5. 服务器虚拟化的架构

(1)寄生架构

通常来说，寄生架构在操作系统上再安装一个虚拟机管理器(VMM)，然后用VMM创建并管理虚拟机。操作VMM看起来像是“寄生”在操作系统上的，该操作系统称为宿主操作系统，即

Host OS，如图 6-30 所示，如 Oracle 公司的 Virtual Box 就是一种寄生架构。

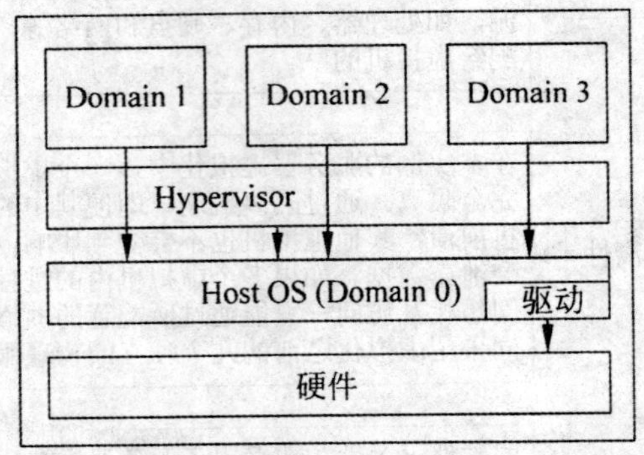

图 6-30 寄生架构

(2)裸金属架构

顾名思义，裸金属架构是指将 VMM 直接安装在物理服务器之上而无须先安装操作系统的预装模式。再在 VMM 上安装其他操作系统（如 Windows、Linux 等）。由于 VMM 是直接安装在物理计算机上的，称为裸金属架构，如 KVM、Xen、VMware ESX。裸金属架构是直接运行在物理硬件之上的，无须通过 Host ON，所以性能比寄生架构更高。

Xen 采用混合模式，用 Xen 技术实现裸金属架构服务器虚拟化，如图 6-31 所示，其中有 3 个 Domain。Domain 就是“域”，更通俗地说，就是一台虚拟机。

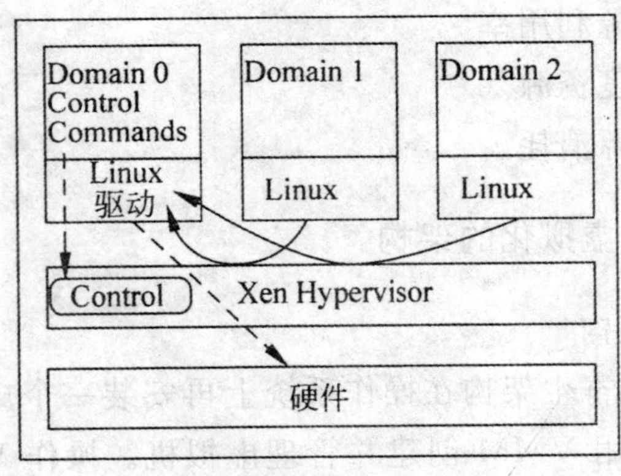

图 6-31 裸金属架构

6. 服务器虚拟化的核心技术

(1)内存虚拟化

内存虚拟化技术把物理机的真实物理内存统一管理,控制将客户物理地址空间映射到主机物理地址空间的操作,如图 6-32 所示。

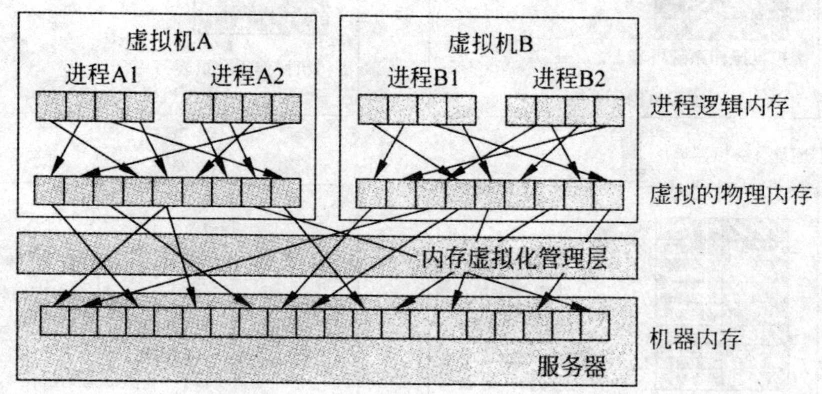

图 6-32 内存虚拟化

为实现内存虚拟化,内存系统中共有 3 种地址,它们分别为机器地址、虚拟机物理地址、虚拟地址。为实现虚拟地址到机器地址的高效转换,具体的实现方法有两种:页表写入法和影子页表法,如图 6-33 所示。

(2)CPU 虚拟化

CPU 虚拟化技术把物理 CPU 抽象成虚拟 CPU,单 CPU 模拟多 CPU 并行,允许一个平台同时运行多个操作系统,关键的是不同的虚拟 CPU 在各自不同的空间内独自运行,相互之间不会产生影响,使系统的工作效率得到有效的提高。

如图 6-34 所示为 x86 体系结构下的软件 CPU 虚拟化的两种不同的解决方案。如果想通过硬件方式实现 CPU 虚拟化,可以在硬件层添加支持功能。

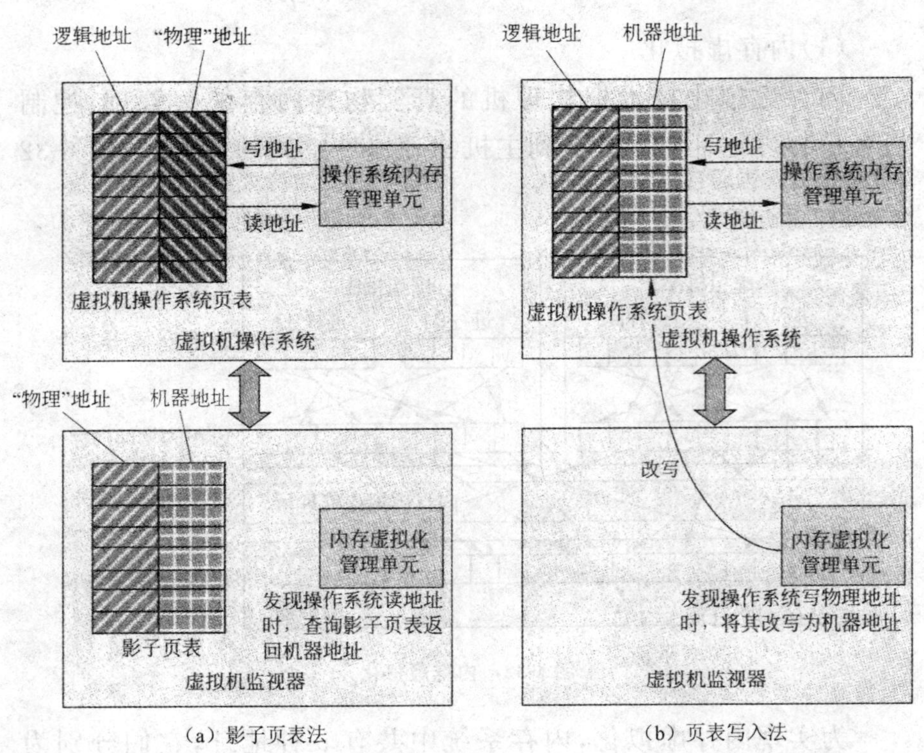

(a) 影子页表法　　(b) 页表写入法

图 6-33　内存虚拟化的实现方法

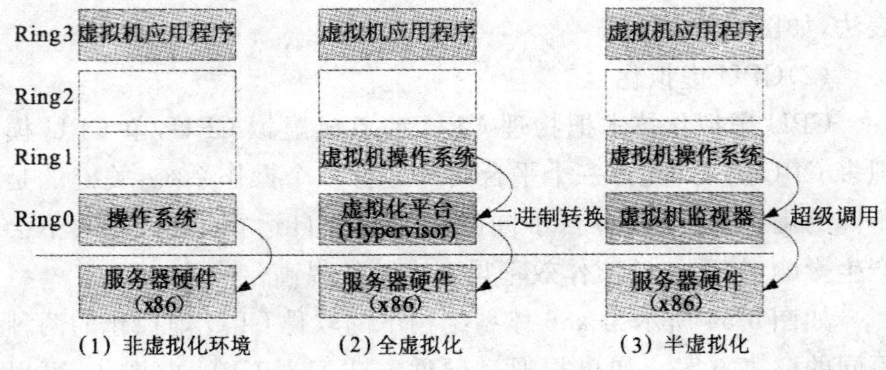

(1) 非虚拟化环境　　(2) 全虚拟化　　(3) 半虚拟化

图 6-34　x86 体系结构下的软件 CPU 虚拟化

(3)设备与 I/O 虚拟化

以 VMware 的虚拟化平台为例，虚拟化平台将物理机的设备虚拟化，把这些设备标准化为一系列虚拟设备，为虚拟机提供一个可以使用的虚拟设备集合，如图 6-35 所示。

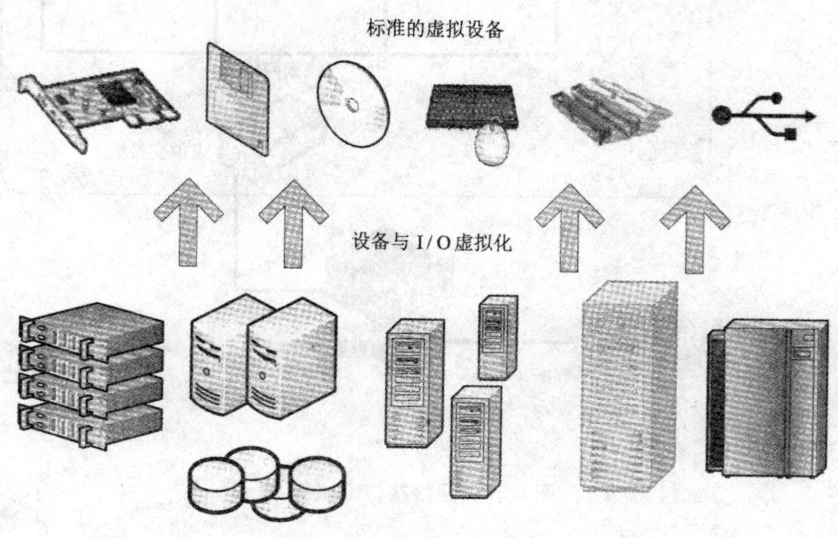

图 6-35　设备与 I/O 虚拟化

在服务器虚拟化中，网络接口是一个特殊的设备，服务器虚拟化要求对宿主操作系统的网络接口驱动进行修改。经过修改后，物理机的网络接口不仅要承担原有网卡的功能，还要通过软件虚拟出一个交换机，如图 6-36 所示。

(4)实时迁移技术

实时迁移技术是在虚拟机运行过程中，将整个虚拟机的运行状态完整、快速地从原来所在的宿主机硬件平台迁移到新的宿主机硬件平台上，并且整个迁移过程是平滑的，用户几乎不会察觉到任何差异，如图 6-37 所示。由于虚拟化抽象了真实的物理资源，因此可以支持原宿主机和目标宿主机硬件平台的异构性。

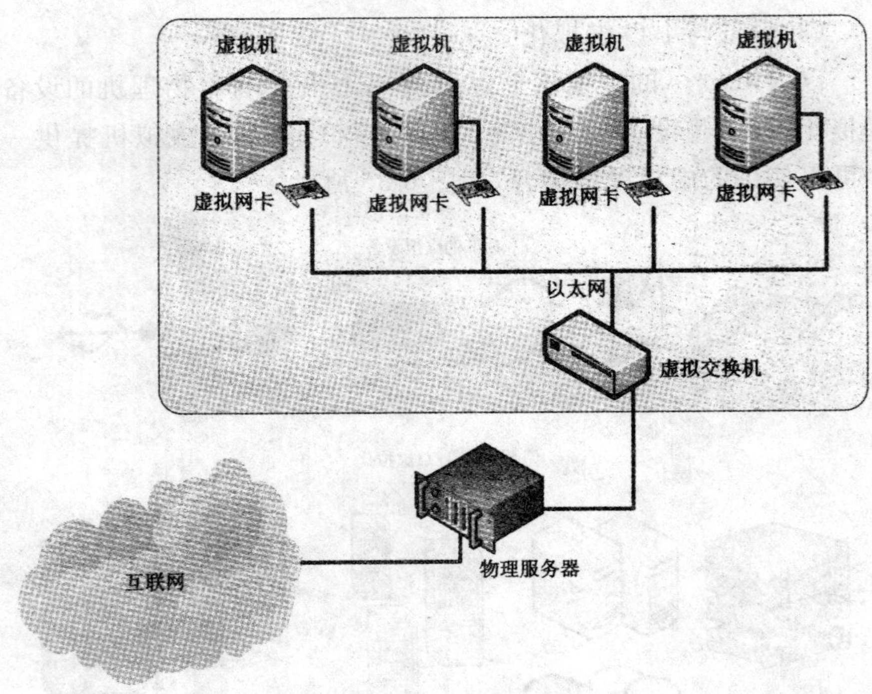

图 6-36　网络接口虚拟化

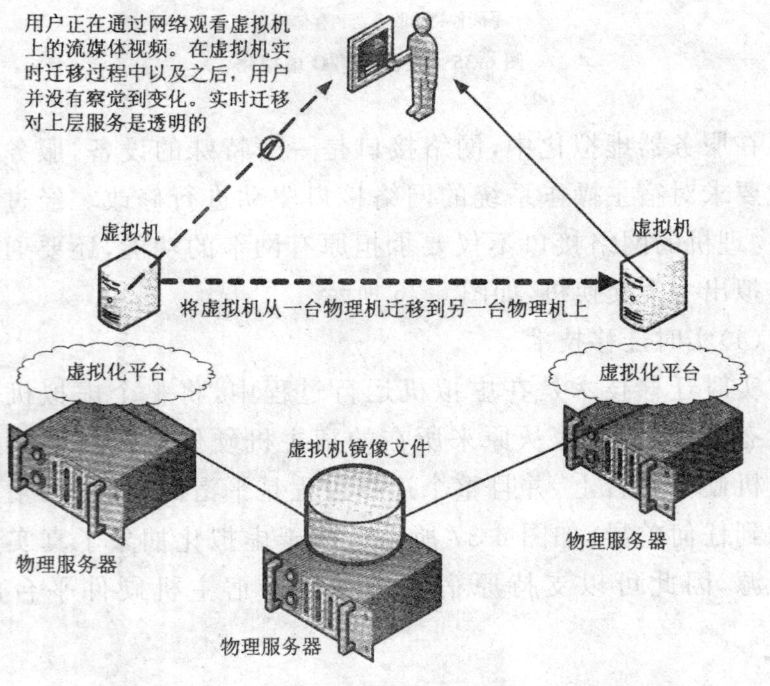

图 6-37　实时迁移技术的示意图

6.2.5 网络虚拟化

虚拟化是对所有 IT 资源的虚拟化，充分提高物理硬件的灵活性及利用效率问题。网络作为 IT 的重要资源也有相应的虚拟化技术。网络虚拟化是使用基于软件的抽象从物理网络元素中分离网络流量的一种方式。

1. 虚拟网络的分类

网络虚拟化包括 VPN 和 VLAN 这两种典型的传统网络虚拟化技术，对于改善网络性能、提高网络安全性和灵活性起到良好效果。

(1) VPN

虚拟专用网（Virtual Private Network，VPN）通常是指在公共网络中，利用隧道技术所建立的临时而安全的网络。VPN 建立在物理连接基础之上，使用互联网、帧中继或 ATM 等公用网络设施，不需要租用专线，是一种逻辑的连接。如图 6-38 所示为企业虚拟专用网的示意图。

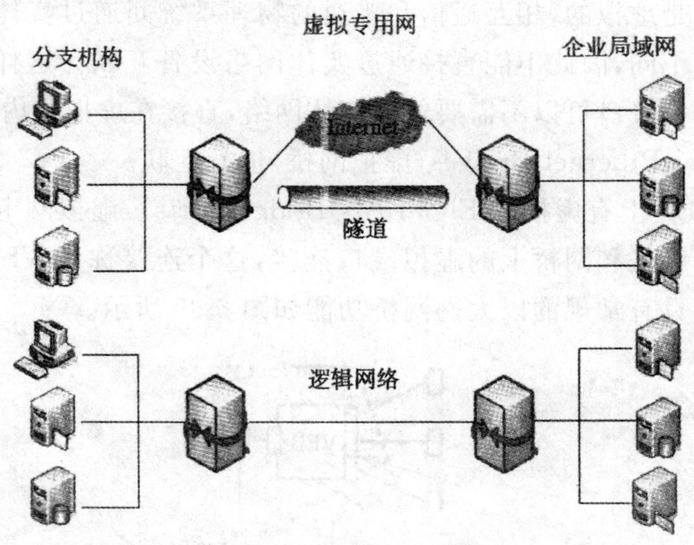

图 6-38　企业虚拟专用网

(2)VLAN

虚拟局域网(Virtual Local Area Network,VLAN)是一种将局域网设备从逻辑上划分成一个个网段,从而实现虚拟工作组的数据交换技术。VLAN 的特点是,同一个 VLAN 内的各个工作站可以在不同物理 LAN 网段。有助于控制流量,减少设备投资,简化网络管理,提高网络的安全性。

2. 主机网络虚拟化

(1)虚拟网卡

虚拟网卡就是通过软件手段模拟出来在虚拟机上看到的网卡。虚拟机上运行的操作系统(Guest OS)通过虚拟网卡与外界通信。当一个数据包从 Guest OS 发出时,Guest OS 会调用该虚拟网卡的中断处理程序,而这个中断处理程序是模拟器模拟出来的程序逻辑。当虚拟网卡收到一个数据包时,它会将这个数据包从虚拟机所在物理网卡接收进来,就好像从物理机自己接收一样。

(2)虚拟网桥

由于一个虚拟机上可能存在多个 Guest OS,各个系统的网络接口也是虚拟的,相互通信和普通的物理系统间通过实体网络设备互联不同,因此不能直接通过实体网络设备互联。这样虚拟机上的网络接口可以不需要经过实体网络,直接在虚拟机内部 VEB(Virtual Ethernet Bridges,虚拟网桥)进行互联。

VEB 上有虚拟端 El(VLAN Bridge Ports),虚拟网卡对应的接口。就是和网桥上的虚拟端口连接,这个连接称为 VSI。VEB 实际上具有常规的以太网网桥功能如图 6-39 所示。

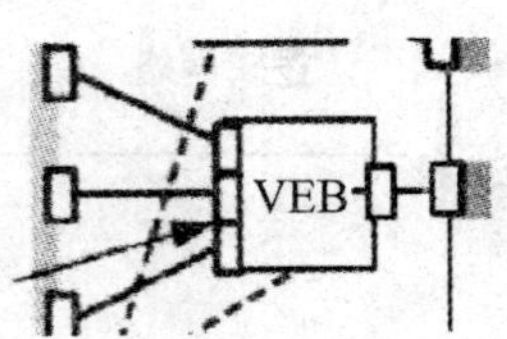

图 6-39 VEB 进行本地转发

此外,VEB 也负责虚拟网卡和外部交换机之间的报文传输,但不负责外部交换机本身的报文传输,如图 6-40 所示,1 表示虚拟网卡和邻接交换机通信,2 表示虚拟网卡之间通信,3 表示 VEB 不支持交换机本身的互相通信。

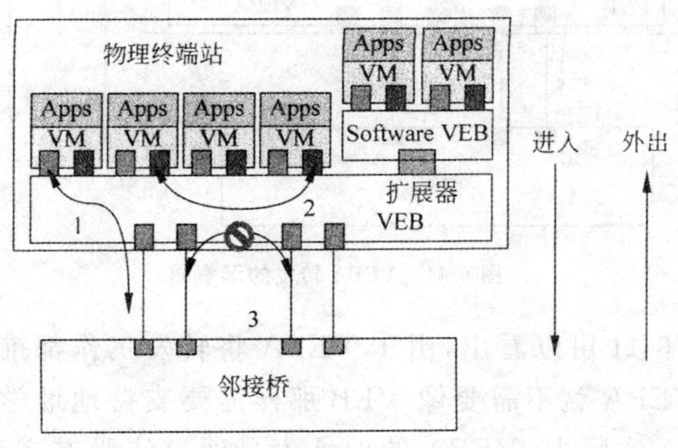

图 6-40　VEB 转发的示意图

(3)虚拟端口聚合器

虚拟以太网端口聚合器(Virtual Ethernet Port Aggregator, VEPA),即将虚拟机上以太网口聚合起来,作为一个通道和外部实体交换机进行通信,以减少虚拟机上网络功能的负担。

根据原来的转发规则,一个端口收到报文后,无论是单播还是广播,该报文均不能再从接收端口发出。由于交换机和虚拟机只通过一个物理链路连接,要将虚拟机发送来的报文转发回去,就得对网桥转发模型进行修订。为此,802.1Qbg 中在交换机桥端口上增加了一种 Reflective Relay 模式。当端口上支持该模式,并且该模式打开时,接收端口也可以成为潜在的发送端口。

如图 6-41 所示,VEPA 只支持虚拟网卡和邻接交换机之间的报文传输,不支持虚拟网卡之间报文传输,也不支持邻接交换机本身的报文传输。对于需要获取流量监控、防火墙或其他连接桥上的服务的虚拟机可以考虑连接到 VEPA 上。

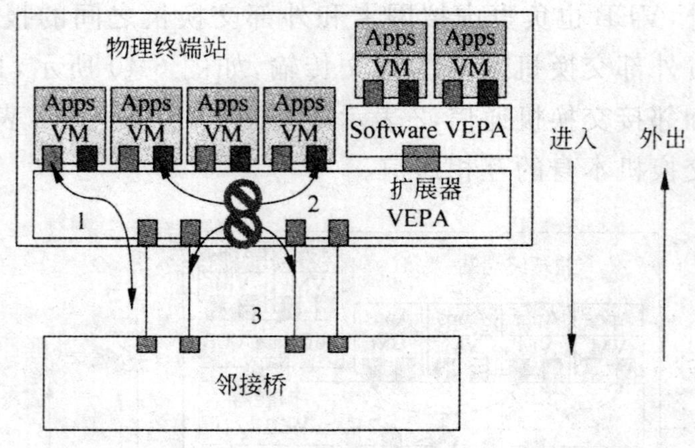

图 6-41 VEPA 转发的示意图

从图 6-41 可以看出，由于 VEPA 将转发工作都推卸到了邻接桥上，VEPA 就不需要像 VEB 那样需要支持地址学习功能来负责转发。实际上，VEPA 的地址表是通过注册方式来实现的，即 VSI 主动到 Hypervisor 注册自己的 MAC 地址和 VLAN id，然后 Hypervisor 更新 VEPA 的地址表。

3. 链路虚拟化

链路虚拟化是日常使用最多的网络虚拟化技术之一。常见的链路虚拟化技术有链路聚合和隧道协议。这些虚拟化技术增强了网络的可靠性与便利性。

(1)链路聚合

链路聚合是最常见的二层虚拟化技术。链路聚合将多个物理端口捆绑在一起，虚拟为一个逻辑端口。当交换机检测到其中一个物理端口链路发生故障时，就停止在此端口上发送报文，根据负载分担策略在余下的物理链路中选择发送报文的端口。链路聚合可以增加链路带宽，实现链路层的高可用性。

在网络拓扑设计中，要实现网络的冗余，一般都会使用双链路上连的方式。而这种方式明显存在一个环路，因此在生成树计算完成后，就会有一条链路处于 block 状态，所以这种方式并不会增加网络带宽。如果想用链路聚合方式来实现双链路上连到两台不同的设备，而传统的链路聚合功能不支持跨设备的聚合，在这种背景下就出现了虚链路聚合（Virtual Port Channel，VPC）技术。VPC很好地解决了传统聚合端口不能跨设备的问题，既保障了网络冗余又增加了网络可用带宽。

（2）隧道协议

隧道协议是指一种技术/协议的两个或多个子网穿过另一种技术/协议的网络实现互联，使用隧道传递的数据可以是不同协议的数据帧或包。隧道协议将其他协议的数据帧或包重新封装然后通过隧道发送。新的帧头提供路由信息，以便通过网络传递被封装的负载数据。隧道可以将数据流强制送到特定的地址，并隐藏中间节点的网络地址，并可根据需要提供对数据加密的功能。一些典型的使用隧道的协议有GRE（Generic Routing Encapsulation）和IPSec（Internet Protocol Security）。

6.2.6　存储虚拟化

1. 存储虚拟化概述

SNIA（Storage Networking Industry Association，存储网络工业协会）对存储虚拟化是这样定义的：通过将一个或多个目标（Target）服务或功能与其他附加的功能集成，统一提供有用的全面功能服务。如图6-42所示，存储虚拟化技术的核心就是将底层的存储设备统一管理，将存储物理设备中的存储资源抽象成一个个虚拟资源，并且可以根据用户的需求来分配用户所需的存储空间和存储类型给用户使用。

当前存储虚拟化是建立在共享存储模型基础之上，其主要包括3个部分，分别是用户应用、存储域和相关的服务子系统。其中，存储域是核心，在上层主机的用户应用与部署在底层的存储资源之间建立了普遍的联系，其中包含多个层次；服务子系统是存储域的辅助子系统，包含一系列与存储相关的功能，如管理、安全、备份、可用性维护及容量规划等。

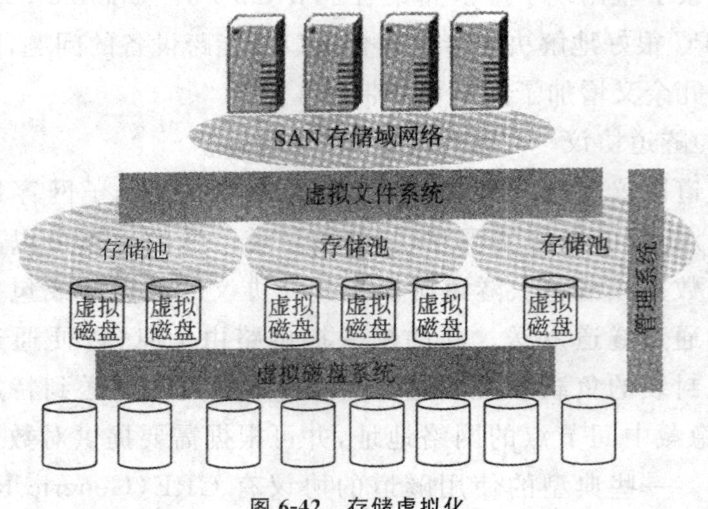

图 6-42 存储虚拟化

2. 存储虚拟化的分类

(1)按实现不同层次分类

对于存储虚拟化来说,可以按实现不同层次划分:基于设备的存储虚拟化、基于网络的存储虚拟化、基于主机的存储虚拟化,如图 6-43 所示。

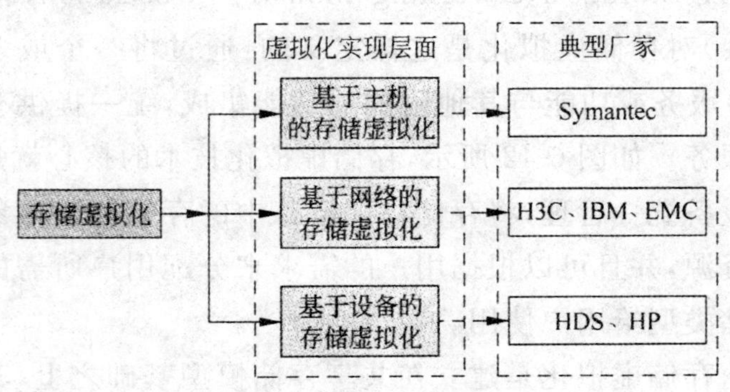

图 6-43 按实现不同层次分类

①基于主机的存储虚拟化。通常由主机操作系统下的逻辑卷管理软件来实现,如图 6-44 所示。操作系统不同,逻辑卷管理软件也就不同。基于主机的虚拟化主要用途是使服务器的存储

空间可以跨越多个异构的磁盘阵列，常用于在不同磁盘阵列之间做数据镜像保护。

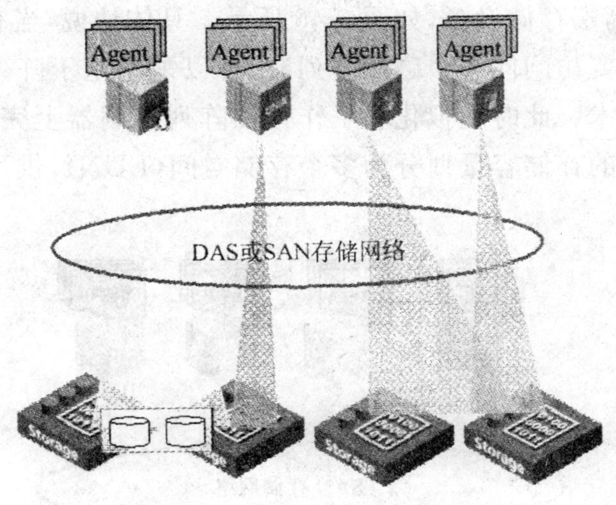

图 6-44　基于主机的存储虚拟化

②基于网络的存储虚拟化。通过在存储域网(SAN)中添加虚拟化引擎实现，实现异构存储系统整合和统一数据管理(灾备)，如图 6-45 所示。也就是说，多个主机服务器需要访问多个异构存储设备，从而实现多个用户使用相同的资源，或者多个资源对多个进程提供服务。基于网络的存储虚拟化，优化资源利用率，是构造公共存储服务设施的前提条件。

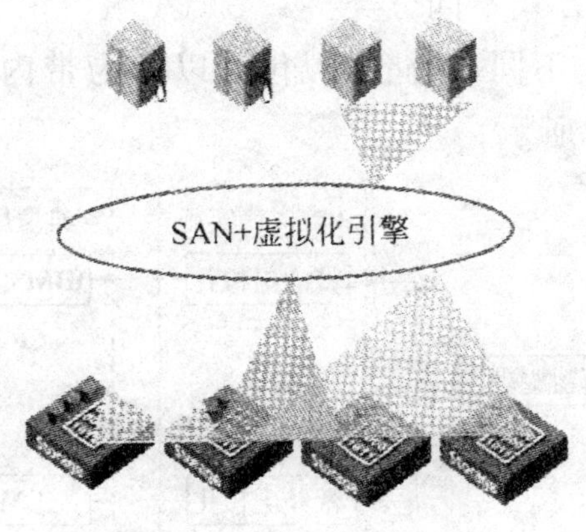

图 6-45　基于网络的存储虚拟化

③基于设备的存储虚拟化。用于异构存储系统整合和统一数据管理(灾备),通过在存储控制器上添加虚拟化功能实现,应用于中、高端存储设备,如图 6-46 所示。具体地说,当有多个主机服务器需要访问同一个磁盘阵列时,可以采用基于阵列控制器的虚拟化技术。此时虚拟化的工作是在阵列控制器上完成的,将一个阵列上的存储容量划分为多个存储空间(LUN),供不同的主机系统访问。

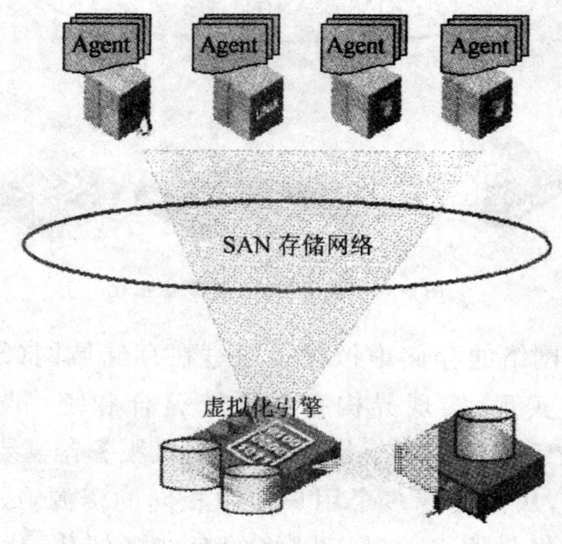

图 6-46　基于设备的存储虚拟化

(2)按实现方式不同分类

按实现方式不同,存储虚拟化可以分为带内虚拟化和带外虚拟化,如图 6-47 所示。

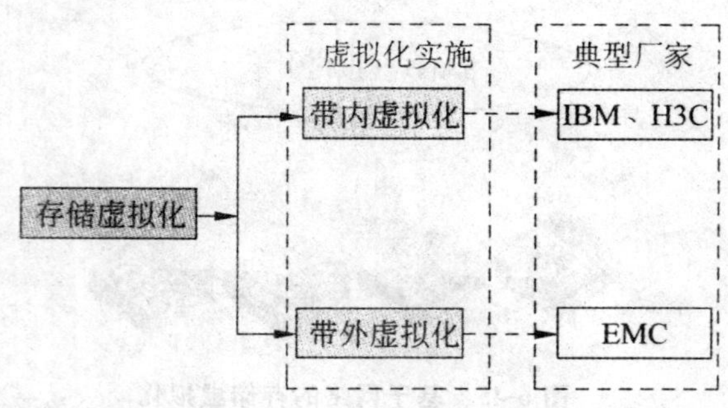

图 6-47　按实现方式不同分类

①带内存储虚拟化。带内虚拟引擎(图 6-48)是在应用服务器和存储的数据通路内部实现虚拟存储,控制数据和需要存储的实际数据在同一个数据通路内传递。带内虚拟存储具有较强的协同工作能力,同时便于通过集中化的管理界面进行控制。但是,无论是基于设备还是基于交换机,带内虚拟化都比较脆弱。由于带内设备现在成为服务器和存储资源之间必须经过的网关,设备的失效可能会导致整个 SAN 数据访问出现问题。同时带内存储会占用较多的数据网络带宽来传输控制数据,因而容易在服务器和存储设备之间产生性能瓶颈。IBM 的 SVC 等存储网关设备都属于带内虚拟引擎。

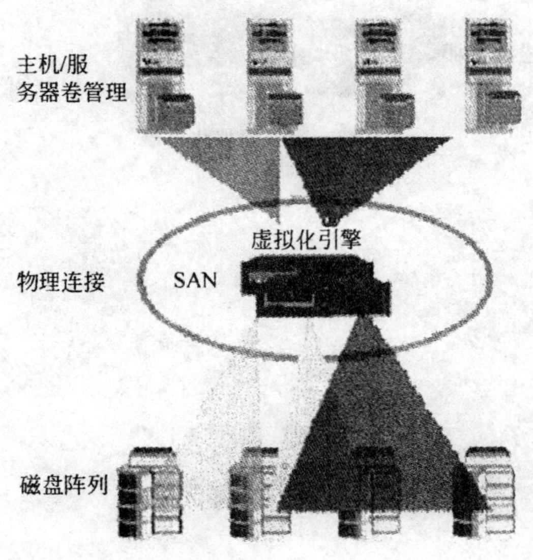

图 6-48　带内虚拟化引擎

②带外虚拟化。带外虚拟引擎(图 6-49)是在数据路径外的服务器上实现的虚拟功能,也就是将控制数据和存储数据安排在不同的数据路径上传输。带外能够避免带内的一些问题,但是每台服务器都必须安装虚拟化客户端软件,这种方式将数据路径和控制路径分开,确保了虚拟化设备不会成为数据传输的瓶颈,减少了存储数据网络中的流量,有助于提高系统性能。但是因为一般需要安装专用软件,也容易受到攻击。如 DFS 分布式文件系

统、Ceph 等都属于带外虚拟引擎。

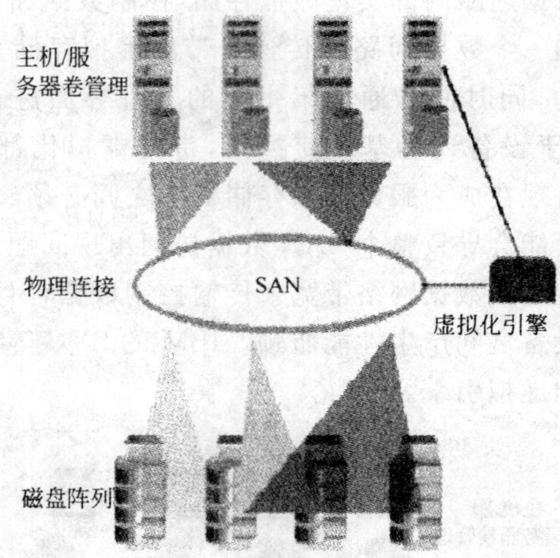

图 6-49　带外虚拟化引擎

第7章　云计算安全技术

7.1　云安全概述

7.1.1　云安全的定义与需求

1. 云安全的定义

趋势科技较早提出了“云安全”，这一概念于2008年成为信息安全界的热点，并成为云计算应用发展中最重要的研究课题之一。它融合了并行处理、网格计算、未知病毒行为判断等新兴技术和概念，被认为是网络信息安全的最新体现。

对此，也可以从另一个角度加以理解。云安全指通过法规政策与安全技术手段对政府、企业的云计算平台、业务应用等多层面采取预防、监控、恢复、评估等机制，以抵御来自外部网络的恶意攻击，同时防止云平台中核心资源遭到破坏、用户隐私发生泄露。

尽管不如人们对云计算的理解那样百花齐放，业界对云计算安全的认识及研究应用也逐渐呈现出两个分支。云计算安全的内涵包括下面两个方面。

(1)安全技术在云环境下应用(云自身安全)

即利用安全技术，解决云环境下的安全问题，提升云平台自身的安全，保障云计算业务的可用性、数据机密性和完整性、隐私权的保护等。如云计算应用系统及服务安全、云计算用户信息安全等。这是云计算业务健康、可持续发展的基础。当前主流云服务提供商及研究机构所关注的重点就是云自身安全这一层面，构建云平台的安全保障体系。

(2)云计算技术在安全领域的应用(云安全应用)

即通过云计算特性来提升安全解决方案的服务性能，属于云计算技术的安全应用。例如，基于云的防病毒技术、挂马检测技术等。这是当前安全领域最为关注的技术热点。传统安全厂商多立足于云安全应用这一层内涵，利用云计算技术解决常规安全问题。

上述两个方面并非是完全独立的，在具体的应用中它们之间还存在一定的交集，例如，当某一安全技术采用云计算理念进行优化改进之后用于保障云计算应用的安全性；某一基于云计算的安全服务需要采用云计算应用安全技术来保障其云计算平台的安全性等。

2. 云安全的需求

安全通常分为机密性、数据完整性、可用性、控制和审查五大类，要达到足够的安全，就必须将这五个安全分类系统地整合在一起，缺一不可。

(1)机密性

机密性又称为保密性，是指保证信息仅供那些已获授权的用户、实体或进程访问，不被未授权的用户、实体或进程所获知，或者即便数据被截获，其所表达的信息也不被非授权者所理解。

在云计算系统中，机密性代表了要保护的用户数据秘密。确保具有相应权限和权限授权的用户才可以访问存储的信息。云计算系统的机密性对于使用者要跨入云计算是一大障碍。目前云计算提供的服务或数据多是通过互联网进行传输，容易暴露在较多的攻击中。因此在云端中保护用户数据秘密是一个基本要求。

(2)数据完整性

数据完整性是指在传输和存储数据的过程中，确保数据不被偶然或蓄意地修改、删除、伪造、乱序、重置等破坏,并且保持不丢失的特性,具有原子性、一致性、隔离性和持久性特征。数据完整性的目的就是保证计算机系统上的数据处于一种完整和未受损害的状态,即数据不会因有意或无意的事件而被改变或丢失。数据完整性的丧失直接影响数据的可用性。

对云计算系统来说,数据完整性是指数据无论存储在数据中心或在网络中传输,均不会被改变和丢失。完整性的目的是保证云平台的数据在整个生命周期中都处于一种完整和未受损害的状态,以及多备份数据的一致性。多备份数据的完整性和一致性是用户和服务提供商共同的责任,虽然他们是两个完全不同的实体。用户在将数据输送到云端之前必须保证数据的完整性,当数据在云端进行处理的时候,云服务提供商必须确保数据的完整性和一致性。

(3)可用性

可用性是保证得到授权的实体或进程的正常请求能及时、正确、安全地得到服务或回应,即信息与信息系统能够被授权使用者正常使用。可用性是可靠性的一个重要因素。可用性与安全息息相关,因为攻击者会故意使用户数据或者服务无法正常使用,甚至会拒绝授权用户对数据或者服务进行正常的访问,如拒绝服务攻击。

对于云计算来说,可用性指云平台对授权实体保持可使用状态,即使云受到安全攻击、物理灾难或硬件故障,云依然保证提供可持续服务的特性。云计算的核心功能是提供不同层次的按需服务。如果某些服务不再可用或服务质量不能满足服务级别的协议,客户可能会失去对云系统的信心。因此,可用性是云计算的关键。

(4)控制

控制代表着在云计算系统中规范对于系统的使用,包含使用应用程序、基础设施与数据。云计算中有很多的用户都会上传数据到云计算系统中。例如,用户在网页上的一连串单击动作可以用来作为目标营销的依据。而如何避免这些数据遭到滥用，除了与服务供应商签订合约之外，还可以遵循不同产业对于数据保护的规定。因此有效地控制云计算系统上的数据存取以及规范在云计算系统中应用程序的行为可以提升云计算系统的安全。

(5)审查

审查也称为稽核，表示观看云计算系统发生了什么事情。审查可以额外增加在虚拟机器的虚拟操作系统之上。将审查能力加在虚拟操作系统上会比加在应用程序或是软件中还要好，因为这样可以观看整个访问的过程，而且是从技术的角度来观看整个云计算系统。审查有如下几个主要的属性：

①事件。状态的改变及其他影响系统可用性的因素。

②日志。有关用户的应用程序与其运行环境的全局信息。

③监控。不能被中断以及必须要限制云服务提供商在合理的需求下使用设备。

7.1.2 云安全与传统安全的比较

云计算是一种新兴的计算模式，它与传统的计算模式相比必然有自身的一些特点。例如，它具有开放性、分布式计算与存储、无边界、虚拟化、多租户、数据所有权与管理权分离等特点；同时，云中包含了大量软件与服务，数据量庞大，系统非常复杂；此外，云计算系统中存放着比传统信息系统更多的海量用户数据，对攻击者来说具有更大的诱惑力，如果攻击者通过某种方式攻击云系统，将会给云服务提供商和用户带来重大损失。云计算的安全性面临着比以往传统系统更为严峻的考验。本节系统地梳理并比较了云安全与传统安全的异同点。

云安全与传统安全从原则上看并没有本质的区别，它们的相同之处如下：

①从安全目标上来看，二者目标一致，即保护信息、数据的安全和完整。

②从保护对象上来看，传统信息安全所保护的对象是特定的，如企业机密数据、业务运行逻辑等，云计算所保护的内容有所不同，但对云计算信息系统进行安全建设所遵循的原则都是传统信息安全所遵循原则的展开和引申，具有一定的继承性。从而保护计算、网络、存储资源的安全性。

③部分采用技术类似，如传统的加解密技术、安全检测技术等。

云计算当然也有其特殊的一面。在分析云安全与传统安全的不同点时，可以根据前面云安全的定义描述的双重内涵，将云计算安全分为云自身安全与云安全应用两个层面，分别与传统安全进行比较分析(表 7-1 和表 7-2)。

表 7-1　云自身安全解决方案与传统安全解决方案的比较

比较维度	云自身安全解决方案	传统安全解决方案
虚拟化安全	涉及虚拟机安全、虚拟机管理平台安全(Hyper-v、VMware、KVM 和 Xen 安全)、虚拟网络安全等	没有系统地考虑虚拟机安全，难以有效保护基于共享虚拟化环境下的用户应用及信息安全
数据安全问题	用户数据资源存储与应用部署集中化，为避免遭到黑客攻击，需要部署数据安全隔离机制	采用部署防病毒软件、防火墙等传统安全解决方案以保护用户数据安全
安全边界	云系统由于用户数量庞大，数据存放分散，使安全边界变得愈加模糊	可以在物理上和逻辑层面上顺利地划分系统的安全域，清晰地辨别物理、逻辑安全边界
云业务模式安全	云计算在技术、管理和法律等各个方面都面临新的挑战，各种模式可能衍生出特定的安全威胁，因此需要考虑一些增强安全解决方案，以保护系统生命周期安全及核心数据安全	传统安全解决方案通过部署安全网关或防火墙抵御外部攻击

续 表

比较维度	云自身安全解决方案	传统安全解决方案
平台可靠性	现有方案很难快速定位问题所在，云计算系统可靠性面临来自各方的威胁，需要部署新型安全方案来修缮云系统	在传统平台上部署应急响应机制，现有方案不能支持云平台环境，不能保证云业务的连续性
安全审计	云审计工作纷繁复杂	传统安全审计工作易于实现
云平台安全漏洞	在云环境下，可能存在新型安全漏洞	传统平台存在安全漏洞
管理安全	用户失去对物理资源的直接控制，可能会面临一些安全问题、责任问题，以及一些协同或管理问题	传统安全重点聚焦于物理安全、数据安全、人员安全、设备安全等方面的管控
法律问题	云计算具备地域性弱、信息流动性大等特点，存在信息安全监管、隐私保护等法律风险。在我国尚未出台针对云安全的法律法规	政府已颁布安全相关法律法规

表 7-2　云安全应用解决方案与传统安全解决方案比较

比较维度	云安全应用解决方案	传统安全解决方案
资源占有量	占用少量资源，极大程度降低了客户在不同状态下的整体资源占用	占用大量的计算资源
病毒样本库位置	病毒样本库位于云服务侧，用户仅需在本地调用引擎和特征库，即可随时访问包含成千上万样本的病毒特征库，从而识别对应威胁	病毒样本库位于本地，需不断升级更新病毒库
网络安全态势感知功能	具备网络安全态势感知功能，能够第一时间检测到恶意威胁，为用户提供更为全面、可信的安全防护	不具备网络安全态势感知功能

7.1.3 云计算面临的安全问题

1. 数据安全问题

为了实现资源的统一管理与调度、降低运营成本，云服务提供商将资源集中于同一平台，并对用户提供网络访问接口。这些集中的资源汇集于云计算的心脏即云数据中心。由于用户在地域上的分散性和物理集中规模上的一些限制，大型云服务提供商需要在世界范围内建立多个大型云数据中心。用户通过使用服务提供商提供的软件或者平台享受服务，不需要了解云基础设施的细节。

在云计算环境下，绝大多数应用软件和数据信息都被转移到云服务提供商的云数据中心，而最终享受云服务的用户对其所操作和产生的数据的物理存在状态是完全未知的，用户几乎不可能通过云服务提供商所建立的网络连接以外的其他途径，对自己保存在云中的数据进行管理和控制，即所有应用程序的管理和数据信息的维护工作都需要委托给云服务提供商来完成。这也是数据和服务外包不可回避的问题。云计算的这一特点在为用户提供便利的同时，也会由于用户对存储在云中数据管理的不可控性，而导致用户对存储在云中数据的安全性产生不安。

2. 云平台安全问题

服务可用性问题是云计算的一个核心安全问题，云中托管的数据和服务来源于数量庞大的用户群，若云平台发生服务不可用问题，则造成的影响将远远超出传统信息系统。

造成服务中断的威胁可能来源于云系统内部，也可能是来源于外部。

服务可用性的内部威胁主要是云平台自身的可靠性问题。云平台的可靠性可以通过容灾备份技术得以加强。

服务可用性的外部威胁主要是拒绝服务攻击威胁,由拒绝服务攻击造成的后果和破坏性将会明显超过传统的应用环境。

由于云计算与传统信息系统不同,若只是单纯地把以往的安全技术不加修改地直接应用到云计算系统上,则无法有效保证云计算系统安全。虽然目前已经存在一些提高云计算安全性的解决方案,但只能零星地解决特定云平台的特定问题,还不能从根本上改变目前云计算平台的不安全状态。

3. 存储安全问题

存储安全的主要目的是保护云用户的敏感信息不被泄露、破坏或损失。为了实现这一目标,存储服务的访问控制机制应具备授予用户访问权限并且阻止非法访问,可以控制不同访问级别并监控特定会话。同时,加密的数据只能被授权用户执行解密。

存储安全不仅可以防止由于数据和其他物理方法导致的非法泄露,而且还保护了可以访问所有数据的管理员的敏感信息。

4. 虚拟化安全问题

虚拟化使得传统物理安全边界逐渐缺失,以往基于安全域的防护机制已经很难满足虚拟化环境下的多租户应用模式。用户的信息安全和数据隔离等问题在共享物理资源环境下显得更为迫切。

由于虚拟化技术的引入,虚拟化技术会带来所有以客居方式运行操作系统的安全问题和虚拟化软件特有的安全威胁。例如,如何预防虚拟机之间的相互攻击和盲点、如何在不同安全级别的虚拟机之间进行无缝合并、如何应对数据所有权和管理权分离的问题、如何处理数据残留问题等都是新出现的安全问题。

基于虚拟化技术的云计算引入的风险主要包括虚拟化软件的安全和使用虚拟化技术的虚拟服务器的安全两个方面。

5. 云应用安全问题

由于云计算基础设施的灵活性和开放性,任何终端用户都可以进行接入,因此对于运行在云端的应用程序的处理是一个极大的挑战。另外,公众可获得性以及用户对计算基础设施缺少控制,也为云应用程序的安全带来了很大的挑战。

在云计算环境下,所有的应用和操作都是在网络上进行的。用户将自己的数据从网络传输到云端,由云来提供服务。

云应用的安全问题实质上涉及整个网络体系的安全性问题,但是又不同于传统网络。因此,云服务提供商在部署应用程序时应当充分考虑可能引发的安全风险。

对于云用户来说,应提高安全意识,采取必要措施,以保证云终端的安全。

6. 隐私保护问题

在云计算环境下,恶意地获取和传播云计算中的数据比在传统网络环境中更加容易。威胁可能来自于云中,也可能来自于云外。

对云管理者来说,他们可以轻易地利用其技术优势获取云中任何用户的数据信息。同时,大量用户共享同一平台也为恶意攻击者降低了击破数据保护壁垒的难度,提供了更多获取他人信息的机会。

从外部来看,云环境中数据复杂的传输流程也使得数据受到威胁的环节数量显著增加。因此,如何保证存放在云数据中心的数据隐私不被非法利用,不仅需要技术的改进,也需要法律的进一步完善。

7.1.4 我国云安全的研究进展

从全球范围来看,亚马逊、Google、微软等云服务提供商都在积极地对云计算的安全问题进行分析和研究，并能够比较清晰地提出各自对云计算安全问题的基本认识，以及关于云计算安全建设的初步解决方案。我国关于云安全问题的研究尚且处于起步阶段，国内企业在云安全方面的工作进行得如火如荼。云安全建设是国家信息领域重点建设项目之一，对于推动我国云计算技术发展能够起到重要作用。

1. 中科曙光

中科曙光公司是国内最早的云服务提供商之一，它先后推出了 CFDfense 虚拟化安全防护子系统、CloudFirm_SOC 安全管理中心、CFDfense-Hypervisor 防火墙、CFDfense 虚拟安全网关、CloudFirm_SOC 安全设备资源集中管理平台等一系列安全产品。在云安全实践方面，曙光严格参照国家信息安全等级保护要求并结合自主研发的安全产品，提出了全面系统的 CloudFirm 私有云安全解决方案。

(1)安全防护基础层面

CloudFirm 私有云安全解决方案采用的是业界知名的国产安全厂商的产品，根据等保强度要求和用户的具体需求，形成了完善的信息安全防护系统，为私有云中心提供一系列完备的安全防护，包括防火墙、IPS、防病毒网关、漏洞扫描、数据库审计等。此外，通过曙光 CFDfense-Hypervisor 防火墙能够实现虚拟机之间以及虚拟机和物理机之间所有的通信控制，为用户应用建立安全分割，使传统安全方案的控制盲区得以消除。并且，通过 CFDfense 虚拟安全网关还能够实现虚拟数据中心的边缘防护。

(2)管理层面

CloudFirm_SOC 安全设备资源集中管理平台是面向全网安全设备资源的。通过对云计算平台中安全事件进行采集、处理和分析，再配之以一套可度量的风险模型，安全管理员能够监控、管理全网安全资产的运行，通过对安全事件的分析与审计，进行风险评估与度量，并提供安全预警与安全响应。此外，CloudFirm_

SMC 还能够对人员安全管理、物理安全管理、介质管理、主机安全、应用安全的各种信息进行有效汇总，并根据管理需要生成管理信息报表；CloudFirm_SMC 还有助于进行标准化安全流程管理，从而实现持续的安全运营。

2. 腾讯

可以说，腾讯云平台是国内最具影响力的云计算平台之一。它同样也为云平台安全性保护做出过许多努力。腾讯通过多层次、多维度的实时监控和离线分析等手段，从不同的层面对云平台的安全性实施保护，并且这些安全服务已经基本覆盖了互联网应用安全问题，可为应用提供可靠的安全防护。下面重点从运维安全、业务安全、信息安全三个层面来阐述腾讯在保护云平台的安全性方面的具体措施。

(1)运维安全层面

运维安全又可分为运维安全防护策略和日常安全漏洞扫描两个方面。

运维安全防护方面的策略具体如下：

①资源隔离。在应用间采用访问隔离策略，从而防止应用间内部恶意访问。

②安全加固。加固操作系统、服务器软件配置，从而防止系统级别的安全漏洞。

③网络安全。借助腾讯安全中心强大的防攻击体系，抵御网络攻击和入侵。

④数据安全。控制访问者权限，通过数据隔离技术对不同应用之间的数据进行隔离。此外，腾讯云计算平台提供了专门的 FTP 上传下载通道，并对应用程序进行安全扫描，防止测试代码或容易引起安全漏洞的代码发布到外网。

⑤密码安全。登录腾讯服务器时，需使用 HTTP 代理登录，使用固定密码＋动态密码方式进行密码校验，防止密码发生安全问题。

日常安全漏洞扫描方面的策略具体如下：

①Hosting应用(部署在腾讯服务器上)。安全服务后台对部署在腾讯服务器上的应用程序进行安全扫描,并定期向开发者发送审计报告。同时还向违反了安全规定的应用发送安全工单,及时通知开发者修复安全漏洞。

②Non-hosting应用。参考第三方应用开发安全规范,了解常见的安全漏洞定义以及修复方案。

③运维安全工单查看。腾讯云平台提供一站式安全平台,用来查看和管理运维安全信息。

(2)业务安全层面

业务安全方面的策略具体如下：

①Open API审计信息查看。安全服务后台自动分析应用调用Open API的数据,基于活跃人数、访问量、频率、异常IP等多种维度鉴别出现访问异常的应用,并及时告警。

②防沉迷。腾讯为第三方应用提供了统一的防沉迷系统,防沉迷系统实现了大部分与防沉迷相关的功能,根据制定的弹框规则来实现防沉迷。

③反外挂。腾讯开放平台为保障接入应用的健康与正常运营提供了安全服务集合——反外挂系统,该系统会对外挂用户进行封号等打击策略。

(3)信息安全层面

信息安全方面的策略具体如下：

①敏感信息过滤。调用敏感词过滤接口。

②垃圾信息检查。符合申请条件的应用,可提交申请然后调用垃圾信息检查接口。

3. 阿里云

阿里云借助自主创新的大规模分布式存储和计算等核心云计算技术,提供面向各行业、小企业、个人和开发者的各类云计算产品及服务,如云服务器、开放存储服务、关系型数据库、开放数据处理服务、开放结构化数据服务、云盾、云监控等。可见，其已将打造互联网数据分享第一平台作为自己的重要使命。

阿里云在云安全方面做出过许多的努力，安全性是其核心竞争力之一。阿里云在安全策略、组织安全、合规安全、数据安全、访问控制、人员安全、物理安全、基础设施安全、系统和软件开发及维护、灾难恢复及业务连续性等不同的层面进行部署，采取了多种保障云计算安全的方法。

（1）数据安全层面

阿里云坚持阿里巴巴“生产数据不出生产集群”的风险管控经验，在保护数据的机密性、完整性、可用性方面制定了防范数据泄露、篡改、丢失等安全威胁的控制要求，同时还根据不同类别数据的安全级别设计、执行、复查、改进各项云计算环境下的安全管理和技术控制措施。

（2）网络安全层面

阿里云为隔离不同用户的云服务器或同一用户的多个云服务器提供了安全组机制，不同安全组之间采用防火墙隔离，这样，一些常见的攻击方式就能够被抵御。此外，阿里云以计算平台强大的数据分析能力为基础提供了“云盾”，从而能够为网站提供 DDoS 攻击的防护、网站后门检测，主机密码暴力破解防御、异地登录提醒、网页漏洞检测、网页木马检测、端口安全检测等各种安全服务。

4. 华为

华为公司在云安全方面做出了许多努力，同样在保证计算资源的安全性方面提供了多层安全防护。下面重点从以下层面进行简单阐述。

（1）基础安全层面

通过系统加固、防病毒和安全补丁的保护，来避免安全威胁，如病毒入侵、漏洞攻击、木马、拒绝服务等。

(2)网络安全层面

从网络隔离、攻击防护、传输安全等多个角度，通过网络划分、隔离手段实现计算、存储、管理、接入等域的隔离，从而来保证网络安全性，避免网络风暴等问题扩散。

(3)传输安全层面

采用SSL加密，Https、SSL VPN接入等方式使信息在网络传输过程中的完整性、机密性和有效性得以保障。

(4)虚拟化安全层面

对云主机的隔离和防护重点考虑，以避免安全隐患蔓延在整个网络中。

(5)管理维护安全层面

系统支持集中的日志收集和存储，同时通过部署日志审计系统，满足运营商审计需求。

5. 天翼云

天翼云计算提供了面向对象存储(OOS)服务，并从多个不同层面对数据的安全性进行考虑。下面分别进行阐述：

在用户访问层面。OOS提供全方位的访问控制策略，每个针对OOS的数据请求都需要进行签名验证。每个对象都包括公有、私有、只读三种属性，对象的拥有者对该对象有灵活的访问控制权。

(1)数据传输层面

Web门户和REST接口都是通过HTTPS协议进行用户数据访问和操作的，目的是确保数据传输中没有安全死角。

(2)数据存储层面

为了充分保证在用户访问层面，OOS提供全方位的访问控制策略，每个针对OOS的数据请求都需要进行签名验证。每个对象都包括公有、私有、只读三种属性，对象的拥有者对该对象有灵活的访问控制权。

6. 道里云

BLP 防数据泄露系统是由道里云自主研发的一款云安全操作系统(BLP-Cloud),它设计和实现的特点是将操作系统分割成了上下两个操作系统。"下操作系统"安全级别较低,它用于连接到网络,可以是开放、通信不受限制的各种平台,让用户不受限地获得与共享信息。"上操作系统"安全级别较高,它被 HRoT-MLE(HRoT 是指 Hardware Root of Trust;MLE 是指 Measured Launch Environment)密封隔离,受到严格的安全保护。

BLP-Cloud 可以运行于云数据中心,用户数据不会被数据中心内部人员获取,更不会被向外泄露,从而能够更好地保证云环境下用户数据信息的安全。

7.2　云计算安全事件

近年来,云计算安全事件频频发生,这为云计算的发展敲响了警钟,也让人们更深刻地认识到云计算安全的重要性,以及加强云计算安全的紧迫性。

7.2.1　黑客攻击

2009 年 2 月 26 日,Google 的聊天室遭黑客入侵,大部分用户都收到看似是朋友发出的信息,而进入陌生网站,该网站需要用户以 Gmail 登录。黑客便借机入侵到用户的 Gmail 账户,被入侵的账户随后以同样的方式向该账户联络清单上的人发出相同信息,病毒通过这一方式迅速扩散。

2009 年 11 月,Google 阅读器遭到洪水攻击,社交网站上张贴了大量内含有洪水攻击的 Google 阅读器链接,以引诱网友点击,一旦点击即会被植入含有洪水攻击的恶意程序,受感染计算机将成为 Koobface 僵尸网络的一员。

2009 年，亚马逊 EC2 云计算服务遭到僵尸网络攻击，被恶意用于非法活动。僵尸网络在亚马逊的 EC2 云服务中运行着一个未授权的命令和控制中心，黑客通过入侵一个使用 EC2 云服务的网站后，在亚马逊的服务器上安装了一个命令和控制程序。

2011 年 4 月 19 日，索尼的 PlayStation 网络和 Qriocity 音乐服务网站遭到黑客攻击，服务中断长达一周以上；同时，PlayStation 网络注册账户持有人的个人信息失窃，这一影响波及将近 8 千万账户。

7.2.2 隐私泄露

2008 年 9 月 15 日，Google 文档发生意外，有用户在自己的账户中发现不属于自己的文件。

2009 年 3 月 10 日，Google 发现 Google 文档的一个程序错误。这一错误导致未经用户许可的部分文档被误进行共享，而被赋予共享权限的用户的文档被错误共享。这一错误只发生在文本文档和演示文档，电子表格内容未被共享。

2010 年 2 月 25 日，Google 推出的社交网络产品 Google Buzz 遭到 Gmail 用户的集体诉讼，用户认为其隐私受到了侵犯。该社交网络产品与 Gmail 交互，会在使用者不知情的情况下，将其经常联系的人排列在一起在互联网上自动传播。

2011 年 3 月，谷歌邮箱爆发大规模的用户数据泄露事件，约 15 万 Gmail 用户发现自己所有的邮件和聊天记录被删除，部分用户发现自己的账户被重置。这是 Google 历史上第一次出现导致用户整个账户消失的事件。

2012 年 8 月 6 日，盛大云因一块物理磁盘损坏发生云主机故障，致用户数据丢失。

其他的还有 2013 年“棱镜门”事件、英国离岸金融业 200 多万份邮件等文件泄密、支付宝转账信息被谷歌抓取、QQ 群信息泄露等。

7.2.3　产品漏洞

2005 年 1 月，Google 的 Gmail 电子服务存在安全漏洞，导致用户的用户名和密码面临安全威胁，给服务用户带来严重的风险。

2005 年 12 月，Google 桌面以及 IE 浏览器发现一个安全漏洞，这极有可能导致 Google 用户的个人数据暴露给恶意网站。

2007 年 1 月，Google 桌面又被发现存在一个安全漏洞，存在远程侵入 Google 桌面的危险，甚至整个用户电脑系统可能被控制。

7.2.4　服务故障或中断

Google 在过去的时间里经历过数次服务故障。其中重大故障有：2008 年 8 月 7 日 Gmail 和 GoogleApps 服务中断；2009 年 3 月 9 日 Gmail 服务中断；2009 年 5 月 14 日 Google 网络中断；2009 年 5 月 18 日 Google News 服务中断；2009 年 9 月 1 日 Gmail 服务中断；2009 年 9 月 22 日 Google News 服务中断；2009 年 9 月 24 日 Gmail 服务中断。

2008 年 7 月 20 日，亚马逊简单存储服务宕机超过 6 h，亚马逊 S3 服务故障导致依赖于这一服务的网站被迫瘫痪。SmugMug 网站存储在 S3 服务中大量的照片和视频都无法访问。

2009 年 7 月 20 日，亚马逊 EC2 等 6 款云计算服务出现故障，首先是发现了数据分组丢失增多，随后该问题扩展至整个美国东一区。在此期间，有许多用户无法访问亚马逊网站主页。在这之前，亚马逊云计算服务曾于 2008 年 2 月、2007 年 10 月和 2009 年 6 月都出现过大范围的故障。

2009 年 3 月 17 日，微软的云计算平台 Azure 宕机 22 h。Azure 服务中断是由于操作系统升级时出现故障，该故障导致 Windows Azure 的部署服务减缓，大量服务器出现超时和中断。尽管当时该平台处于测试期，只是对测试客户产生了影响，但 Azure 平台宕机可能引发微软客户对该云计算服务平台的安全担忧，也暴露了云计算的一个巨大隐患。

2009 年 2 月，Google 的 Gmail 电子邮箱爆发全球性故障，服务终端宕机长达 4 h，影响范围从英国到南美洲巴拉圭、再到太平洋岛国萨摩亚和澳洲。故障期间，全球 Gmail 用户输入账户名和密码登录邮箱，计算机上就会出现 502 服务器错误（502 server error）信息：服务器遇到临时性错误，所以无法完成您的要求，请于 30 s 内重试。Google 给出事故的原因为：位于欧洲的数据中心进行例行性维护时，一些新的程序代码出现问题导致欧洲另一个数据中心过载，从而产生连锁效应波及其他数据中心接口，最终引发全球性故障。

2009 年 6 月，Rackspace 遭受了严重的云服务中断故障，并引发了供电设备跳闸、备份发电机失效、不少机架上的服务器停机等一系列现象，造成了严重后果。同年 11 月，Rackspace 又一次发生重大的服务中断。

2009 年 7 月 3 日，Google App Engine 曾发生故障，持续 6 h，Google App Engine 遭遇数据仓库操作延迟增加、错误率上升等故障。2010 年 2 月 25 日，Google App Engine（谷歌应用引擎）由于备份数据中心发生故障而导致宕机。

2010 年 1 月，Salesforce. com 出现至少 1 h 的宕机，几万名用户受到影响。引发这次服务较长时间中断的原因是由于 Salesforce. com 自身数据中心的“系统性错误”，包括备份在内的全部服务发生了短暂瘫痪的情况。

2010 年 3 月，VMware 的合作伙伴 Terremark 发生了 7 h 的停机事件，导致很多用户的自身服务瘫痪。对于事故原因，Terremark 官方解释是：Terremark 失去连接导致迈阿密数据中心的 vCloud Express 服务中断。此次停机事件，引发许多客户对其企业级 vCloud Express 服务的怀疑。

2010 年 6 月，Intuit 的在线记账和开发服务经历了大崩溃，包括 Intuit 自身主页在内的线上产品近两天内都处于瘫痪状态。经过大约一个月时间，Intuit 的 QuickBooks 在线服务因停电导致瘫痪。虽然仅仅持续了几个小时，但两次宕机事件距离之近还是引起了人们的关注。

2011 年 4 月 22 日，亚马逊位于弗吉尼亚州的云数据中心服务器出现大面积宕机，导致回答服务 Quora、新闻服务 Reddit、Hootsuite、位置跟踪服务 FourSquare 和为网络出版商提供游戏工具的 BigDoor 瘫痪。这次故障持续了 4 d，被认为是亚马逊史上最严重的云计算安全事件。

2011 年 5 月 13 日，微软云计算交换在线（Microsoft Exchange Online）服务出现故障，导致用户邮件信息延迟 3～9 h 发送。2011 年 6 月，在微软发布 Office365 前一周，微软 BPOS 云托管套件服务再次中断 3 h，微软在北美的用户都受到影响。

2011 年 7 月 15 日，谷歌应用引擎 Java 服务出现故障，宕机超过 1 h，故障原因是基于云计算应用程序转到网络上时出现了问题。

2011 年 8 月 9 日，亚马逊云服务故障约 1 h，此次故障影响到 Netflix、Foursquare、维珍美国航空公司（Virgin America）和其他几家网站。

7.3　云计算安全体系

传统的 IT 系统中和云计算都面临着各种安全挑战及风险，对于云计算环境而言表现得更为明显。云计算应用安全体系的主要目标是实现云计算应用及数据的机密性、完整性、可用性和隐私性等。

这里对云计算应用安全体系的阐述分析重点是从云计算安全模块和支撑性基础设施建设这两个角度进行的，其中支撑性基础设施是各种云计算应用模式的共同关注点，其技术具有一定的通用性。通过在各层次、各技术框架区域中实施保障机制，能够最大限度地降低安全风险，保障云计算应用及用户数据的安全。如图 7-1 所示为云计算安全体系。

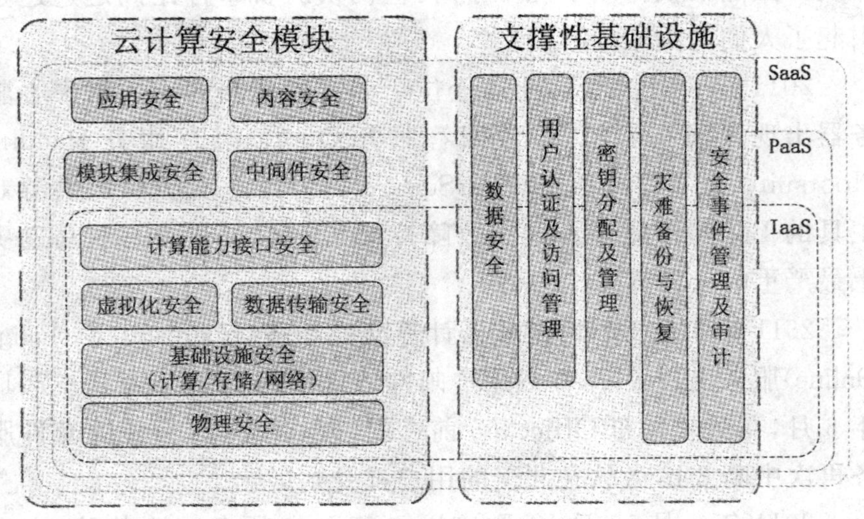

图 7-1 云计算安全体系

7.3.1 云计算安全模块

1. 物理安全

机房环境、通信线路、设备、电源等都属于物理安全的范畴。它的目的是保护数据中心的网络设备、存储设备和计算设备等免遭地震、洪水、火灾等环境事故、人为操作失误或各种非法行为所导致的破坏。物理安全是整个云计算数据中心安全运作的前提，可以通过 CCTV(闭路监控电视系统)、安全制度、辐射防护、屏幕口令保护、隐藏销毁、状态检测、报警确认等安全措施实施保护。

2. 基础设施安全(计算/存储/网络)

服务器系统安全、网络管理系统安全、域名系统安全、网络路由系统安全、局域网和 VLAN 配置等都属于基础设施安全的范畴。可以通过安全冗余设计、漏洞扫描与加固、IPS/IDS、DNSSec

等安全措施来实施保护。

此外，由于云计算环境的业务具有持续性，在部署设备的时候还必须要考虑到高可靠性的支持，诸如双机热备、配置同步、链路捆绑聚合及硬件 Bypass 等特性，从而实现大流量汇聚情况下的基础安全防护。

3. 虚拟化安全

虚拟化安全涉及两个层面：一是虚拟技术本身的安全，二是虚拟化引入的新的安全问题。虚拟机（VM）技术是一种最为常见的虚拟技术，需考虑 VM 内的进程保护，此外还有 Hypervisor 和其他管理模块这些新的攻击层面。可以通过虚拟镜像文件的加密存储和完整性检查、VM 的隔离和加固、VM 访问控制、虚拟化脆弱性检查、VM 进程监控、VM 的安全迁移等安全措施来实施防护。

4. 数据传输安全

在云计算环境下，有网络传输和物流传输两种数据传输方式。根据数据传输时间的不同可以采用不同的传输方式。物流传输的方式更适合于超大型数据中心的迁移，这样有利于节省成本。

此外，对于不同的传输方式可以有不同的安全措施。对于网络传输，可以充分利用现有网络安全技术的技术成果；对于物流传输，可以制定一系列完善的管理制度办法。

5. 计算能力接口安全

IaaS 提供服务的理想状态是向用户提供一系列的 API，允许用户管理基础设施资源，并进行其他形式的交互。需注意避免利用接口对内和对外攻击以及进行云服务的滥用等非法行为。可以通过对用户进行加强身份认证、加强访问控制等安全措施实施保护。

6. 模块集成安全

云计算中不同功能模块的集成存在很大困难。XML 也许是把数据从一个基于 Web 的系统移到另一个类似系统的最简单方法，但是在云计算环境下，将不得不整合 Web 系统和非 Web 系统，而且是在云计算系统和内部系统混合的环境下进行整合。这也从另一个角度说明了模块集成安全评估存在一定程度上的困难。对于某功能模块，用户可以尝试使用不同的 API，并进行大量的测试工作，保证应用相应的速度和流畅性。

7. 中间件安全

云计算的出现使得同一应用可在 PC、智能手机、平板电脑等多个终端实现，并且还将带来更多的智能终端实现业务或应用的无缝体验。由于不同类型的智能终端具有不同的操作系统，为此需要采用针对不同操作系统环境下的中间件来保证业务的一致性，中间件的安全问题是非常重要的。可以采用数据加密技术、身份认证技术等安全措施来实施保护。

8. 应用安全

在云计算中，对于应用安全，尤其需要注意的是 Web 应用的安全。因为云计算的应用主要是通过 Web 浏览器实现的。要保证 SaaS 的应用安全，需要在应用的设计开发之初就制定并遵循适合 SaaS 模式的安全开发生命周期（Security Development Lifecycle，SDL）规范和流程，从整个生命周期上去考虑应用安全。可以采用访问控制、配置加固、部署应用层防火墙等安全措施来实施保护。

9. 内容安全

在云计算环境中，用户的应用数据将主要存储于云计算的数据中心。一般，云计算系统支持对用户数据进行加密以保证数据安全，而由于各国的信息安全法律法规具有差异化，特定情况下，有些国家的政府有权依据特定程序对其国内的数据中心进行内容审计，上述两者之间形成一定的矛盾，从而在客观上加大了内容审计的难度。目前，还需要对加密数据的检索技术进行进一步研究，来加强云计算的内容安全。

7.3.2 支撑性基础设施

1. 数据安全

数据安全就是要保障数据的保密性、完整性、可用性、真实性、授权、认证和不可抵赖性。可以采用对不同的用户数据进行虚拟化的逻辑隔离、使用身份认证及访问管理技术等安全措施来实施保护。

2. 用户认证及访问管理

用户认证及访问是保证云计算安全运行的关键所在。自动化管理用户账号、用户自助式服务、认证、访问控制、单点登录、职权分离、数据保护、特权用户管理、数据防丢失保护措施与合规报告等一些传统的用户认证及访问管理范畴直接影响着云计算的各种应用模式。

3. 密钥分配及管理

密钥分配及管理提供了对受保护资源的访问控制。加密是云计算各种应用模式中保护数据的核心机制，而密钥分配及管理的安全是数据保密的脆弱点。

4. 灾难备份与恢复

在各种应用模式中，云计算提供商必须确保具备一定的能力，即提供持续服务的能力，它是指在出现诸如火灾、长时间停电以及网络故障等一些严重不可抗拒的灾难时，服务不中断。

此外，业界达成普遍共识，即有时候甚至还需要具备一种服务迁移能力，它是指当需要更换云计算提供商时，原提供商需提供业务迁移办法，维持用户的业务不中断。

5. 安全事件管理及审计

在云计算的各种应用模式中，为了能够更好地监测、发现、评估安全事件，并且做到对安全事件及时有效地做出响应，需要对安全事件进行集中管理，从而预防类似安全事件的多次发生。

7.4 云安全关键技术

7.4.1 数据安全

针对数据安全的解决方案通常是数据加密和访问控制机制。采用更加有效的完整性验证算法是保证数据完整性的重点。副本技术则是解决数据可用性的常用手段。在数据隔离保护中，解决方案主要有数据隔离、访问控制机制和数据安全保护机制等。

云数据中心内部管理员的特权模式对用户数据隐私造成严重威胁。为防止提供商对用户数据的错误使用，需要采用符合云计算环境的特殊加密和管理方式。

目前，如何做好数据的隔离和保密仍然是一个很大的问题，这些技术在云计算平台下如何发挥作用，是否像在传统环境下那样有效仍然有待进一步研究。

7.4.2 虚拟化安全

虚拟化是构建云计算环境的关键，使用虚拟技术的云计算平台上的云架构提供者必须向其客户提供安全性和隔离保证。对某个 Hypervisor 的攻击可以波及其所支撑的所有虚拟机,威胁云计算环境的安全。具体来说,服务器虚拟化、存储虚拟化和网络虚拟化的安全问题对云计算系统安全来说至关重要。

实现服务器虚拟化的安全,就要建立包括虚拟机安全隔离、访问控制、恶意虚拟机防护和虚拟机资源限制等在内的安全保护体系,并不断完善。

保障存储虚拟化安全,需要提供设备冗余功能和数据存储的冗余保护。

对于虚拟化网络,则需要采用合理按需划分虚拟组、控制数据的双向流量、设置安全访问控制策略等手段来构建虚拟化网络安全防护体系。

7.4.3　网络安全

随着信息技术的发展和网络的迅速传播,网络安全威胁问题一直在增加,但是网络安全技术也在不断被改善。常用的网络安全技术有以下几种。

1. 安全套接层

安全套接层(SSL)是在传输通信协议 TCP/IP 上实现的一种安全协议,采用公开密钥技术,支持服务通过网络进行通信而不损害安全性。它在客户端和服务器之间创建一个安全连接,然后通过该连接安全地发送任意数据量。

SSL 广泛支持各种类型的网络,同时提供三种基本的安全服务,它们都使用公开密钥技术。

2. 虚拟专业网络

虚拟专业网络(VPN)被普遍定义为通过一个公用互联网络建立一个临时的且安全的连接,是一条穿过混乱的公用网络的安全、稳定隧道,使用这条隧道可以对数据进行几倍加密以达到安全使用互联网的目的。

VPN 可分为两部分:隧道技术和加密技术。隧道技术意味着从开始节点到结束节点,发送和接收数据是通过一个虚拟隧道,这个隧道不受外网的影响。

7.4.4 加密与密钥管理

采用数据加密技术实现用户信息在云计算共享环境下的安全存储与安全隔离,而加密算法的健壮性更依赖于良好的密钥管理技术。采用适当的数据加密算法可以防止用户数据被偷窃、攻击和篡改。同时,密钥管理也是实现用户身份鉴别与认证的前提。

7.4.5 身份认证与访问管理

主要关注用户身份的管理和通过相应的目录服务来提供授权管理、分级权限控制。企业用户在将 IT 业务迁移到云计算时,需要考虑如何将已有的身份认证与访问管理技术迁移到云计算平台中。例如,用户账号的发放和回收、认证联合等。

此外,值得注意的是,云计算给传统数字密码学理论提出了重大的挑战,过去许多认为不可行的攻击方式,在云计算的环境下需要重新评估。同时,云计算所带来的网络接入宽带化、终端智能化浪潮,也给基于生物特征的身份识别技术带来了新的发展契机。

7.4.6 访问控制

访问控制技术包括安全登录技术和权限控制技术。对于安全登录,仍未有较为完善的解决办法,用户可通过自身的安全性来进行防范,如安装杀毒软件。对于权限控制,一方面应防范由系统漏洞带来的访问权限越界问题;另一方面应注意系统维护人员的访问策略,可采用由系统管理账号、密码和权限,存储到数据库中的机密信息全部采用密文保存,即便系统管理人员也无法得到原文,密钥可由用户掌握。

在云计算环境中,各个云应用属于不同的安全管理域,每个安全域都管理着本地的资源和用户。当用户跨域访问资源时,需在域边界设置认证服务,对访问共享资源的用户进行统一的身份认证管理。在跨多个域的资源访问中,各域都有自己的访问控制策略,在进行资源共享和保护时必须对共享资源制定一个公共的、双方都认同的访问控制策略,因此,需要支持策略的合成。

7.4.7 用户隔离

用户隔离技术最早出现在如防范病毒等领域,为了使用户程序安全运行,引入了“沙箱”技术,使程序运行在一个隔离的环境中,并不影响本地系统。沙箱技术最早出现在Java中,用来存放临时来自网络的数据和信息,即当网络会话结束后,服务器端保存的数据和信息也会被清除,从而有效地降低外来数据对本地系统的影响。沙箱只能暂时地保存外来信息,从而有效地隔离外来数据。这种方法对用户程序的限制在于它只能使用有限的文档和数据。

随着不同类别的云计算平台的推出,给用户提供各种各样的应用服务、计算服务和存储服务等,每个用户都有不同的需求,每个应用程序都需要存储数据和计算服务,那么保证这些应用服务的运行和数据的存储,以及计算服务之间不会发生数据冲突的常用技术之一就是隔离机制,不同的层次采用不同的隔离机制。

7.4.8 灾难备份与恢复

灾难恢复不仅包含从影响整个数据中心的自然灾难中恢复,

也包含从可能影响单个系统的事件中恢复。在云计算环境中，灾难恢复的定义与传统环境中的没有区别，同样需要决定一些内容，如可容忍的最大宕机时间、可容忍的最大数据损失等。在云计算环境中，虚拟化存储以典型的离散方式存放文件，因此，灾难恢复可以有更简单的流程、更大的资源便携性及更短的恢复时间。

7.4.9 安全审计

目前对安全审计这个概念的理解还不统一。概括地说，安全审计是采用数据挖掘和数据仓库技术，实现在不同网络环境中对终端的监控和管理，在必要时通过多种途径向管理员发出警告或自动采取排错措施，能对历史数据进行分析、处理和追踪。

例如，1999 年 12 月，国际标准化组织和国际电工委员会正式颁布发行《信息技术安全性评估通用准则 2.0 版》(ISO/IEC 15408)，对安全审计定义了一套完整的功能，如安全审计自动响应、安全审计事件生成、安全审计分析、安全审计浏览、安全审计事件存储以及安全审计事件选择等。

7.5 云安全管理

7.5.1 云安全管理的标准框架

云计算是架构在传统的软硬件等基础设施上的一种新型的服务交互和使用模式，因此云计算除了面临传统 IT 架构下会出现的一些安全风险外，还面临着包括政策法规在内的一些新的安全风险。传统的、单一的信息系统安全管理框架已经不能满足云安全管理的需求，云安全管理的框架必须综合考虑 ITSM、法律等多种因素，融合多类框架，如图 7-2 所示。

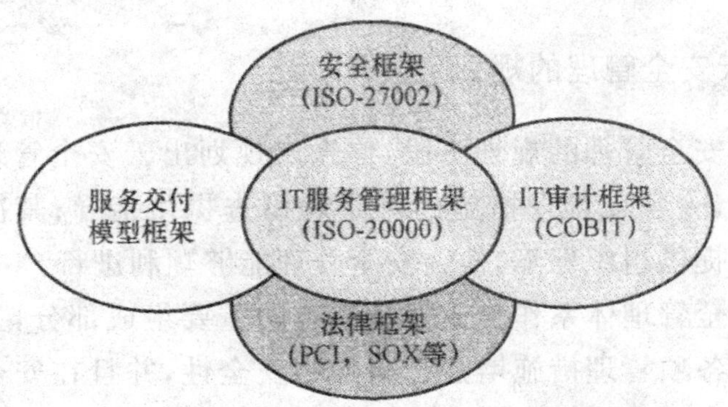

图 7-2　云安全管理的标准框架

7.5.2　云安全管理的流程

云安全管理作为保障云安全中的重要一环，需要在充分参照信息安全管理体系的基础上，结合云计算自身的特点以及云计算中部署的各项安全技术，构建出云安全管理的流程，有层次、有针对性地部署安全管理措施，形成一个完整的、切实有效的云安全管理体系。

管理学中的"PDCA"循环适用于所有 ISMS 过程。PDCA 是"Plan""Design""Check"和"Action"这四个英文单词的首字母组合，PDCA 循环就是按照"规划—实施—检查—处理"的顺序进行产品、服务等的质量管理，并且循环不止地进行下去的科学程序。适用于 ISMS 过程的 PDCA 模式如图 7-3 所示。

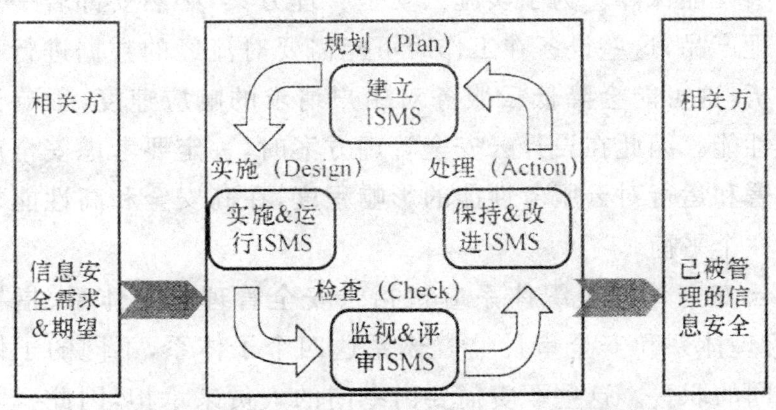

图 7-3　适用于 ISMS 过程的 PDOA 模式

1. 云安全管理的规划阶段

在云安全管理的规划阶段，首先要规划出云安全管理体系的整体目标，为各项管理措施的制定和检查提供指导；其次要为云安全管理提供组织保障，使云安全管理能够顺利进行。

云安全管理体系作为云安全体系的重要组成部分，主要目标就是通过各项管理措施增强云服务的安全性，并且在安全性和性能之间达到平衡，如图 7-4 所示。

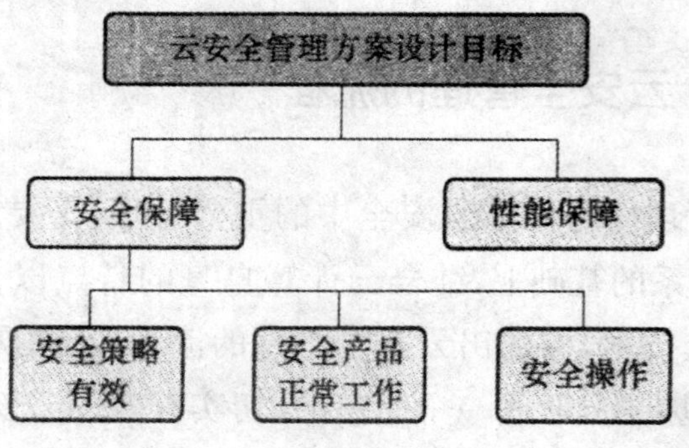

图 7-4　云安全管理方案设计目标

①安全保障。云安全管理体系需要通过实施各项管理措施，保障安全技术的有效性、安全产品的可用性以及人为操作的合规合法性，从而保障云计算安全。

②性能保障。为了实施云安全管理方案，必然要部署一些安全管理产品，这些设备在工作时可能需要对流经的数据进行捕获和分析，这可能会降低云服务对用户请求的响应速度，影响云服务的性能。因此在设计云安全管理方案时，一定要考虑安全产品的部署和运行对云服务性能的影响程度，在高安全和高性能之间达到一个平衡。

云安全管理组织体系应包括云安全管理领导体系、指导体系、管理体系和安全审计监督体系这四个子体系，不同的子体系有不同的职责。这些职责需要由专门的人员来承担，因此云安全管理组织体系和云安全管理人员体系相对应，二者的每个子体系也一一对应，如图 7-5 所示。

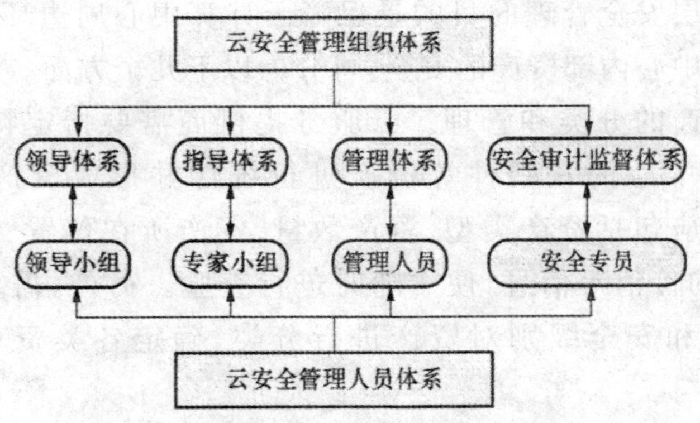

图 7-5　云安全管理组织保障

2. 云安全管理的实施阶段

在云安全管理的实施阶段，需要建立起云安全管理体系的基本框架，明确应该从哪些方面部署云安全管理措施。由于云安全技术和云安全管理是云安全体系的两大组成部分，二者相辅相成、不可分割，因此云安全管理体系可依照云安全技术体系进行构建，如图 7-6 所示。

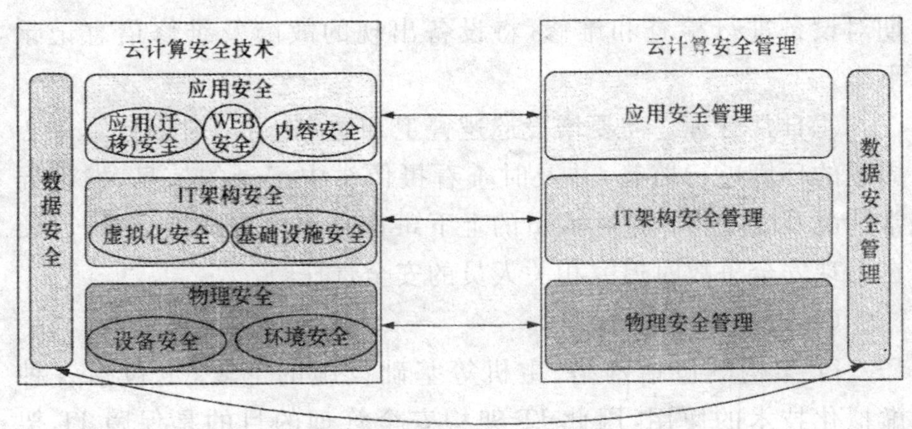

图 7-6　云安全管理方案的总体架构

云安全管理体系按照自底向上的顺序，可分为三层：物理安全管理、IT 架构安全管理和应用安全管理。

(1)物理安全管理

物理层安全管理的目的是保障云计算中心周边环境的安全及云计算中心内部资产的安全,可分为以下几个方面。

①资产的分类和管理。云服务提供商需要指定特定人员,对云计算中心的软硬件等资产进行统计并形成资产清单,资产清单中应包括资产类型、资产数量、资产所在位置、许可证信息、资产的价值等信息,便于随时进行查验。另外,需要根据资产的价值和安全级别对资产进行分类,确定各类资产的保护级别。

②安全区域管理。对存储及处理敏感信息的区域,需要部署适当的访问控制措施,以确保只有授权的人员才能进入这些区域,且要对访问者的姓名、进入和离开安全区域的时间进行记录,要有相关人员监督访问者在安全区域进行的所有操作,使用摄像头对各种行为进行监控等。

③设备管理。首先要保护设备不被窃取,并采取一定的保护和控制措施,将火灾、爆炸、烟雾、水电故障等事故对设备性能的影响降到最低。要重点保护存储和处理敏感信息的设备,采取访问控制措施来防止非授权访问导致的敏感信息泄露。另外,要定期对设备进行检查和维修,将设备出现的故障及维修信息记录下来。

④日常管理。需要增设巡逻警卫和看守人员,对云计算中心周围的环境进行监管,并及时查看摄像头中记录的信息,发现异常情况及时上报。这些人员的上下班信息也应有详细记录,以便在出现安全事故时追究相关人员的安全责任。

(2)IT 架构安全管理

IT 架构既包括网络、主机等基础设施的部署,也包括各种虚拟化技术的使用,因此 IT 架构安全管理的目的是保障 IT 架构中基础设施的正常工作以及虚拟化平台的安全,如图 7-7 所示。

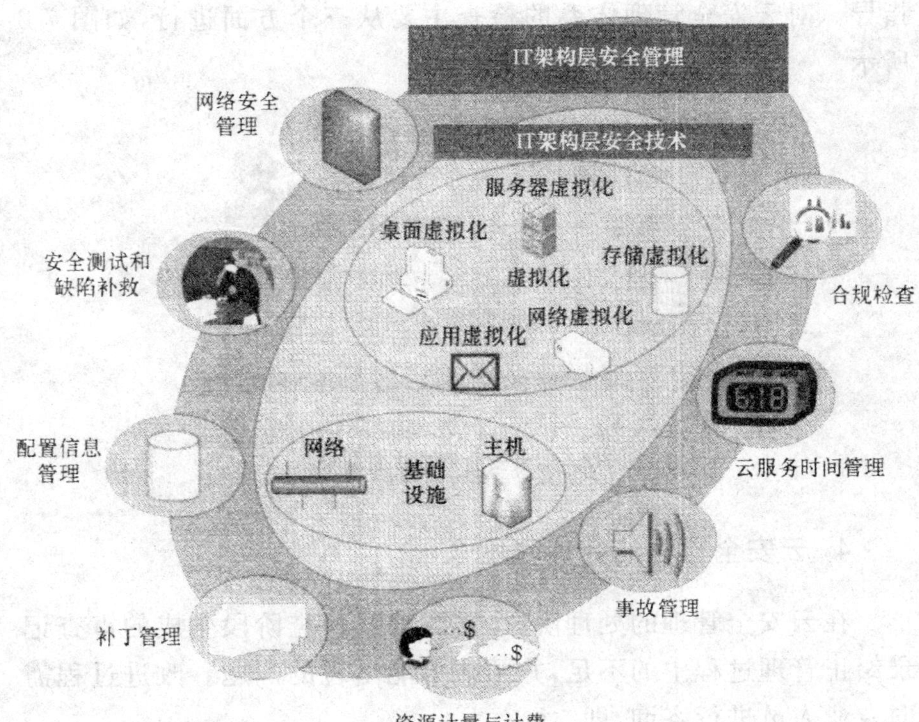

图 7-7　IT 架构安全管理

(3)应用安全管理

应用安全管理处于云安全管理体系的最顶层,云用户在通过身份认证之后,以相应的权限来访问和使用云服务平台中的各种应用,因此应用安全管理的主要目标是对用户的身份和权限进行管理,防止非授权的访问和操作,并防止不良信息的流传。为达成该目标,可从身份管理、权限管理、策略管理和内容管理这四个方面部署管理措施。

3. 云安全管理的检查阶段

在云安全管理的检查阶段,需要对云安全管理体系的各个方面进行审查,以评估云安全管理的各项措施是否有效,云安全管理方案是否全面合理,发现可能影响云安全的措施和事件。审查过程和结果需要有详细的记录,以便为改进云安全管理体系提供指导。对云安全管理体系的检查主要从三个方面进行，如图 7-8 所示。

图 7-8 对云安全管理体系的检查

4. 云安全管理的处理阶段

在云安全管理的处理阶段，需要根据检查阶段生成的审查记录纠正管理过程中的不足，并预防可能出现的问题。改进过程需向专业人员进行咨询，即

①如果云安全管理体系不符合法律法规的要求，则需要咨询有经验的法律顾问或合格的法律从业人员，获取改进建议。

②如果不符合相关标准的要求，则需要向专门从事该标准研究工作的研究人员进行咨询。

③如果管理措施存在不足，则需要咨询安全管理人员或信息安全领域有经验的技术人员，根据他们的建议来改进或增加管理措施。

另外，该阶段做出的所有改进措施都应有详细的记录，且该记录需要和审查记录一一对应，以便于核实改进措施是否有效。

7.5.3 云安全管理的重点领域分析

1. 全局安全策略管理

安全策略是一个单位或组织机构用来对该单位或组织机构

的所有资产的管理、保护、分配和使用进行控制的规则、指令和实践。安全策略是有效实施安全防御机制的基础，如果在没有创建安全策略、标准、指南和流程等安全防御基础的情况下制定了技术解决方案，则往往会导致安全控制机制目标不集中，效率不高。

为了确保安全策略的正确执行，每个云安全管理人员都需要了解安全策略、参与安全策略制定过程、接受关于安全策略的系统培训。安全策略的管理要注重安全策略的制定和安全策略的执行这两个方面。在制定安全策略时，需要根据法律标准的相关规定、安全需求、安全威胁来源和云服务提供商的管理能力来定义安全对象、安全状态及应对方法；要特别注意安全策略的一致性和协作性，策略之间不能相互冲突，否则会导致策略失效。另外，要进行安全策略的生命周期管理，随着技术的发展、时间的推移，安全策略要不断地进行更新和调整，保证安全策略的有效性。

云安全管理涉及许多方面，需要云安全管理的领域必然需要安全策略的支持，因此对云安全策略的管理也应从全局出发、面面俱到。云计算全局安全策略管理如图7-9所示。

2. 网络安全管理

云服务中的通信网络由以下两部分组成：

①云服务平台内部的通信网络。云服务平台内部的通信网络应纳入云安全管理体系中进行实时地、统一地管理。

②云服务平台和外部环境之间的通信网络。云服务平台和外部环境之间的通信网络不在云服务提供商的控制范围内，因此云服务提供商需通过访问控制、在网络接口处部署网络安全设备等措施来防止来自外部网络的非授权访问、恶意攻击等不法行为。

云平台中的网络安全管理需要侧重于对网络安全要素进行管理，在诸多网络安全要素中，网络安全策略、网络安全配置、网络安全事件和网络安全事故这四个要素最为关键。

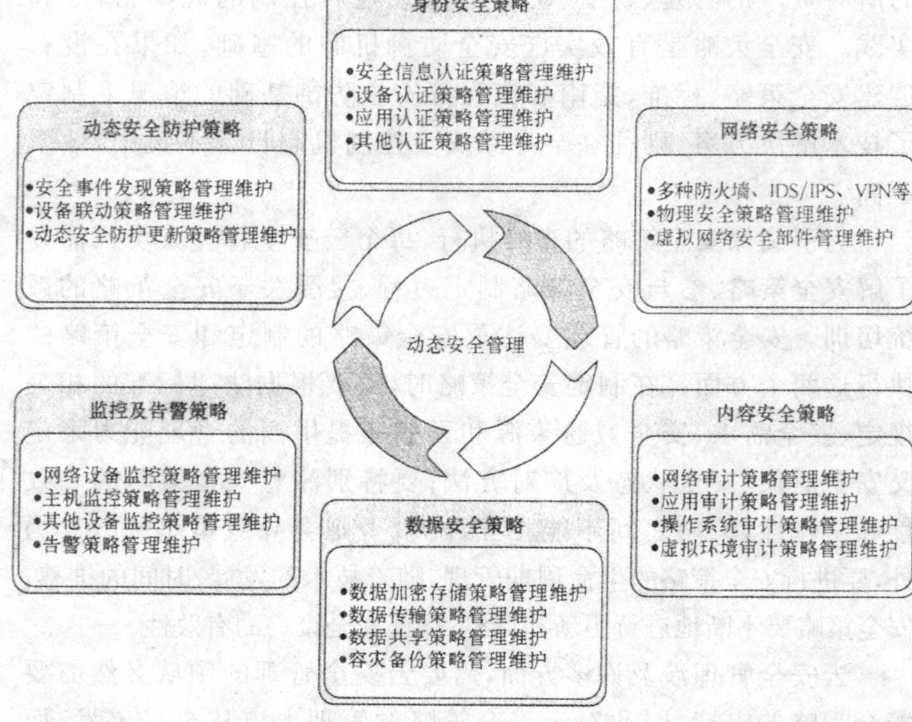

图 7-9　云计算全局安全策略管理

云平台中的网络安全管理要依赖于大量的防火墙、IDS/IPS、VPN 系统等网络安全设备来进行，但由于这些设备来自不同的厂商，没有统一的标准接口，无法进行信息交流，安全设备之间无法实现协作，不能形成安全联动机制，不能提供统一的预警、自动响应等功能，这极大地降低了网络安全管理的效果。因此网络安全管理员需要建立一个规范的网络安全管理平台，对各种安全设备进行统一管理，如图 7-10 所示。

3. 安全监控与告警

安全监控是一种保障信息安全的有效机制。在云安全管理中，安全监控与告警涉及云服务平台的各个层面，如图 7-11 所示。

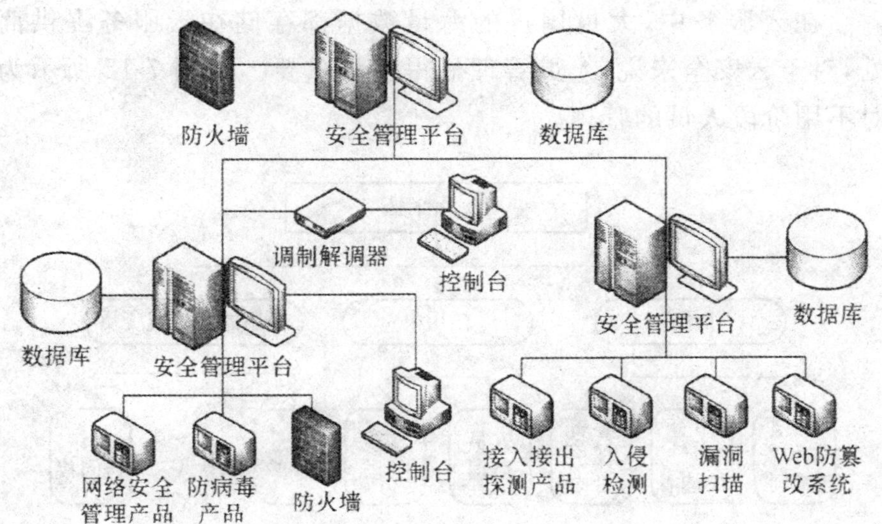

图 7-10 网络安全管理

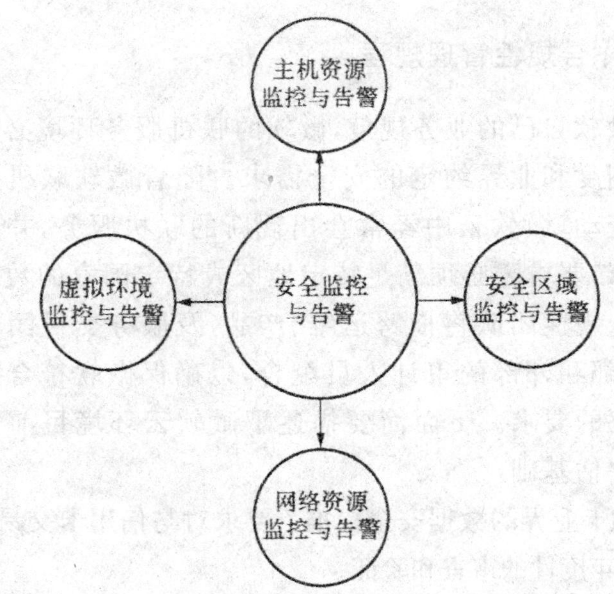

图 7-11 安全监控与告警

4. 人员管理

信息安全人员对于一个企业的信息安全来说非常关键,某些情况下会造成重大威胁。从保障信息安全的角度来说,任何企业中的人员管理都是不可忽视的一项重要工作。

在云服务中,大量用户的海量数据都存储在云服务提供商处,对于云安全来说,人员管理显得更加重要。如图 7-12 所示为对不用阶段人员的管理。

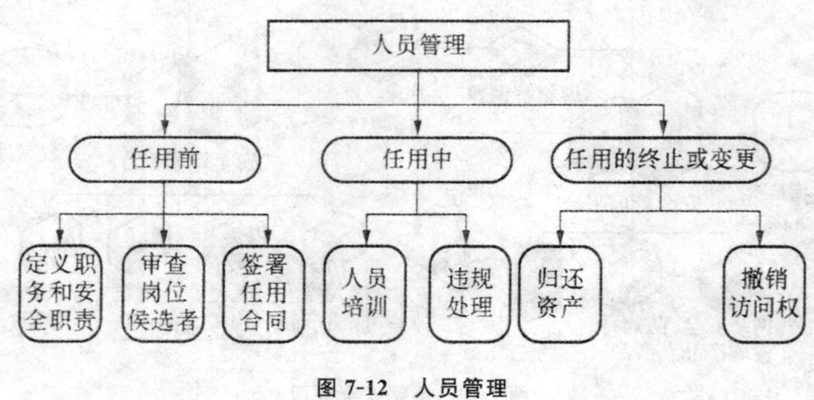

图 7-12 人员管理

5. 操作合规性管理规程

除了微软自己的业务规范,微软的联机服务环境必须满足不同的政府制度和业界约定的安全需求。随着微软联机业务的持续增长和变动,微软云中经常会出现新的联机服务,并且会出现额外的需求,要求云必须满足特定地区或特定国家的数据安全标准。操作合规性团队将横跨运维、产品,及服务交付团队展开工作,并与内部和外部的审计人员配合,以确保微软符合相关标准和规章制度的要求。下面简要描述了微软云环境目前符合的一些审计和评估基础。

①金融卡业界的数据安全标准。要求对与信用卡交易有关的安全控制进行年度性的审查和验证。

②媒体分级委员会。与广告系统数据的生成和处理的完整性有关。

③萨班斯奥克斯利法案。对所选系统进行年度审计,以验证与财务报表完整性有关的关键流程的合规性。

④健康保险可携带性和责任法案。为医疗档案的电子化存储指定隐私、安全,及灾难恢复指导。

⑤内部审计和隐私评估。在特定年份的全年进行评估。

要满足上述所有审计义务，对于微软来说是一个巨大的挑战。通过详细了解相关需求，微软发现很多审计和评估都要求对相同的运维控制和流程进行评估。因此这是一次重大的机遇，可减少冗余的工作，让整个流程更合理，并用更全面的方式前瞻性地管理合规性方面的预期结果。随后OSSC制定了全面的合规性框架。该框架和相关的流程完全基于一种分为五个步骤的方法，这些步骤如图7-13所示。

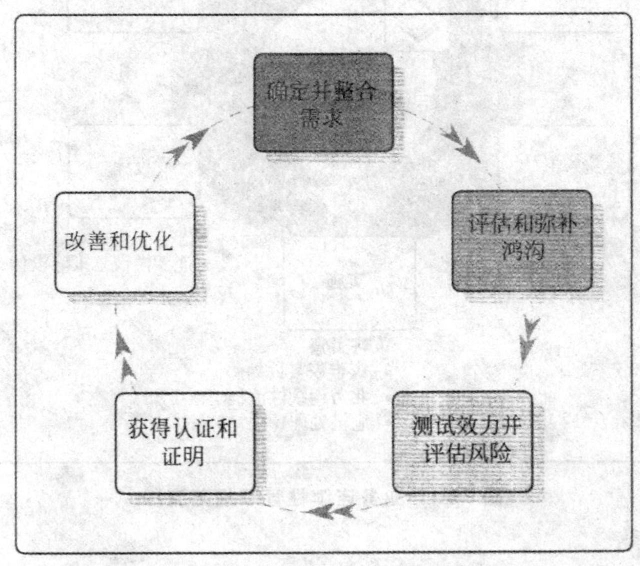

图7-13 全面的合规性框架流程

6. 业务连续性管理规程

很多考虑使用云应用的组织都在问有关服务可用性和弹性的问题。在云环境中托管应用程序并存储数据，这种做法可提供全新的服务可用性及弹性选项，以及数据的备份和还原选项。业务连续性管理规程使用业界领先的实践创建并采纳这一领域的能力，以解决微软云环境中新发布的应用程序的相关问题。

要了解所有资源，即人员、设备以及系统，往往需要执行某项任务或流程，这对于发生灾难后相关规划的创建工作是至关重要的。若遭受损失，则最大的风险就是规划的复查、维护，以及测试工作方面遇到问题，因此该规程并不仅仅是简单地进行数据的还原。业务连续性管理规范流程如图 7-14 所示。

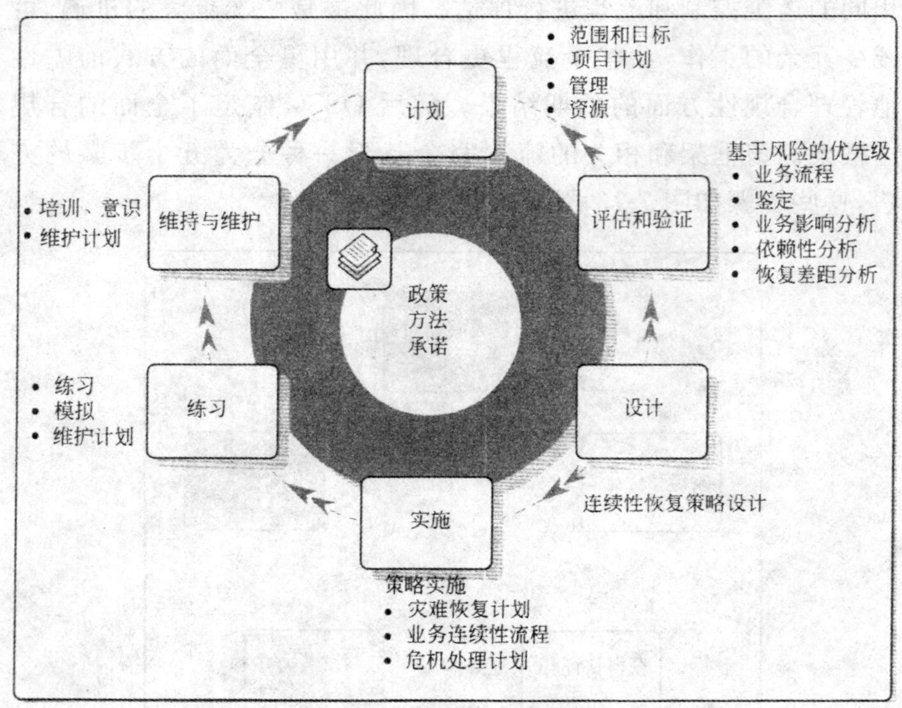

图 7-14　业务连续性管理规范流程

7.6　云安全标准及安全评估

7.6.1　云安全标准

传统信息系统开展安全工作、落实等级保护制度方面的等级保护标准体系比较成熟及相关技术、管理和产品标准作为指导和支撑。因此，云安全平台的构建，确保云计算信息系统安全方面，也需要在借鉴等级保护标准体系基础上，实现云平台安全标准体系的构建，以便云安全标准研究的展开。

1. 传统信息系统的安全标准

多年来，在有关部门的支持下，以及国内有关专家、企业的共同努力下，全国信息安全标准化技术委员会和公安部信息安全标准化技术委员会组织制定了信息安全等级保护工作需要的一系列标准，比较完善的信息安全等级保护标准体系得以形成，并汇集成《信息安全等级保护标准汇编》供有关单位、部门使用，对信息系统整个生命周期过程中的安全技术和安全管理工作进行指导和建议。在传统信息系统安全建设整改工作中作用的等级保护有关标准，如图 7-15 所示。

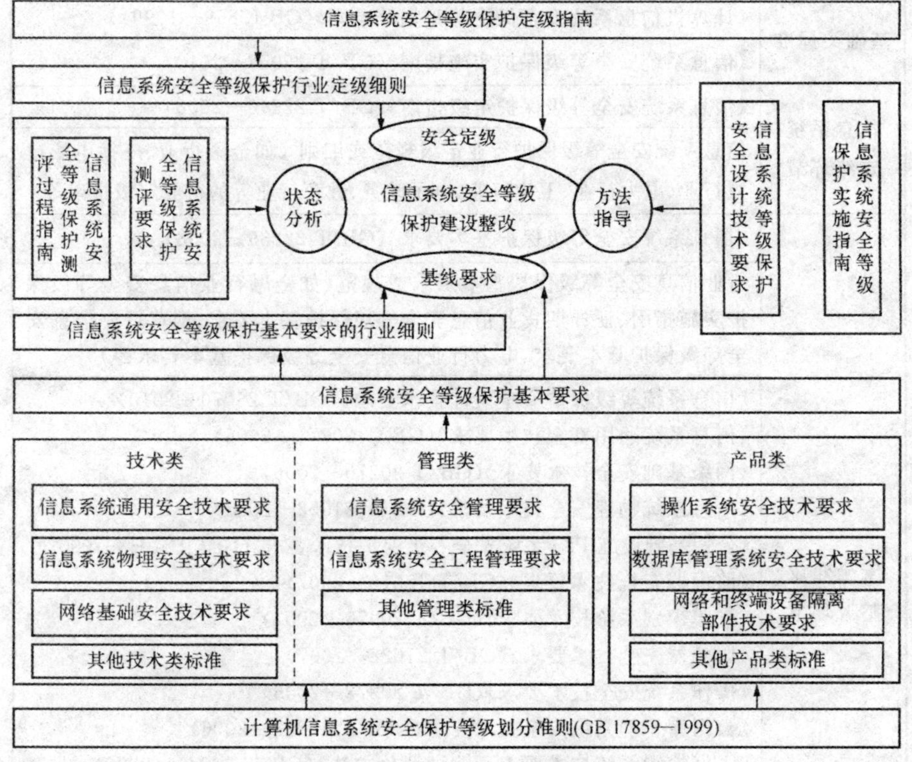

图 7-15　信息安全等级保护相关标准

由等级保护工作过程中所需的所有标准组成了信息安全等级保护标准体系，可以从多个角度对整个标准体系进行分析。从基本分类角度看，可以分为基础类标准、技术类标准、管理类标准;从对象角度看,可以分为基础标准、系统标准、产品标准、安全服务标准和安全事件标准等;从等级保护生命周期看,可以分为通用/基础标准、系统定级用标准、安全建设用标准、等级评估用标准和运行维护用标准等。

《信息安全等级保护管理办法》(公通字[2007]43 号文)中对通过定级、备案、建设整改、等级评估以及监督检查等五个动作落实等级保护制度有了明确规定,完成这些规定动作需遵循的主要安全标准见表 7-3。

表 7-3 等级保护环节可参照的相关标准

等级保护环节	参考标准
基础类标准	《计算机信息系统安全保护等级划分准则》(GB 17859—1999)
	《信息系统安全等级保护实施指南》(GB/T 25058—2010)
信息系统定级环节	《信息系统安全等级保护定级指南》(GB/T 22240—2008)
	信息系统安全等级保护行业定级规范或细则(如金融行业、广播电影电视行业、电力行业、卫生行业、电子政务、教育行业等的行业定级指南等)
安全建设整改环节	《信息系统安全等级保护基本要求》(GB/T 22239—2008)
	行业信息安全等级保护基本要求或规范(如金融行业信息安全等级保护实施指引、证券期货业信息安全等级保护基本要求、烟草行业信息安全等级保护基本要求、电力行业信息安全等级保护基本要求等)
	《信息系统等级保护安全设计技术要求》(GB/T 25070—2010) 《信息系统通用安全技术要求》(GB/T 20271—2006) 《网络基础安全技术要求》(GB/T 20270—2006) 《信息系统物理安全技术要求》(GB/T 21052—2007) 《公钥基础设施 PKI 系统安全等级保护技术要求》(GB/T 21053—2007) 《路由器安全技术要求》(GB/T 18018—2007) 《虹膜识别系统技术要求》(GB/T 20979—2007) 《服务器安全技术要求》(GB/T 21028—2007) 《操作系统安全技术要求》(GB/T 20272—2006) 《数据库管理系统安全技术要求》(GB/T 20273—2006) 《入侵检测系统技术要求和测试评价方法》(GB/T 20275—2006) 《网络脆弱性扫描产品技术要求》(GB/T 20278—2006) 《网络和终端设备隔离部件安全技术要求》(GB/T 20279—2006) 《防火墙技术要求和测试评价方法》(GB/T 20281—2006) 《包过滤防火墙评估准则》(GB/T 20010—2005) 《信息系统灾备恢复规范》(GB/T 20988—2007)

续　表

等级保护环节	参考标准
安全建设整改环节	《信息系统安全管理要求》(GB/T 20269—2006) 《信息系统安全工程管理要求》(GB/T 20282—2006) 《信息安全事件管理指南》(GB/Z 20985—2007) 《信息安全事件分类分级指南》(GB/Z 20986—2007)
等级评估环节	《信息系统安全等级保护评估要求》(GB/T 28448—2012)
	《信息系统安全等级保护评估过程指南》(GB/T 28449—2012)

(1)基础类标准

在该类标准中,《计算机信息系统安全保护等级划分准则》是等级保护的基础性标准。该标准在系统、科学地分析计算机信息系统安全问题的基础上,能够有效结合我国信息系统建设的实际情况,立足于技术的层面上将计算机信息系统安全保护等级划分为五个级别,从第一级到第五级逐级增强。《信息系统安全等级保护实施指南》对等级保护实施的基本原则进行了阐述,参与角色和信息系统定级、总体安全规划、安全设计与实施、安全运行与维护、信息系统终止等几个阶段中如何按照信息安全等级保护政策、标准要求有效实施保护工作。

(2)信息系统定级环节

在信息系统定级环节中,《信息系统安全等级保护定级指南》对定级的依据、对象、流程和方法以及等级变更等内容进行了详细规定,能够有效指导开展信息系统定级工作。此外,在对行业信息系统进行定级时可参照信息系统安全等级保护行业定级规范或细则,并结合行业特点和信息系统的特殊性对行业定级规范或细则进行制定,如《电力行业信息系统安全等级保护定级工作指导意见》(电监信息[2007]44号)、《中国人民银行关于银行业金融机构信息系统安全等级保护定级的指导意见》(银发[2012]163号)等。

(3)安全建设整改环节

在安全建设整改环节中《信息系统安全等级保护基本要求》的主动地位无法撼动,该标准对等级保护工作中的安全控制选择、安全控制调整、安全控制实施以及安全运维等活动的开展能够提出有效的规范要求，可以在信息系统建设过程中为建设单位和运营、使用单位提供技术指导；在系统建设或者整改结束后为评估机构提供评估依据；还可为职能监管部门的监管工作提供监督检查依据。此外，不同信息系统安全等级保护建设整改过程中具体的措施落地也可以参考行业标准来完成，如 JR/T 0071—2012 金融行业信息系统安全等级保护实施指引，同时国家信息安全相关的技术、管理和产品等相关标准也可以拿来参考。

(4)等级评估环节

在等级保护工作的安全实施和安全运维阶段，《信息系统安全等级保护评估要求》的指导意义不可忽略，对信息系统的等级保护落实情况与信息安全等级保护相关标准要求之间的符合程度进行测试判定。用于指导评估机构开展等级评估活动，指导运营、使用单位及其主管部门对其信息系统安全状况、安全保护制度及措施的落实情况进行自查。《信息系统安全等级保护评估过程指南》对信息系统等级评估的评估过程进行了规定，同时也对等级评估的工作任务、分析方法以及工作产品等提出指导性的建议，为信息系统评估机构、运营使用单位及其主管部门在等级评估和自查过程中能够提供有效参照。

2. 云平台构建的安全标准

为了使得云计算的持续健康发展和等级保护工作在云计算时代顺利推进，国内外等级保护工作组已经将云计算等保工作提上日程。云计算并未完全脱离传统信息系统，所以其安全等保标准的制定和传统信息安全等级保护相关标准脱不了干系；但是云计算在架构、服务模式、部署方式方面都区别于传统信息系统，所以需要根据云计算特点提出新的安全标准或在原标准上进行适用性修订。按照《信息安全等级保护管理办法》(公通字[2007]43 号文)中的规定，云平台等级保护制度可以通过定级、备案、建设整改、等级评估和监督检查等五个动作来落实。

(1)云系统定级环节

在云计算环境下,需要对云计算中心进行定级,使得云计算中心的安全保护等级、安全边界等定级要素确定下来,云计算中心可能运行多个信息系统,“重点保护、适度保护”的等级保护原则也需要在云计算中心的定级原则上得到体现。因此需要出台针对云计算环境下的定级指南,或在《定级指南》的指导下实现云计算行业定级细则的出台。

(2)建设整改环节

目前,无论是政府系统还是各种其他行业系统,《信息系统安全等级保护基本要求》(GB/T 22239—2008)是任何平台的建设都需要满足的。在技术上,需要对云计算环境下物理安全、网络安全、主机安全、应用安全和数据安全五个方面的体系建设进行加强;在管理上,进行安全管理制度、安全管理机构、人员安全管理、系统建设管理以及系统运维管理五个方面的基本管理要求的体系建设。或者可按照《计算机信息系统安全保护等级划分准则》(GB 17859—1999),参照《信息系统等级保护安全设计技术要求》(GB/T 25070—2010)实现在云安全管理中心支持下的云计算环境、云接入边界和云通信网络三重防护体系的构建。或出台针对云计算环境下的《信息技术云计算安全等级保护基本要求》等相关标准,明确在云计算环境下,面对新的威胁需要提出的基本保护要求。

对信息系统基本安全防护的一般性要求即为等级保护,CSA云安全指南是对云计算环境下新的安全特性的指导性要求,把这两方面标准进行结合,作为整体云平台构建的安全体系指导,不仅可以使云平台满足等级保护的相关要求,还能够有效建立全面纵深的安全保障防御体系,使得云计算信息系统整体的安全保护能力得到保证。

(3)等级评估环节

参照《信息系统安全等级保护评估要求》(GB/T 28448—2012)和《信息系统安全等级保护评估过程指南》(GB/T 28449—2012),

或者参照云计算安全等级保护基本要求，出台针对云环境下的信息系统安全等级保护评估要求和评估过程指南，对云计算环境下等级保护工作的安全实施和判定工作进行指导，特别细化针对云计算环境下新安全技术的安全等级评估和判定工作是在云计算环境下进行等级评估的关键。

在云计算安全建设过程中可能遵循的标准如图 7-16 所示。

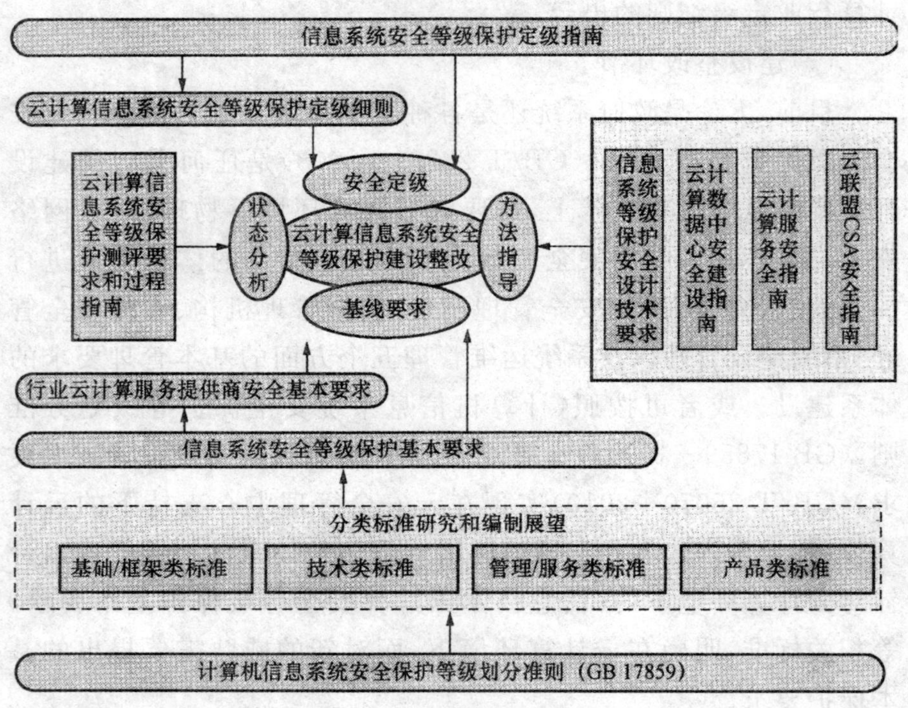

图 7-16 云计算信息安全等级保护相关标准

然而，云计算信息安全标准化是一项长期的系统工程，不是一朝一夕即可完成的，需要有关产品、系统、设施的研发者、建设者、运营管理者共同参与，通过统一领导、统筹规划、各方参与、分工合作来有效进行。在认真做好标准实施的协调和监督工作的基础上，使得我国云计算信息安全标准化体系得到逐步完善，实现我国云计算信息安全产品生产、系统建设和检查评估的标准化、规范化。未来几年可能需要建立或发布的云计算安全相关标准见表 7-4。

表 7-4　云计算安全相关标准展望

类别	参考标准	功能
基础/框架类标准	云安全术语	对云安全中的关键术语进行定义
	云安全框架	明确云安全的基本框架
	云计算信息系统安全等级保护定级细则	明确云计算的定级方法
	云计算数据中心安全建设指南	明确云计算数据中心的安全建设标准
	云计算信息系统安全等级保护实施指南	明确云计算的等级保护实施流程和方法
	政府部门云计算安全指南	明确政府部门云计算的安全指南
	公有云安全指南	明确公有云的安全指南
安全技术类	行业云计算信息系统安全等级保护基本要求	不同行业云计算信息系统的安全等级要求
	云计算安全审计通用数据接口规范	明确通信接口规范
	可信云计算体系架构及软件规范研究	可信云的规范要求
	政府部门云计算服务提供商安全基本要求	为政府部门提供云计算服务的供应商应遵循的安全要求
安全技术类	用于云计算的授权与鉴别机制	云计算的授权与鉴别机制
	云计算数据保护指南	云计算数据保护的技术和方法
	云计算通信安全标准	云计算通信安全
	基于云计算的个人隐私保护框架	云计算中的个人隐私保护方法
	云平台安全配置管理指南	云平台的安全策略配置方法
	云计算安全审计要求	云计算的安全审计要求
	云计算的信息安全持续监控指南	云计算的安全监控技术和方法
	云安全控制措施	云计算安全的主要控制措施
	多租户安全接入规范	规范公有云下多租户的接入安全

续 表

类别	参考标准	功能
管理/服务类	云计算服务安全指南	云计算服务安全规范
	云计算服务安全能力要求	云计算服务安全能力要求
	云安全服务评估规范	云安全服务评估规范
	云安全服务功能及其符合性评估规范	云安全服务功能及其符合性评估规范
	云安全服务质量协商标准	云安全服务质量协商的相关规范
	云安全服务通用要求	云安全服务的通用要求
	云安全服务的资质管理	云安全服务的资质要求
	云安全管理	云安全管理措施
产品类	云操作系统安全检验要求	云操作系统的通用安全功能要求、性能要求以及安全保证要求
	桌面云安全规范	规范桌面的安全使用和配置规范
	云防火墙通用技术要求	规范云防火墙的通用安全功能要求、性能要求以及安全保证要求

7.6.2 云安全评估

1. 云安全评估的实现

云计算信息系统安全评估工作不是凭空而来的，而是建立在传统信息系统安全评估基础上，所以在研究云计算安全评估之前是有必要回顾下传统信息系统的安全评估流程和方法的。然后，在传统信息系统评估基础上，完成基础云计算环境安全性的评估方法、框架及流程的建立。

(1)传统信息系统评估流程和方法

目前，安全等级评估是较为成熟且已经实现体系化的系统安全评估方法，该方法以国家标准要求为“标尺”，结合行业或用户自身安全需求对信息系统的安全保护能力进行综合评价，之所以进行安全评估目的是为了发现与相应等级国家标准之间的技术和管理差距。已经确定等级的信息系统即为等级评估的评估对象，因此定级对象需要在评估前明确，即可独立定级的信息系统，并根据信息系统承载的业务和提供服务的重要程度，参考《信息系统安全等级保护定级指南》(GB/T22240—2008)(以下简称《定级指南》)实现其安全保护等级进行确定。然后根据信息系统的安全保护等级以及相应等级的国家标准要求完成等级评估工作。

等级评估过程可以分为以下四个步骤：评估准备、方案编制、现场评估以及分析与报告编制，而评估双方之间的沟通与洽谈在整个等级评估过程均有所体现。具体见表7-5。

表7-5　等级评估过程

等级评估过程	具体内容
评估准备	评估机构主要完成启动评估项目，组建评估项目组；通过对被测系统的相关资料信息的收集和分析，掌握被测系统的大体情况；准备评估攻击和表单等评估所需的相关资料，为评估方案的编制做好准备工作
方案编制	评估机构主要完成确定评估对象和评估指标，对测试工具接入点进行选择，从而进一步确定评估实施内容，并从已有的评估实施手册中选择本次需要用到的评估实施手册，没有评估实施手册的应开发相应的评估实施手册，最后，在上述情况的技术上，完成评估方案的编制工作
现场评估	评估机构首先应与评估委托单位就评估方案达成一致意见，并进一步确定评估配合人员，实施手册各项评估内容要实现其全部评估，获取足够的评估证据
分析与报告编制	评估人员通过分析现场评估获得的评估证据和资料，单项评估结果及单元评估结果进行判定，并进行整体评估和风险分析，形成等级评估结论，并编制评估报告

根据《信息系统安全等级保护评估要求》(以下简称《评估要求》)等标准，以单元评估为基础完成等级评估工作。完成单元评估之后，还需要进行整体评估。“正向”是《评估要求》介绍的

整体评估的主导原则。整体评估涉及安全控制间、层面间和区域间的相互作用的安全评估以及系统结构的安全评估。其实对于整体评估"反向"的整体评估也有所涉及，如漏洞扫描、渗透测试以及攻击图分析等。根据单元评估和整体评估的结果对信息系统的整体安全保护状况进行的综合评价分析即为综合分析。框架图 7-17 展示了它们之间的关系。

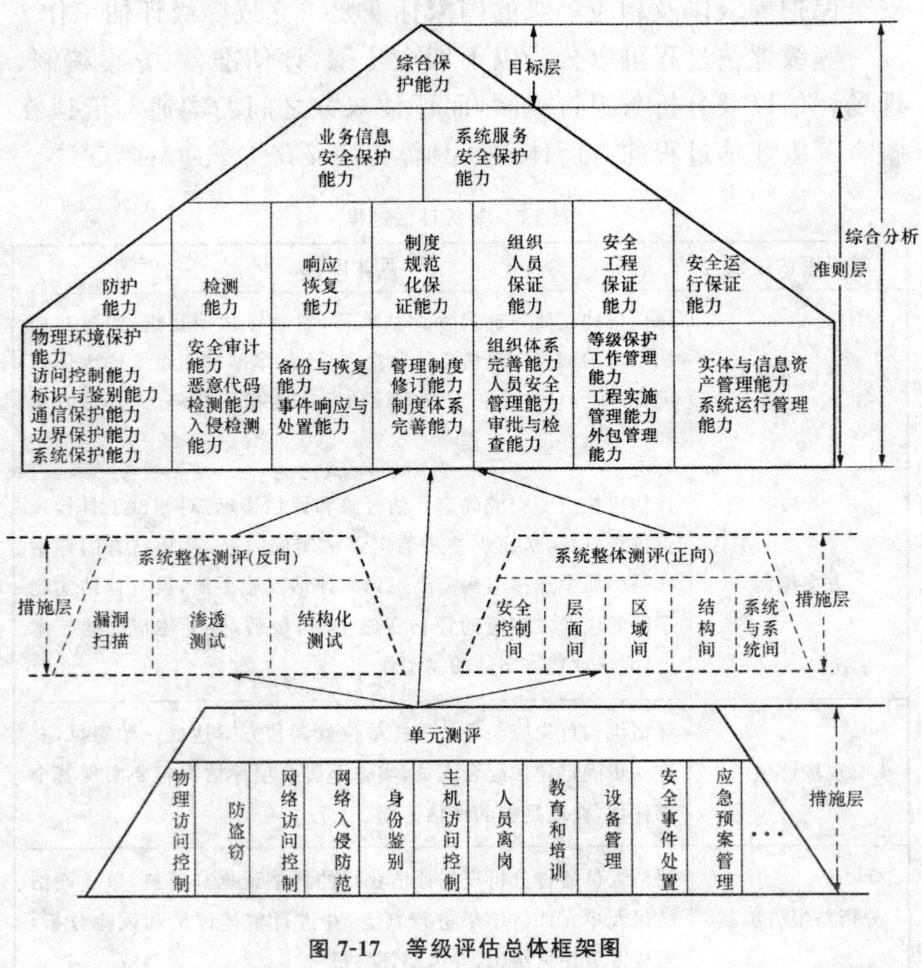

图 7-17　等级评估总体框架图

如图 7-17 所示，信息系统安全等级评估分为单元评估、系统整体评估和综合分析，其中系统整体评估和综合分析的基础为单元评估，而单元评估和系统整体评估结果是综合分析的基础。在进行单元评估和整体评估时，评估指标选择方法、评估对象选择方法、单项评估方法和整体评估方法等是需要使用到的方法。指根据被测系统定级结果来确定评估指标的方法即为评估指标选择方法。评估对象选择方法主要是采取抽样方法。单项评估方法是指评估人员依据单项评估目的和评估内容应选取的、实施特定评估操作的方式方法，这其中又涉及三种基本评估方法：访谈、检查以及测试。整体评估方法可以采取从正向进行分析的方法，如安全控制间、层面间和区域间的相互作用的安全评估以及系统结构的安全评估方法；也可以采取从反向进行分析的方法，如攻击图等方法。在进行综合分析时，综合评价方法是经常使用的方法。

综合采用访谈、检查和测试等三种评估方法来实现等级评估单项评估证据的获取，具体如下。

①访谈。访谈是指评估人员通过与被评估单位的相关人员进行交谈和问询，获得信息系统技术和管理方面的一些基本信息，确认评估内容。进行访谈时，访谈对象为信息安全主管、信息系统安全管理员、系统管理员、网络管理员、人力资源管理员、设备管理员和用户等。

②检查。检查是指评估人员通过简单比较或基于专业知识进行分析的方式来获得评估证据的方法，评审、核查、审查、观察、研究及分析等是比较常用的方式。典型的检查包括信息系统的安全策略、安全建设方案、安全工程实施过程的评审，系统设计文档和说明书的分析，对系统的备份操作进行检查，事件处置的演练的评审和分析，事件响应的操作和过程的核查，安全配置设置的检查，技术手册和用户/管理手册等的分析工作。

③测试。测试是指根据被测系统的实际情况，在某些工具的基础上，评估人员对信息系统进行验证评估。各种安全机制的功能测试、安全配置的功能测试、信息系统及其关键组件的渗透测试和信息系统备份操作的功能测试等都是典型的测试。

(2)云计算平台评估流程和方法

当然,云计算平台并未完全脱离传统信息系统,仍然具有传统信息系统的特点,针对云计算平台的等级评估方法与传统的信息系统等级评估方法具有一定的一致性。但云计算平台自身也有其特殊性,如服务模式的不同、资源的动态分配、云服务提供商部分服务外包或购买其他服务等,毫无疑问,这些都是传统等级保护定级和评估工作中很少甚至是不会遇到的问题。

定级对象的明确是针对云计算平台开展等级评估工作首先需要开展的,《信息系统安全等级保护定级指南》(GB/T 222240—2008,以下简称《定级指南》)中明确表明作为定级对象的信息系统应具有唯一确定的安全责任单位,承载单一或相对独立的业务应用;然而,云计算平台作为定级对象则是有一定差异的。因为云计算平台要为不同的用户提供不同的服务,在它这个平台上需要承担多个用户的不同业务、不同数据;云服务提供商要为不同的管理责任主体提供相应的云服务;由于虚拟化技术使用户与其他用户业务之间的独立边界变得模糊甚至是彻底消失。可见,云计算平台不具有《定级指南》中定级对象确定的原则,因此针对云计算平台提出“双向”定级方法,具体如下:

①云平台的安全保护能力等级由云服务提供商来负责确定。云平台服务商根据自身的安全建设能力、安全服务能力以及安全控制措施实现情况,委托独立的第三方评估机构开展并通过等级评估,对提供的服务模式以及云平台安全级别进行确定,该级别为安全保护能力等级。

②用户根据数据和业务的重要程度,参照《定级指南》对业务系统安全级别进行明确,该级别为业务系统的重要性安全等级。

理论上来说,云服务提供商向高于云平台安全保护能力等级的业务系统提供服务是不被允许的,反之,用户不应该选择低于自身业务系统安全级别的云平台承载业务或处理数据。

云计算平台确定安全保护等级后,可以选择独立的第三方接受评估服务机构开展等级评估活动。一般而言，可以由云服务提供商发起等级评估活动。通过等级评估发现被评估云计算平台与国家相应等级标准之间的差距及其存在的主要安全问题和隐患，为云计算平台到达相应等级的安全防护能力、云服务商具有相应等级的安全管理能力做好前期准备工作。为用户选择云服务商提供参考依据，同时有助于用户对云计算平台安全的信任度的增加。

然而，独立构建和多方参与两种情况在云计算平台中是比较常见的，不同情况下的评估方法和流程也会存在一定的差异，具体如下：

①独立构建。云计算平台中的基础设施、软硬件都是云服务提供商自行提供，这种构建模式的等级评估流程和方法与传统等级评估没有任何出入。

②多方参与。云服务提供商可能租用其他提供商的基础设施平台或者购买其他服务提供商的应用软件，这种情况下对于评估方法和整个评估实施过程与传统等级评估的差别不明显，但由于对不同评估对象或指标实现责任主体的不同，会给第三方评估机构的评估实施过程带来一定的困难，需要与多方进行沟通协调，共同配合完成等级评估工作。在传统等级评估过程中，如果应用软件是外包开发或购买成熟的商业软件，则应用系统开发过程保障的安全指标就会跟软件开发商或供应商有很大关系；如果租用IDC的机房，则信息系统物理安全的保障是由IDC运营中心来决定的。

当然，也可以由用户发起等级评估活动，这种情况下，则需要由用户牵头，云服务提供商配合来共同完成承载用户数据或业务系统的云平台的安全等级评估活动。

综上所述，云平台安全等级评估活动流程和方法本质上来说和传统等级评估是一致的，区别主要体现在安全评估技术上，安全评估技术主要包括分布式数据中心、虚拟化安全评估（包括主机虚拟化、网络虚拟化以及存储虚拟化）、云计算数据安全评估

(如存储备份、数据保护以及数据隔离)、基于云平台的应用评估,目前,尚需对具体技术的评估手段和方法做进一步的深入研究和探讨。

2. 云安全评估的指标体系

云计算的安全既是复杂的技术过程,同时也是综合性的社会系统过程,可通过一系列的技术手段,按照社会化的组织、管理原则,完成云平台安全的设计、防护与评估。我国的信息系统等级保护体系分为技术与管理两部分,发展起步较早,规范比较全面,在云计算也能够很好地适用。由于云计算安全评估涉及面很广,不确定因素很多,使得技术和管理两个方面的评估指标存在一定的差异,具体见表7-6。

表7-6 云安全评估的新增指标

评估层面划分		新增指标	原因
技术方面	主机安全	虚拟化主机防护	云平台具有资源动态分配、主机虚拟化的特点,“虚拟化主机防护”指标要求是需要增加的
	网络安全	网络虚拟化安全	当云服务提供商的网络为多个用户系统共享时,尤其是当多个用户系统共同驻留在同一物理服务器上时,网络成为虚拟交换。因此需要在网络结构安全中增加“网络虚拟化安全”的指标要求
	应用安全	代码和接口安全	由于不具备统一的标准和接口,不同云计算平台上的用户数据和业务相互迁移时难度比较大,同样也难以从云计算平台迁移回用户的数据中心,需要在该层面增加“代码和接口安全”的指标要求
	数据安全与备份恢复	数据挖掘保护数据移植	海量数据存储在云端并且数据可移植性的问题也是无法避免的,因此该层面需要增加“数据挖掘保护”和“数据移植”两方面的指标

续　表

评估层面划分		新增指标	原因
管理方面	安全管理	服务水平协议管理	由于云环境下系统和业务数据均部署在云端，云环境下等级保护的组织形式在现有等级保护组织模型下不能实现完全描述，增加了云服务提供商这一重要组织结构。对云服务提供商在等级保护实施过程中的功能定位，明确云服务提供商的监管机制和体系化约束。云系统与云用户系统的定级关系，涉及建立何种组织管理体系实现对云服务提供商的监管，对云服务提供商的服务运营资质如何设置标准并作为等级保护的评估依据，云服务提供商与云用户达成的基本服务协定(SIA)在等级保护实施中应考虑的内容构成等在等级保护要求上均需实现全面定义。因此，在安全管理方面需在原来安全管理制度、安全管理机构、人员安全管理、系统建设管理、系统运维管理等基础上增加"服务水平协议管理"的要求
	系统建设管理	供应链安全管理	由于云服务提供商很有可能出现其他提供商的基础设施平台的租用或者其他服务提供商的应用软件的购买的情况，需要在建设管理方面增加"供应链安全管理"的要求
	系统运维管理	合规性管理	用户终止服务从云端迁回数据的可能性是无法避免的，因此应在系统运维管理方面增加"服务关闭和数据移植管理"；同时提供云服务的供应商应符合国家相关规律、法规要求，因此应增加"合规性管理"的安全指标

以《信息系统安全等级保护基本要求》(GB/T 22239—2008)中技术和管理两大方面技术指标为基础（包括物理安全、网络安全、主机安全、应用安全、数据安全和备份恢复等五大技术层面以及安全管理制度、安全管理机构、人员安全管理、系统建设管理以及系统运维管理等五大管理方面），以结合云计算安全特点新增的技术指标为补充，实现云计算安全评估指标体系的构建，具体

清单见表 7-7。

表 7-7　云安全评估的指标体系清单

<table>
<tr><th colspan="2">评估指标评分</th><th>评估内容</th></tr>
<tr><td rowspan="5">技术方面</td><td>物理安全层面</td><td>物理位置,物理访问,防盗窃和破坏,防雷击,防火,防水防潮,防静电,温湿度控制,电力供应以及电磁防护</td></tr>
<tr><td>网络安全层面</td><td>结构安全,网络虚拟化安全,网络访问控制,网络安全审计,网络入侵防范,网络恶意代码防范,网络设备防护以及网络虚拟化安全</td></tr>
<tr><td>主机系统安全层面</td><td>主机身份鉴别,主机访问控制,主机安全审计,主机剩余信息保护,主机恶意代码防范,主机入侵防范,系统资源控制,虚拟化主机防护</td></tr>
<tr><td>应用安全层面</td><td>应用身份鉴别,应用访问控制,应用安全审计,应用剩余信息保护,抗抵赖,软件容错,应用资源控制以及代码与接口安全</td></tr>
<tr><td>数据安全和备份恢复层面</td><td>数据完整性,数据保密性,数据备份与恢复,数据移植,数据挖掘保护</td></tr>
<tr><td rowspan="6">管理方面</td><td>安全管理制度</td><td>管理制度,制定和发布,评审和修订</td></tr>
<tr><td>安全管理机构</td><td>岗位设置,人员配备,授权与审批,沟通与合作,审核与检查</td></tr>
<tr><td>人员安全管理</td><td>人员录用,人员考核,人员离岗,人员安全意识教育与培训以及外部人员访问与管理</td></tr>
<tr><td>系统建设管理</td><td>系统定级,安全方案设计,产品采购与使用,自行软件开发,外包商开发,工程实施,测试验收,系统交付,安全服务商选择以及供应链安全管理</td></tr>
<tr><td>系统运维管理</td><td>环境管理,资产管理,设备管理,网络安全管理,系统安全管理,恶意代码防范管理,密码管理,备份恢复,安全事件处置,应急预案管理,变更管理,备份和恢复管理,服务关闭与移植管理以及合规性管理</td></tr>
<tr><td>服务水平协议管理</td><td>云计算服务内容,责任与权限,惩罚措施,第三方服务水平监管,服务水平的提升</td></tr>
</table>

7.7　云安全的应用实例

7.7.1　Amazon 的安全

1. 概述

尽管云计算是 Google 最先倡导的，但是真正把云计算进行大规模商用的公司首推 Amazon。因为早在 2002 年，Amazon 公司就提供了著名的网络服务 AWS。AWS 包含很多服务，它们允许通过程序访问 Amazon 的计算基础设施。到 2006 年，Google 首次提出云计算的概念之后，Amazon 发现云计算与自己的 AWS 整套技术架构无比吻合，顺势推出由现有网络服务平台 AWS 发展而来的弹性云计算平台（EC2）。如今 Amazon 已成为与 Google、IBM 等巨头公司并驾齐驱的云计算先行者。

Amazon 是第一家将云计算作为服务出售的公司，将基础设施作为服务向用户提供。目前，AWS 提供众多网络服务，大致可分为计算、存储、应用架构、特定应用和管理五大类。

Amazon 的主要云产品有弹性计算云（EC2）、简单存储服务（S3）、简单数据库服务（SimpleDB）、内容分发网络服务（CloudFront）、简单队列服务（SQS）、MapReduce 服务、电子商务服务和灵活支付服务（FPS）等。

2. 安全策略

（1）加密标准

AWS 的加密标准为 AES-256，客户存储在 S3 中的数据会自动进行加密。针对必须使用硬件安全模块（HSM）设备来实现加密密钥存储的客户，可以使用 AWS CloudHSM 存储和管理密钥。

(2)传输保护

用户可以通过 HTTP 或 HTTPS 与 AWS 接入点进行连接，HTTP 或 HTTPS 使用 SSL 协议。对于需要网络安全的附加层的客户，AWS 提供 VPC，提供了 AWS 云中的专用子网，并具有使用 VPN 设备来提供 VPC 和用户数据中心之间加密隧道的能力。

(3)安全访问

客户端接入点通常都采用 HTTPS，允许用户在 AWS 内与自己的存储和计算实例建立一个安全通信会话。为了支持客户 FIPS 140-2 的要求，亚马逊虚拟私有云 VPN 端点和 AWS GovCloud(美国)中的 SSL 终端负载均衡进行操作使用 FIPS 140-2 第 2 级验证的硬件。

此外，AWS 还实施了专门用于管理与互联网服务提供商的接口的通信网络设备。AWS 在 AWS 网络的每个面向互联网边缘采用一个到多个通信服务的冗余连接，每个连接都专用于网络设备。

(4)容错设计

核心应用程序以一个 $N+1$ 配置被部署，从而当一个数据中心发生故障时，仍有足够的能力使剩余位置的流量负载平衡。AWS 由于其多地理位置以及跨多个可用区的特点，可以让用户灵活地存放实例和存储数据。每一个可用性区域被设计成一个独立区域。

(5)内置防火墙

AWS 可以通过配置内置防火墙规则来控制实例的可访问性，既可完全公开，又可完全私有，或者介于两者之间。当实例驻留在 VPC 子网中时，便可控制出口和入口。

(6)账户安全与身份认证

Amazon 使用的是 AWS 账户，AWS 的 IAM 允许客户在一个 AWS 账户下建立多个用户，并独立地管理每个用户的权限。当访问 Amazon 服务或资源时，只需要使用 AWS 账户下的某个用户即可。

(7)账户复查和审计

账户每隔 90 d 审查一次，明确的重新审批要求或对资源的访问被自动撤销。当一个员工的记录在 Amazon 的人力资源系统被终止时，它对 AWS 的访问权限也将被自动取消。在访问中的变化请求都会被 Amazon 权限管理工具审计日志捕获。当员工的工作职能发生改变，继续访问资源时必须明确获得批准，否则将被自动取消。

(8)网络监测和保护

AWS 利用各种各样的自动检查系统来提供高水平的服务性能和可用性。AWS 监控工具被设计用于检测在入口和出口通信点不寻常的或未经授权的活动和条件。这些工具可以监控服务器和网络的使用、端口扫描活动、应用程序的使用以及未经授权的入侵企图。同时，它们还可以给异常活动设置自定义的性能指标阈值。AWS 网络提供应对传统网络安全问题的有效保护，并可以实现进一步的保护。

(9)S3 的安全措施

通过 SSL 加密来防止传输的数据被拦截，并允许用户在上传数据之前进行加密等。

①账户安全。访问 Amazon 服务或资源时，只需要使用 AWS 账户下的某个用户，而不需要使用拥有所有权限的 SWA 账户。除传统的用户名和密码验证措施外，Amazon 提供多因子认证(MFA)，即可以为 AWS 账户或其下的用户匹配一个硬件认证设备，使用该设备提供的一次性密码(6 位数字)来登录，这样，除验证用户名和密码之外，还验证了用户所拥有的设备。

②数据安全。在数据传输过程中，用户能够使用 SSL 来保护数据传输的安全性。对于敏感数据，用户能以加密的形式存储在 S3 上。S3 提供客户端加密与服务器端加密两种加密方式。这两种方式的区别在于密钥由谁来掌管，若用户信任 S3，则可以选择使用服务器端加密，这种方式下的加密密钥由 S3 保管，在用户需

要取回数据时，解密操作也由 S3 来负责。若用户选择在上传数据之前进行加密，即选取使用 S3 客户端加密，其好处在于密钥由用户自己保管，杜绝数据在云服务商处被泄露的可能，但同时客户端需要保证具有良好的密钥管理机制。

③数据保护存储。在 S3 中的数据会被备份到多个节点上，即 S3 维护着一份数据的多个副本，这样保证即使某些服务器出现故障，用户数据仍然是可用的。这种机制增加了数据同步的时间开销，导致用户在对对象做出更新等操作后立即读取到的可能还是旧的内容，但却保证了数据的安全性与一致性。

为了在数据的上传、存储以及下载各阶段保证数据的完整性，用户可以在上传数据的时候指定其 MD5 校验值，以供 S3 在接收完数据之后判断传输中是否发生任何错误。而当数据成功地存储到 S3 存储节点之后，S3 则混合使用 MD5 校验和与循环冗余校验机制来检测数据的完整性，并使用正确的副本来修复损坏的数据。

④访问控制。S3 提供的对象和桶级的两种访问控制各自独立实现，它们有各自独立的访问控制列表，在默认情况下，只有对象/桶的创建者才有权限访问它们。当然用户可以授权给其他 AWS 账户或使用 IAM 创建的用户，被授权的用户将被添加到访问控制列表中。S3 提供 REST 或 SOAP 请求来访问对象，客户在构造 URL 的过程中，为了证明自己的身份并且防止请求在传输过程中被篡改，需要在请求中提供签名。S3 使用 HMAC-SHA1，摘要长度为 160 位。至于使用的密钥，Amazon 则在用户注册时分发。

(10)EC2 的安全措施

在 EC2 中，安全保护包括宿主操作系统安全、客户操作系统安全、防火墙和 API 保护。宿主操作系统安全基于堡垒主机和权限提升。客户操作系统安全基于客户对虚拟实例的完全控制，利用基于 Token 或密钥的认证来获取对非特权账户的访问。在防火墙方面，使用默认拒绝模式，使得网络通信可以根据协议、服务端口和源 IP 地址进行限制。API 保护是指所有 API 调用都需要 X. 509 证书或客户的 Amazon 秘密接入密钥的签名，并且能够使用 SSL 进行加密。此外，在同一个物理主机上的不同实例通过使用 Xen 监督程序进行隔离，并提供对抗分布式拒绝服务攻击、中间人攻击和对欺骗的保护。

（11）SimpleDB 的安全措施

在 SimpleDB 中，提供 Domain-level 的访问控制，基于 AWS 账户进行授权。一旦认证之后，订购者具有对系统中所有用户操作的完全访问权限，SimpleDB 服务也通过 SSL 加密访问。

7.7.2　Google Docs 的安全

1. 概述

Google 是世界上最大的互联网服务提供商，谷歌的核心业务是搜索引擎，近年来，正向互联网应用的各个领域渗透。由 Google 公司研发的 Google Docs 产品尤为引人注目。在桌面办公工具软件领域，谷歌向微软 Office 发起挑战，Google 使用 SaaS 挑战传统软件行业。

Google Docs 是一套类似于微软 Office 的、开源的、基于 Web 的在线办公软件。它可以处理和搜索文档、表格及幻灯片等。Google Docs 云计算服务方式，比较适合多个用户共享以及协同编辑文档。使用 Google Docs 可提高协作效率，多用户可同时在线更改文件，并可以实时看到其他成员所做的编辑。用户只需一台接入互联网的计算机和可以使用 Google 文件的标准浏览器即可。在线创建和管理、实时协作、权限管理、共享、搜索能力、修订历史记录功能以及随时随地访问的特性，大大提高了文件操作的共享和协同能力。

在 Google Docs 中，文件还可方便地从谷歌文件中导入和导出。如果要操作计算机上现有文件，只需上传该文档，并从上次中断的地方继续即可，要离线使用文档或将其作为附件发送，只需要在计算机上保存一份文件副本即可。用户还可选择需要的任意格式发送，无论是上传还是下载文件，所有的格式都会予以保留。使用谷歌文件就像使用谷歌的其他网络服务一样，无须下载或安装其他软件，只需要把计算机接入互联网即可使用。

2. 安全策略

(1)数据加密

存放在云端的数据，若是隐私或机密级别较高要慎重考虑。确认是否存储在云端。存储在云端的数据在数据存储管理和计算的各个环节中要采用严格的数据加密，防止数据被窃取。

(2)身份认证

目前，Google Docs 用户的身份认证主要还是用户名和密码，这使得越来越多的黑客攻击从最终用户下手，因此，基于端到端的安全理念，可以在硬件层面中加强身份认证。例如，采用指纹认证或其他生物特征识别技术，来提高安全级别。另外，用户级别的权限要进行严格的设置。

(3)加强对数据中心的管理

确保所有用户可以随时使用数据，出现故障时，以尽可能短的时间恢复正常，并且数据不会丢失。此外，还要保证每次对数据实施的增、删、改等操作都有记录，以便出现问题时有记录可循。

(4)制定灾难恢复策略

用户需要与云服务提供商进行协调，制定灾难恢复计划，主要包括业务恢复计划、系统应急计划、灾难恢复实施计划以及各方对计划的认可，以便在发生意外期间，能够在尽量不中断运行的情况下，将所有任务和业务的核心部分转移到备用节点。

7.7.3　阿里云安全

1. 概述

阿里云于 2009 年 9 月成立，致力于打造云计算的基础服务平台，注重为中小企业提供大规模、低成本和高可靠的云计算应用及服务。

飞天开放平台是阿里云自主研发完成的公共云计算平台。该平台所推出的第一个云服务是弹性计算服务(ECS)。

随后，阿里云又推出了开放存储服务(OSS)、关系型数据库服务(RDS)、开放结构化数据服务(OTS)、开放数据处理服务(ODPS)，并基于弹性计算服务提供了阿里云服务引擎(ACE)作为第三方应用开发和 Web 应用运行及托管的平台。

2. 安全策略

(1)基础安全

①网络安全。阿里云采用多层防御体系，以保护网络边界面临的外部攻击。阿里云网络安全策略主要包括：

a. 控制网络流量和边界，使用行业标准的防火墙和 ACL 技术对网络进行强制隔离。

b. 网络防火墙和 ACL 策略的管理，包括变更管理、同行业审计和自动测试。

c. 使用个人授权限制设备对网络的访问。

d. 通过自定义的前端服务器定向所有外部流量的路由，可帮助检测和禁止恶意的请求。

e. 建立内部流量汇聚点，帮助更好地实行监控。

②传输层安全。阿里云提供的很多服务都采用安全的 HTTPS。通过 HTTPS，信息在阿里云端到接收者计算机实现加密传输。

③云安全服务。阿里云为广大云平台用户推出基于云计算

架构设计和开发的云盾海量防 DDoS 清洗服务，对构建在云服务器上的网站提供网站端口安全检测、网站 Web 漏洞检测、网站木马检测三大功能的云盾安全体检服务。

④漏洞管理。阿里云在漏洞发现和管理方面具备专职团队，主要责任是发现、跟踪、追查和修复安全漏洞，并对每个漏洞进行分类、严重程度排序和跟踪修复。漏洞安全威胁检查主要通过自动和手动的渗透测试、质量保证流程、软件的安全性审查、审计和外部审计工具进行。

(2)数据安全

阿里云的云服务运行在一个多租户、分布式的环境，而不是将每个用户的数据隔离到一台机器或一组机器上。这个环境是由阿里云自主研发的大规模分布式操作系统“飞天”将成千上万台分布在各个数据中心、拥有相同体系结构的机器连接而成的。

①访问与隔离。阿里云通过 ID 对 AccessID 和 AccessKey 安全加密以实现对云服务用户的身份验证。阿里云运维人员访问系统时，需经过集中的组和角色管理系统来定义和控制其访问生产服务的权限。每个运维人员都有自己的唯一身份，经过数字证书和动态令牌双重认证后通过 SSH 连接到安全代理进行操作，所有登录和操作过程都被实时审计。

阿里云通过安全组实现不同用户间的隔离需求，安全组通过一系列数据链路层和网络层访问控制技术实现对不同用户虚拟化实例的隔离以及对 ARP 攻击和以太网畸形协议访问的隔离。

②存储与销毁。客户数据可以存储在阿里云所提供的“盘古”分布式文件系统或“有巢”分布式文件系统中。从云服务到存储栈，每一层收到的来自其他模块的访问请求都需要认证和授权。内部服务之间的相互认证是基于 Kerberos 安全协议来实现的，而对内部服务的访问授权是基于能力的访问控制机制来实现的。内部服务之间的认证和授权功能由云平台内置的安全服务来提供。

阿里云的云服务生产系统会自动消除原有物理服务器上硬

盘和内存数据，使得原用户数据无法恢复。对于所有外包维修的物理硬盘都采用消磁操作，消磁过程全程视频监控并长期保留相关记录。阿里云定期审计硬盘擦除记录和视频证据以满足监控合规要求。

（3）访问控制

为了保护客户和自身的数据资产安全，阿里云采用一系列控制措施，以防止未经授权的访问。

①认证控制。阿里云每位员工拥有唯一的用户账号和证书，这个账号作为阻断非法外部连接的依据，而证书则是作为抗抵赖工具用于每位员工接入所有阿里云内部系统的证明。阿里云密码系统强制策略用于员工的密码或密钥，包括密码定期修改频率、密码长度、密码复杂度和密码过期时间等。对生产数据及其附属设施的访问控制除去采用单点登录外，都强制采用双因素认证机制。

②授权控制。访问权限及等级是基于员工工作的功能和角色，最小权限和职责分离是所有系统授权设计基本原则。例如，根据特殊的工作职能，员工需要被授予权限访问某些额外的资源，则依据阿里云安全政策规定进行申请和审批，并得到数据或系统所有者、安全管理员或其他部门批准。所有批准的审计记录都记录在工作流平台上，平台内控制权限设置的修改和审批过程的审批政策确保一致。

③审计。所有信息系统的日志和权限审批记录均采用碎片化分布式离散存储技术进行长期保存，以供审计人员根据需求进行审计。

7.7.4　中国电信安全云

1. 云应用安全防护体系

电信运营商结合传统安全管理及云计算系统的特点，形成了独特的云计算应用安全防护体系，如图 7-18 所示。

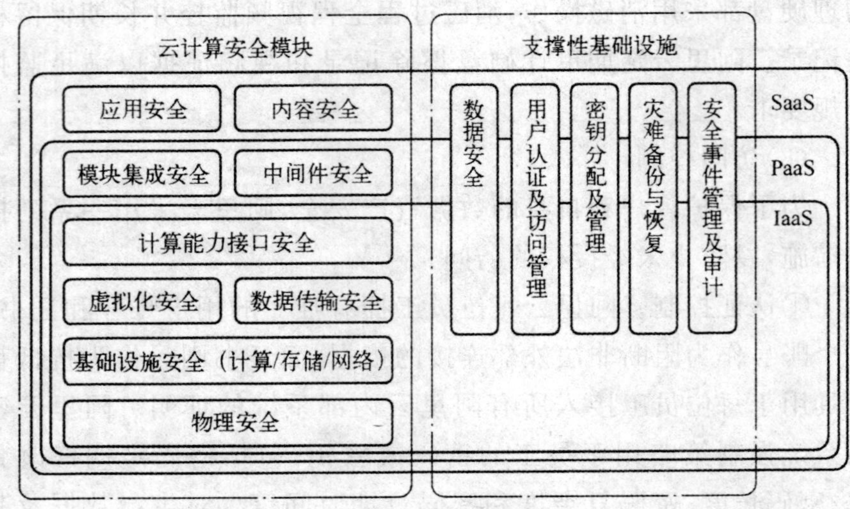

图 7-18　云计算应用安全防护体系

该体系包含支撑性基础设施和云计算安全模块两部分。

①支撑性基础设施。支撑性基础设施的安全功能组件包括数据安全、灾难备份与恢复、用户认证及管理、密钥分配与管理以及安全事件管理与审计。

②云计算安全模块。云计算安全模块可以细分为 IaaS、PaaS 和 SaaS。

a. IaaS 层包括计算能力接口安全、虚拟化安全、数据传输安全、基础设置安全和物理安全。

b. PaaS 层包括模块集成安全和中间件安全。

c. SaaS 层包括应用安全和内容安全。

2. 云安全框架

针对电信云平台的安全问题，电信行业提出了云计算安全框架，如图 7-19 所示。

主要安全问题如下所示。

(1)网络安全问题

网络安全问题重点考虑虚拟安全域访问控制、虚拟安全域划分方式以及相应的虚拟防火墙部署和配置等虚拟安全域的问题，另外，还要考虑传统的安全问题。

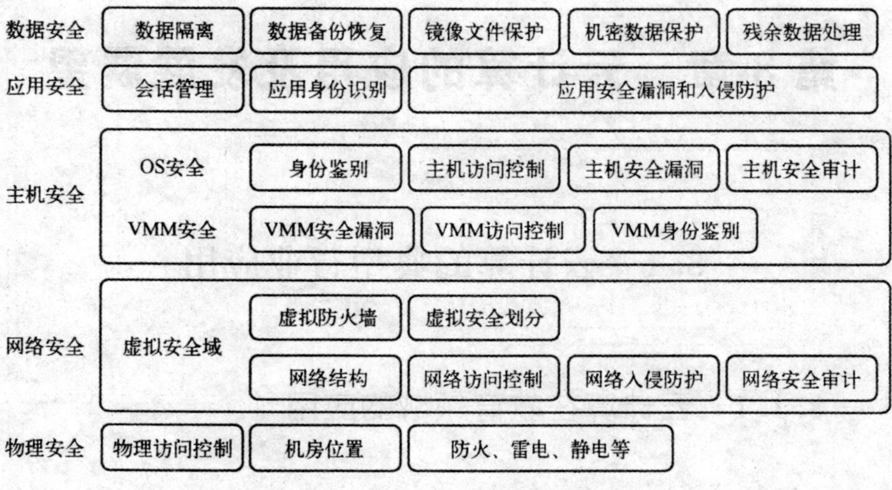

图 7-19　云计算安全框架

(2)主机安全问题

主机安全问题包括用户虚拟机安全和虚拟机管理程序安全。其中虚拟机管理程序安全主要包括虚拟机管理程序安全漏洞检测、物理和网络访问控制等问题，是云计算系统新增的安全问题。

(3)数据的安全问题

数据安全问题需要重点考虑的是虚拟环境下用户镜像文件保护、数据隔离和残余数据的处理等问题，另外，传统业务平台的机密数据保护和数据备份恢复也不能丢。

(4)应用安全问题和物理安全问题

与传统云平台的安全问题基本一致。

第 8 章　云计算的应用及发展展望

8.1　云计算的典型行业应用

8.1.1　云计算在教育领域的应用

教育是一个国家的根本，与此同时，全社会对它的关注度都非常高。教育科研领域的信息化建设就是融合最新的电子信息技术、网络技术及其他先进技术，以期达到提高教学效果、促进教育科研成果流通的目的，从而促进社会的进步。

1. 云计算在课堂教学中的应用

在传统的授课方式中，老师对知识点的讲解是通过口述加板书的方式展开的，知识点没法直接地体现出来，学生也就缺乏对知识点的直观感受。针对这一问题，教师为了增强学生对知识点的亲身感受和提高学生的实际动手能力，就不得不借助相关渠道来实现。近些年来，随着电子信息技术、网络技术的不断发展，相继出现了多媒体教学系统、语言实验室、多媒体网络录播系统等新兴教育模式，在这些教育模式中，教育内容的直观性有了明显提高，教学的互动性有了显著增加，学生的学习积极性有了显著提高，进而提高了学生的想象力和创造力。然而，仅有以上新兴教育模式还是远远不够的，想要实现这些丰富的教学内容的共享，需要借助于高效、普遍的信息化基础设施来完成，而云计算就是这种高效的、普遍的信息化基础设施。

从教育资源的分布情况来看,如果说采用的是大范围分散式的模式的话,就会出现投入巨大且效率无法让人满意的情况。因此,教育行业可以利用云计算的可以集中管理这一点来建立信息化基础设施,借助于网络和多媒体技术,使优质教学资源的共享和新型教学方式的推广得以实现。该方案在投入效率得以提高的同时,也促进了教育资源的公平分布,使边远和落后地区的学生们最终受益。目前,教育信息化建设的重要方向就是,基于云计算技术实现"教育云"平台的搭建。目前,在全国范围内,"电子书包"计划正在如火如荼地进行当中,这也是云计算在教育领域的典型体现。在"电子书包"计划中,学生们的沉重书包将由一台轻薄、具有触控式屏幕的电脑来替代,在校园内只要有网络的存在,学生即可进行移动式学习。网络连接的后端即为教育云平台,在这个平台上存储着大量的教学资源以及方便师生间互动的空间和工具等。

2. 云计算在教学实验中的应用

实验是教学中的重要一环,学生通过动手实验来获取知识,探索新的领域。然而,学校拥有的资源常常不能保证每个学生都拥有自己的实验室。而云计算通过共享开发测试资源和远程桌面共享的方式,可以很好地实现"每个师生拥有一个虚拟实验室"的设想。基于云计算的"虚拟实验室"工作原理如图 8-1 所示。

从图 8-1 中可以看到,虚拟实验室通过标准化环境建设完成实验室环境准备,通过虚拟化资源池建设完成实验室环境搭建,通过自动化方式完成实验资源申请、回收、监控和管理,通过虚拟桌面的方式完成远程访问。

实际上,这种虚拟实验室的方式在发达国家已经开始建立。例如,在 2008 年 7 月 30 日,美国国家科学基金会(NSF)的计算机信息科学与工程中心(CISE)宣布将资助伊利诺伊州立大学(UIUC)在位于巴那市和香槟市之间的校园内建立云计算实验中心。该平台将由伊利诺伊州立大学管理,作为开放的资源提供给其他从事数据密集型计算研究的机构使用。例如,医学、生物学、物理学、气象学和经济学等。

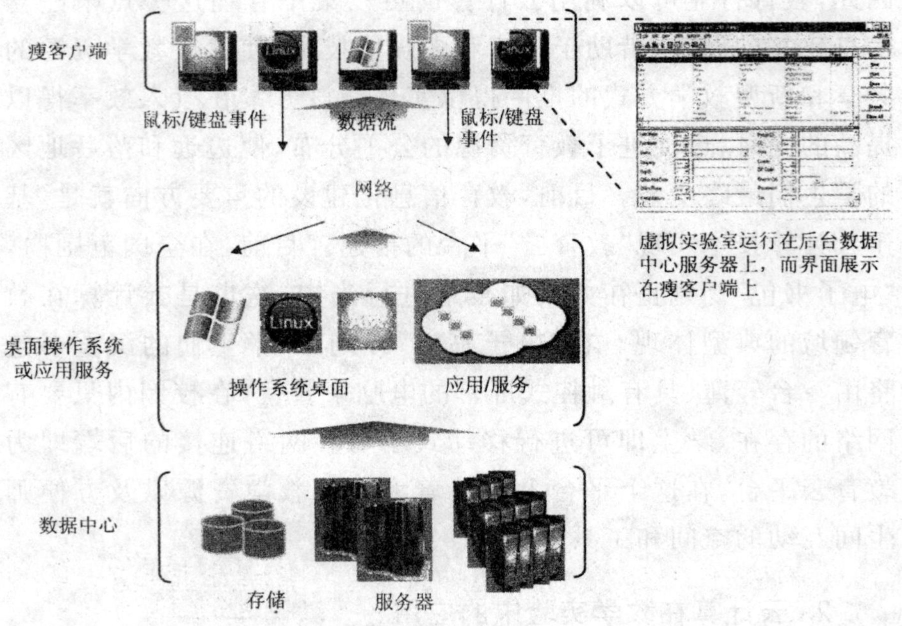

图 8-1 基于云计算的“虚拟实验室”工作原理

3. 云计算在远程教育中的应用

区域开放远程教育云服务平台总体框架横向分为展示层、应用层、数据资源层和云基础设施层,纵向分为安全管理、机制管理、标准规范等建设以及综合运维管理平台。区域开放远程教育云服务平台总体技术架构如图 8-2 所示。

如图 8-3 所示为八大业务系统功能图。

(1)资源云的应用模式

①跨终端的资源应用与推送。重点解决不同终端间的资源共享问题,主要就是像 dropbox、快盘一样的功能,可以根据教育特性对资源进行有效分类,并基于云实现统一管理,实现协同办公。

②基于云的教学模式。基于云的教学模式如图 8-4 所示。

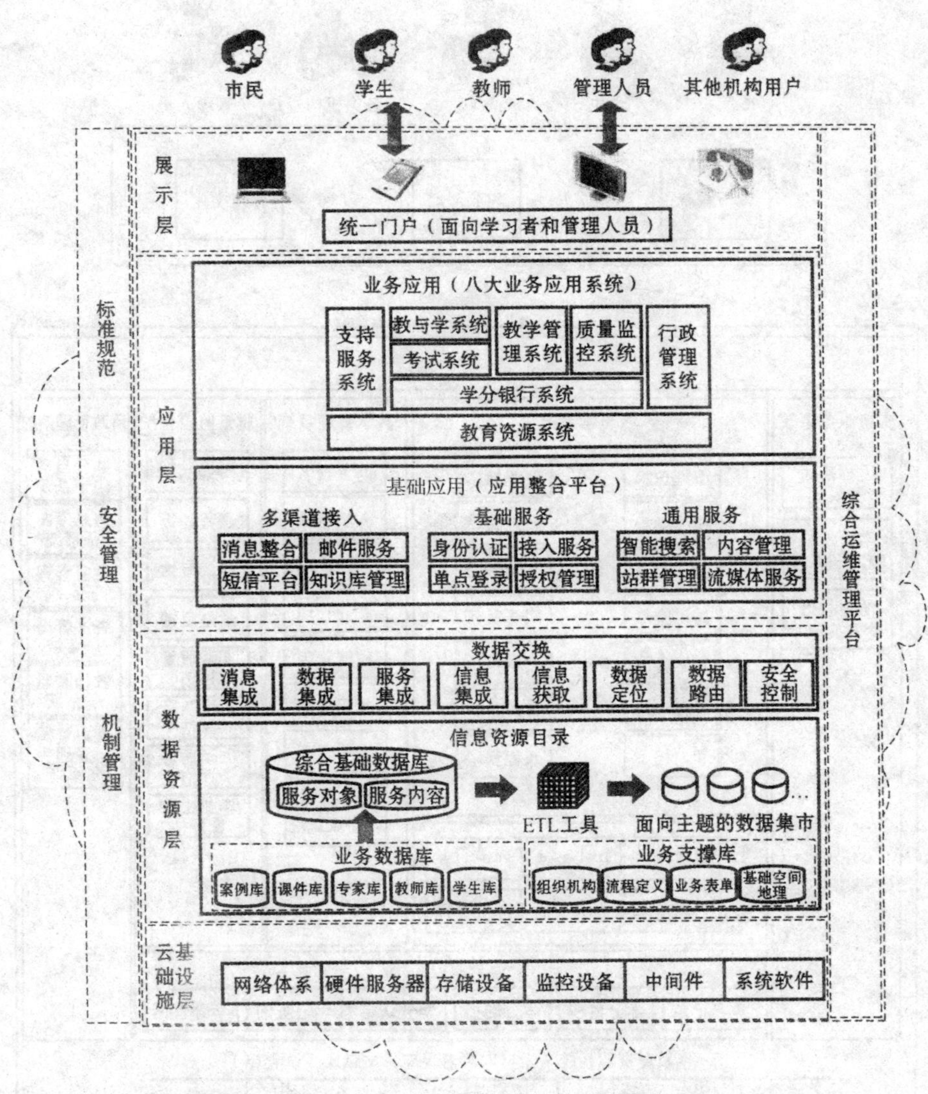

图 8-2　区域开放远程教育云服务平台总体技术架构图

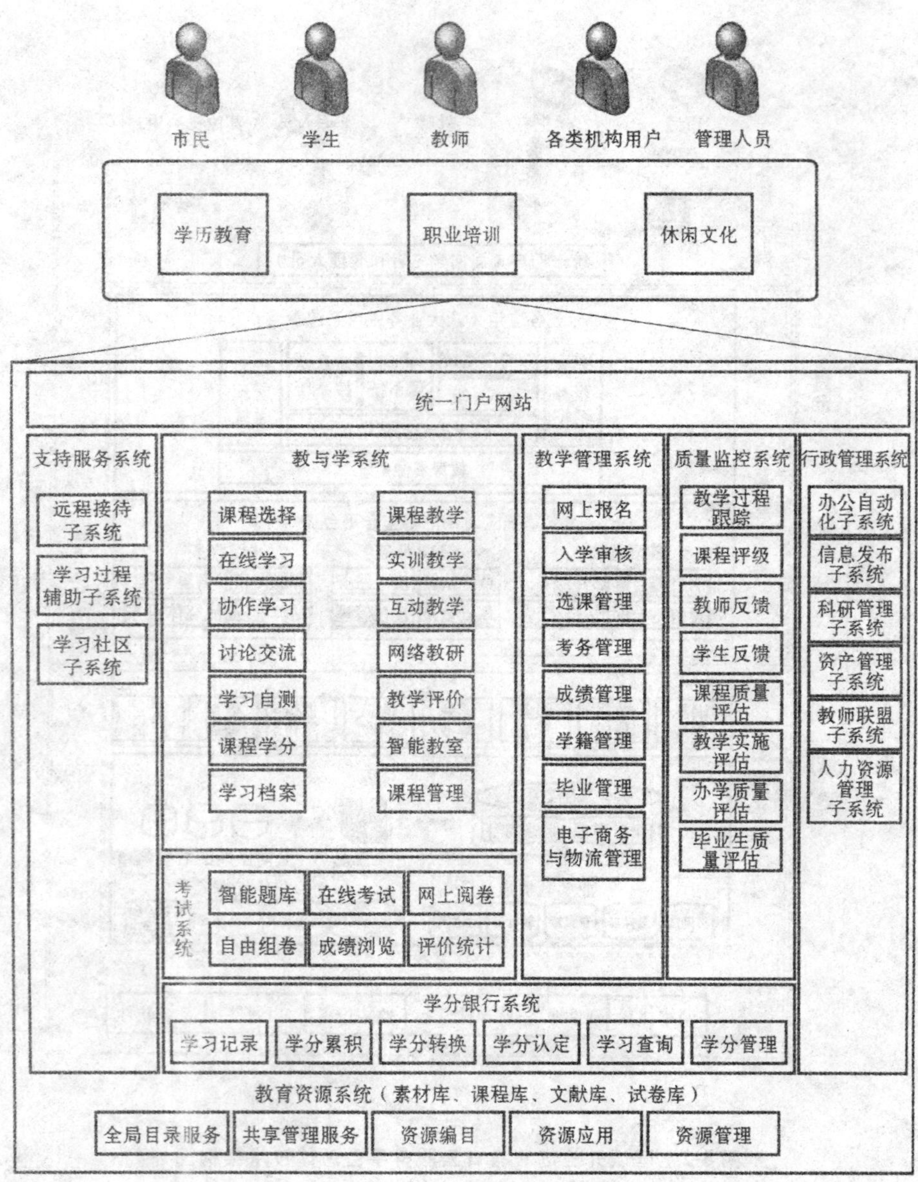

图 8-3　八大业务系统功能图

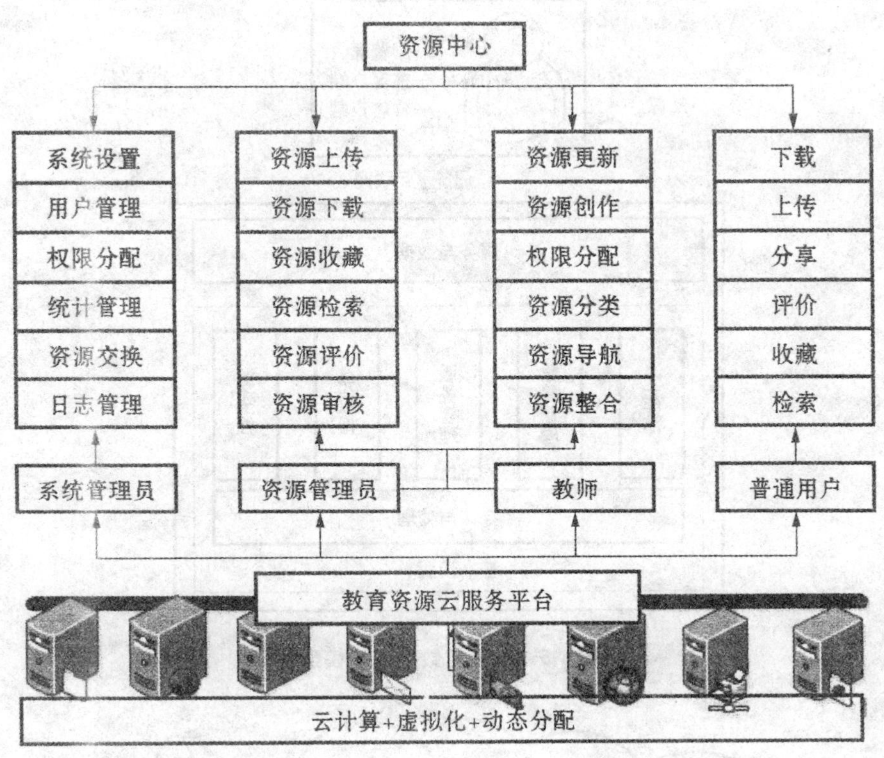

图 8-4　基于云的教学模式

③课堂环境下云资源的推送与共享。基于地理环境感知、个体终端绑定，实现资源的自动推送与共享。上课的视频、白板操作的上传共享。在云计算环境下，需要构建支持网络学习和课堂教学环境下的云服务，如图 8-5 所示。

(2)云计算环境下的电子商务模式

云计算模式使得商业智能级的经营决策模式成为可能。所谓商业智能(BI)是指将企业中现有的数据转换为知识，帮助企业做出明智的业务经营决策的工具。

在这个模式中主要包括三个“云”，即基础云平台层、基础云服务层、企业应用云层，如图 8-6 所示。

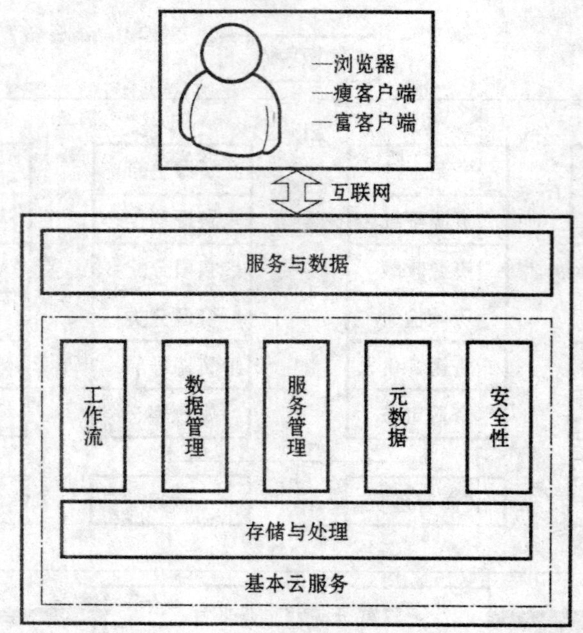

图 8-5　云课堂数据通信模型

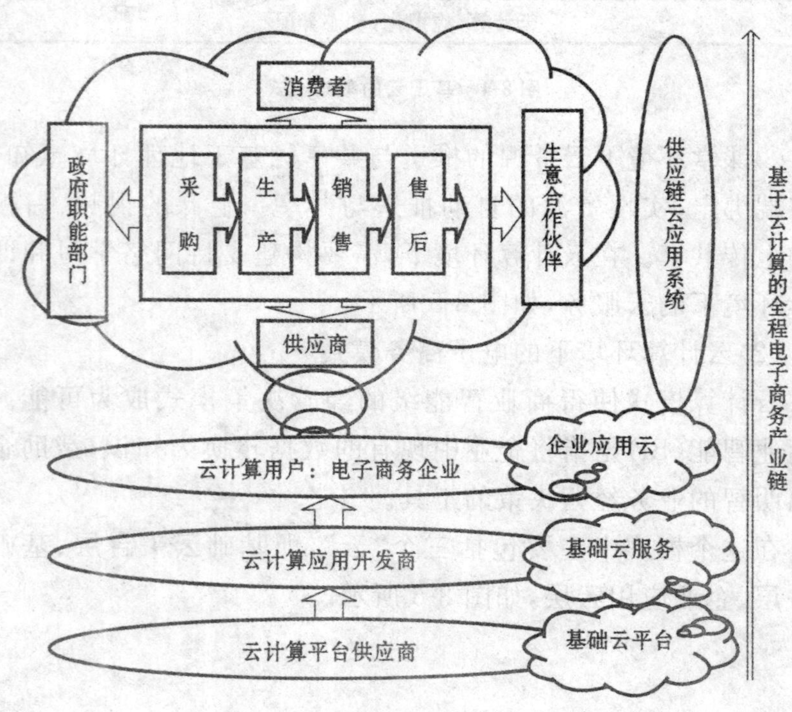

图 8-6　基于“云计算”的全程电子商务模型

如图 8-7 所示为基于“移动云”的移动电子商务的基本原理。

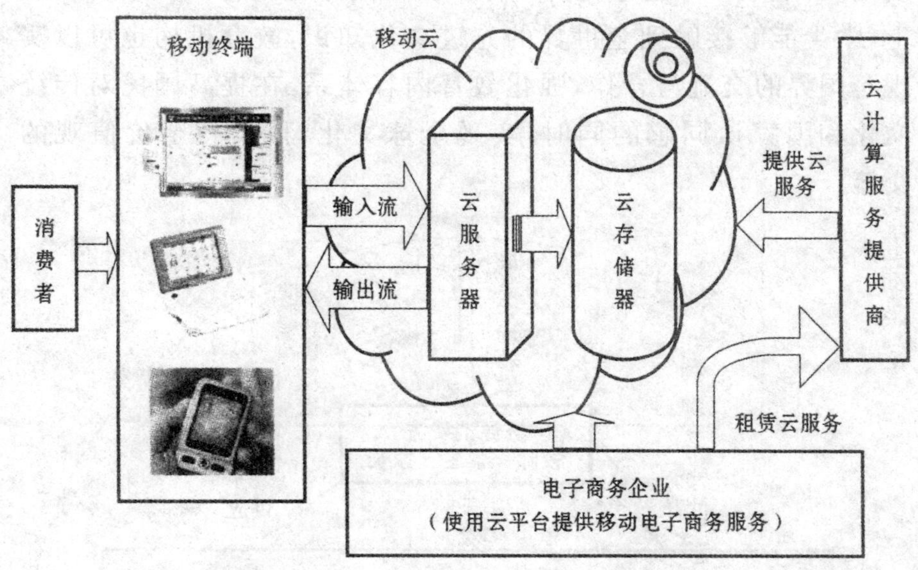

图 8-7　基于“移动云”的移动电子商务的基本原理

(3)教育信息化云服务运行模式

如图 8-8 所示为教育云服务运行模式的概念模型。

在研究用户的需求和整合各类运营商的基础上，探索教育信息化云服务的运行模式，如图 8-9 所示。

4. 云计算在教辅中的应用

在教育云的平台上，学校的行政管理能力有了显著提高，学校的各种信息化系统也实现了有效整合，如办公自动化系统、学生信息系统、教学管理和教育效果评估系统等。智慧校园、数字化校园可以说就是教育云的一种体现。在教育云的平台上，学校管理者能够对教学效果进行监控，经过相关研究分析之后，从而达到提高教学质量的目的。通过前面的探讨我们可以得出，“教育云”即为云计算在教研、教学和教辅三大领域的应用统称。鉴于教育云在提高教学质量、促进社会进步方面的独特优势，使得对国家来说，教育云的打造就显得既重要又迫切。立足于更高的层次，教育云不应该仅仅局限于国家的内部，还应该从全球的角度出发，建立一个全球化的教育云。在全球化教育云的平台基础上，学生能够接触到全世界的先进文化知识，教育机构也可以实现跨国界的交流与合作，强化教育内容体系，在提高国民对传统文化和国家认同感的同时，实现全球文化、科技乃至价值观的交流。

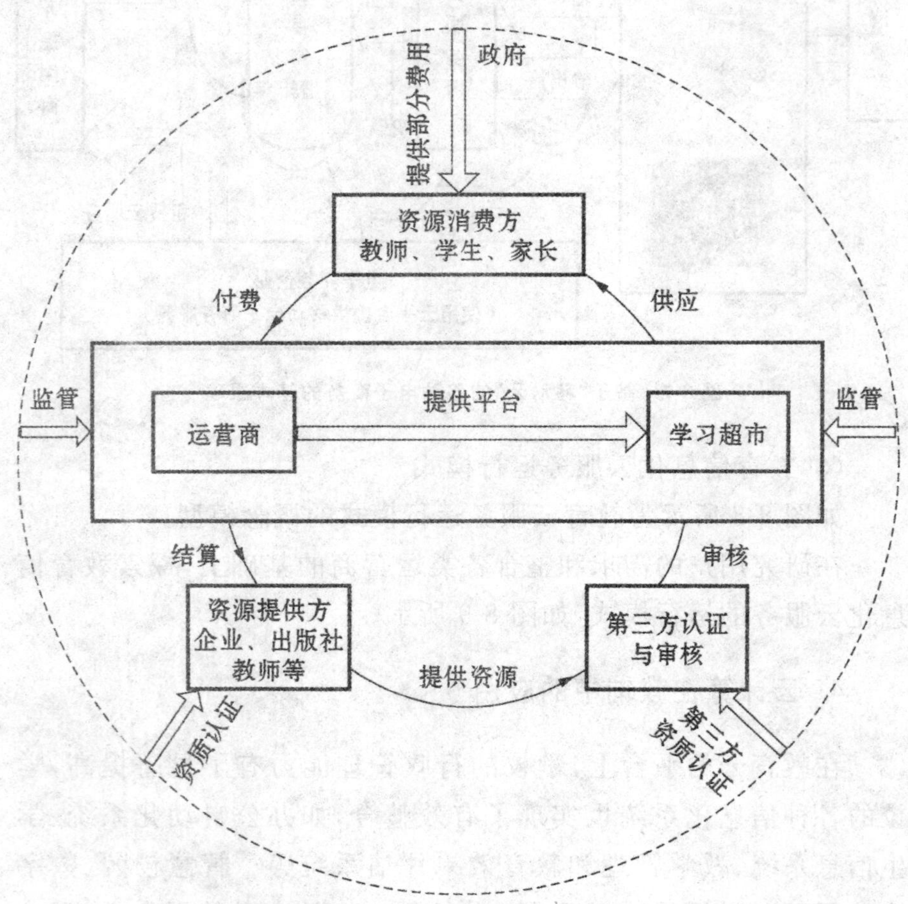

图 8-8　教育云服务运行模式的概念模型

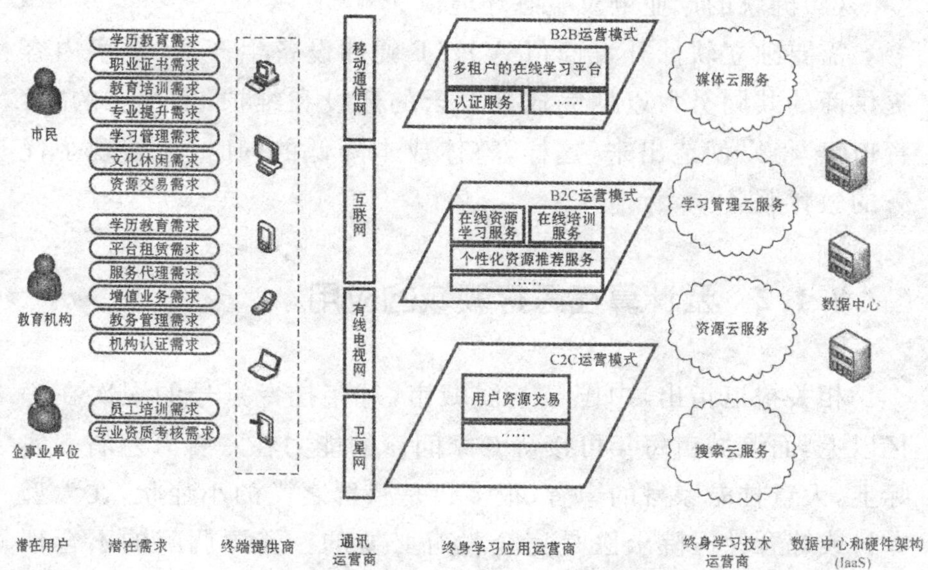

图 8-9　教育信息化云服务运行模式

想要打造一个成功的“教育云”的话，需要考虑以下关键因素：

(1)使用者的教育方式和理念

和传统的教育模式进行对比的话，教师需要具有更高的信息素养，需要提高自己的创新能力，学生需要更多的互动，以期能够提高其学习的积极性，在该平台上，家长能够和学校、教师进行更好的交流，能够进一步了解到学生的学习情况。

(2)政府的积极介入和管理

引导和推广的角色需要由政府来扮演，例如，提供符合教育云平台要求的教师培训体系的建立等；为了鼓励更多的企业和学校参与到教育云平台的建设，可以制定相应的政策，对为教育云平台的建设做出卓越贡献的单位或个人进行补助或奖励。

(3)适应现代信息化环境的教育教学方式

在日常教学工作过程中，教师要时刻注意提高自身的信息素养，多利用信息化手段开展教学工作，提高教学效果，教育产业应该尽可能地开放形式多样的、丰富的信息化教学内容，借助于信息化工具，实现学校、社会和家长的经常性互动。

(4)健康的产业链及生态环境

需要独立软件开发商(ISV)、IT硬件设备生产商、数字内容提供商的共同努力以期完成教育云的建设和维护,使优质的"教育市集"得以创造出来,这样,整体成本降低的同时,也实现了优秀的教育服务。

8.1.2 云计算在医疗领域的应用

相关报道指出,中国某一线城市,每年挂专家号的人次在一亿以上,而该城市每年可接待专家问诊的能力在一百万左右。实际上,大量挂专家号的患者,很多只是感冒之类的小症状,在大型专科或综合性医院求医是完全没有必要的。资源调配的不合理对医疗行业的整体效率造成了严重影响,也直接导致了医疗质量难以保证、地区之间参差不齐以及医患纠纷增多等状况。

这种现象的产生与IT系统的建设模式有很大联系。在传统的医疗系统中,服务器、网络和存储等IT基础设施往往是分散而隔离的,其维护和使用是由不同的医疗机构或者同一医疗机构的不同部门单独完成的。对信息的有效共享和对医疗系统的统筹管理在这些分离的系统中是无法实现的。而云计算的出现为实现医疗信息系统的联合优化和动态管理提供了可能。这些分散的系统通过云计算能够整合在一起,形成统一的医疗信息基础设施,提供类型多样的健康管理应用,为每一个人制订个性化的方案。此外,在生物医学和个性药物的研究过程中大量的数据处理和计算也会有所涉及。云计算节约资源、便利管理的特性也将提高这些领域的研究效率。

为此,基于云计算的医疗行业解决方案是很多国家的政府都在考虑的。例如,美国的医疗计划有一个预期目标就是,通过云计算改造现有的医疗系统,让每个人都能在学校、图书馆等公共场所连接到全美的医院,查询最新的医疗信息。丹麦政府计划通过云计算建立全国性的医疗体系,对该国药品管理局的工作流程进行改善，并将优化的流程推广至药商甚至全丹麦的医药行业。

在我国，温家宝总理在《政府工作报告》中指出“医疗体制改革要实现人人享有基本医疗卫生服务”。新医改的第十四条也明确提到：“加快医疗卫生信息系统的建设，以建立居民健康档案为重点，构建乡村和社区卫生信息网络平台”。要达到这个目标，新的医疗系统和平台是必须建立起来的。现在政府正在全力推广以电子病历为先导的智能医疗系统，要对医疗行业中的海量数据进行存储、整合和管理，满足远程医疗的实时性要求。智能医疗系统的建立的理想解决方案就是云计算，通过将电子健康档案和云计算平台融合在一起，每个人的健康记录和病历能够被完整地记录和保存下来，在恰当的时候为医疗机构、主管部门、保险机构和科研单位所使用。

同时，“健康云”在一些知名的医疗研究机构也开始被使用起来。美国哈佛医学院是最早部署和使用云计算平台的医疗机构之一，它所建立的私有“医疗云”已经成为其在日常医疗和研究工作中非常重要的一个环节。哈佛医学院的研究人员和工作室分布在波士顿的多个地点，其中有6个基础研究实验室，50个门诊部，17个附属的研究所和医院等。其间进行的个性化医疗和基因研究等的项目需要海量的数据处理能力作为支撑，不同的研究小组对IT环境和资源的要求也存在一定的差异。随着学院规模的不断扩大，IT部门面临着巨大的压力。就此，哈佛医学院希望通过云计算能够有效解决在各个研究小组和机构之间实时、动态、按需调配计算资源的问题，以减少日常的管理和维护成本，将精力集中投入到与医学研究相关的任务上来。哈佛医学院将自己的IT平台搭建在Amazon EC2之上，形成了私有的“健康云”，以期在所管辖的不同研究机构之间能够有效实现共享。除此之外，该机构采用一系列成熟的云环境管理工具，将研究人员从底层的管理实施细节中解脱出来，使管理成本相比之前下降了80%左右。

8.1.3 云计算在金融领域的应用

当前银行业的核心业务是存款和放贷,核心利润来源是赚取息差。简单来说,银行吸引储户存款,支付一定的比例利息给储户;银行放贷给企业,收取一定比例的利息。这两者之间的利息差,也就是“净利息收入”,是传统银行利润的主要来源。

我们以某商业银行与某商场的 BPaaS(Business Process as a Service)云计算实践为例说明银行中间业务的创新,如图 8-10 所示。

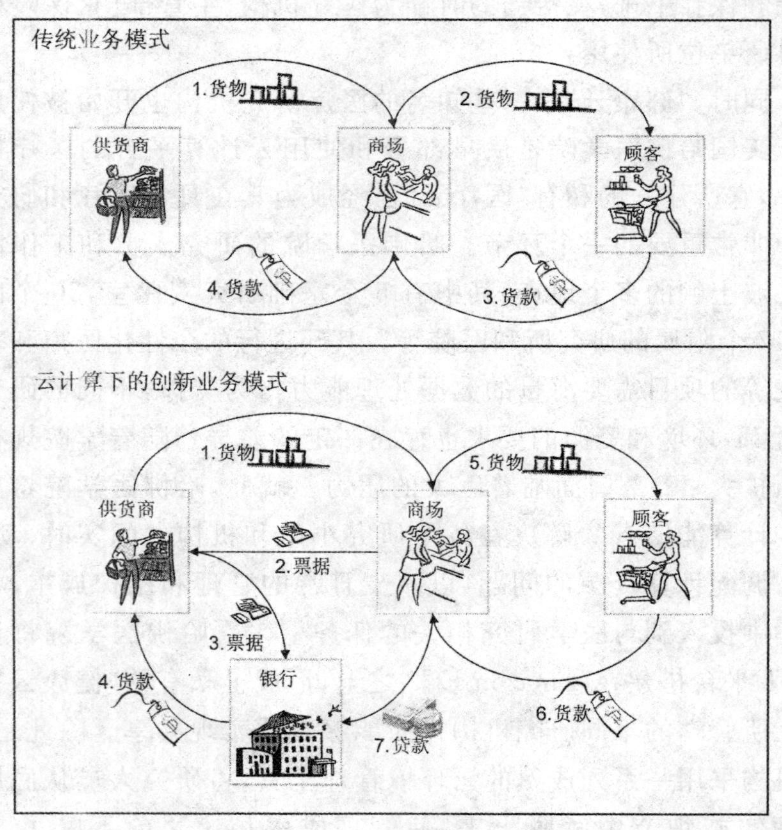

图 8-10　云计算为银行业带来的中间业务创新

银行业务中风险控制是最大的挑战。云计算为银行业带来的核心业务创新如图 8-11 所示。

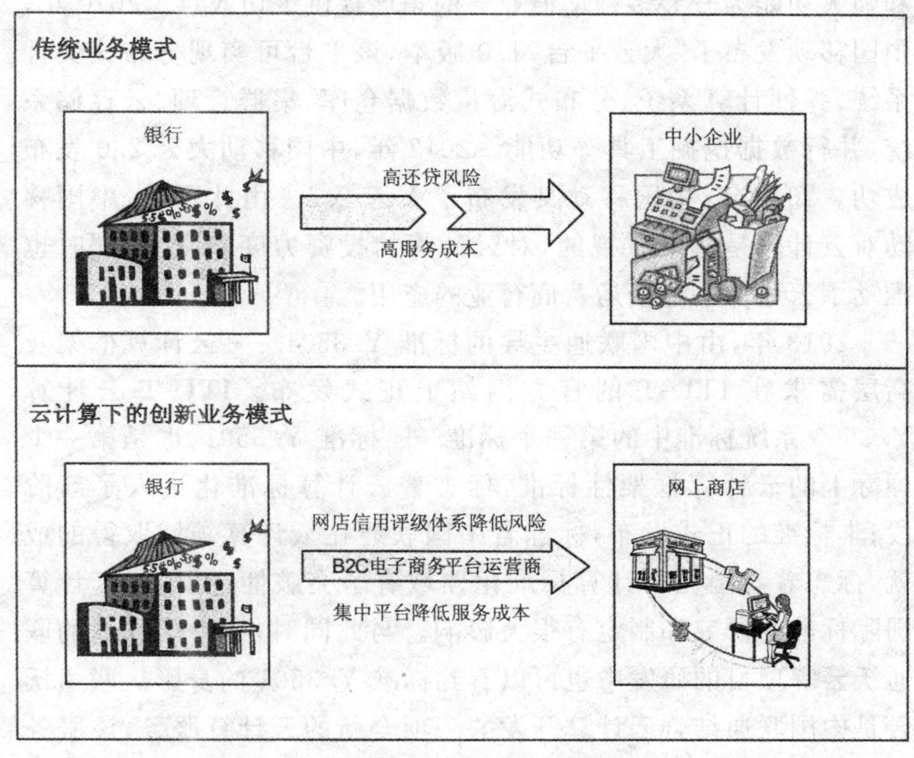

图 8-11　云计算为银行业带来的核心业务创新

8.1.4　云计算在电信领域的应用

云计算不是凭空而来的，而是在之前对 IT 基础技术深入研究和不断拓展的基础上完成其建立和实施的。而电信运营商在 IT 技术方面无论是实际应用还是试验环境异或是可投入的资本方面都有着其他行业所不具备的得天独厚的优势，这也就预示着云计算在电信行业领域可得到充分的应用。国内三大运营商出于自身业务发展情况及其拥有核心资源的考虑，他们对云计算的见解和侧重发展的云计算的方面也有一定的差异。

在这三大运营商中，中国移动服务的用户数量最为庞大，每个用户平均收入值的提高是其重点关注的，而云计算的先进理念和强大功能为开展多种增值业务的拓展提供了切入点。2010年，中国移动发布了“大云平台”1.0版本，该平台可实现分布式文件系统、弹性计算系统、分布式海量数据仓库、集群管理、云存储系统、并行数据挖掘工具等功能。2012年，中国移动大云2.0发布成功。2013年，中国移动又发布了大云2.5。由此可见，中国移动对云计算是非常重视的，对云计算的投资力度非常大，同时也推动了云计算在电信运营商行业的应用。

2013年，由中国联通主导的标准Y.3501——云计算框架及高层需求在ITU-T的官方网站上正式发布。ITU-T云计算Y.3500系统标准中的第一个标准——标准Y.3501，也是第一个国际上的云计算框架性标准，标志着云计算标准化进入了新阶段；本标准的正式发布，标志着中国联通在云计算领域取得的成就，标志着我国在云计算标准化领域有了突破性进展，对云计算国际标准的研究和制定有很大影响。与此同时，在中国联通的联通沃云等项目的研发中也可以看到标准Y.3501的身影。联通沃云是中国联通结合云计算开发的一项全新的云计算服务，该服务也是中国联通为了抢占“云计算”先机的品牌服务项目。

在我国三大运营商（中国移动、中国联通、中国电信）中，无论是在业务支撑系统、增值业务系统，还是在企业内部IT管理系统、测试和离线运行环境，抑或是在互联网数据中心（IDC）方面，云计算的可利用空间都非常大。除此之外，譬如像移动支付等新业务模式，运营商都可通过云计算来促成这新业务模式的开发和实现。如图8-12所示展示了云计算可以给电信行业带来的价值，云计算能够为以上各个领域带来利润率的提高和运营成本的降低，通过对资源进行虚拟化管理以及实现资源的共享，提高资源的利用率，降低投入，从而使得利润率得到有效提高；管理成本的降低可以通过资源的自动化和精细化管理来实现，进而降低运营成本。针对各个领域，云计算能为其带来如下特有的价值。

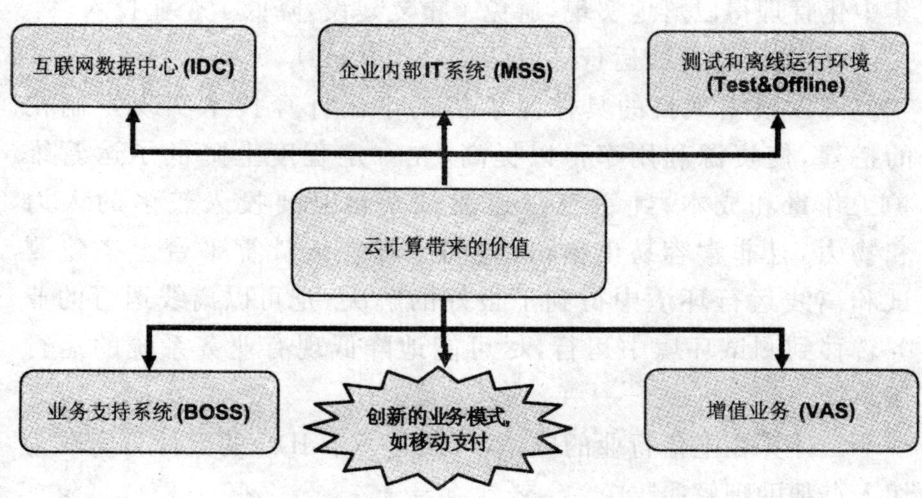

图 8-12 云计算给电信行业带来的价值

(1)业务支持系统(BOSS)

在业务高峰期间,更多资源可通过云计算来进行分配,保证了客户享有的服务,使客户满意度得以有效提高;实现了如网站、外网门户、数据集市、接口服务等边缘化应用的集中化动态部署,提高了集中管理水平。

(2)增值业务(VAS)

云计算能够根据市场反应和用户反馈情况,云计算能够做到对增值业务对于资源的使用的动态调整,在此基础上,企业就会加大对更多营收增值业务的投入力度;能够及时调整和释放对运营周期短、市场反应不是特别好的增值业务在资源方面的占用,使资源利用率最大化;通过降低合作伙伴的进入技术门槛,丰富产品组合,从而达到增加营业收入的目的。

(3)对于互联网数据中心(IDC)

借助于云计算的先进技术,使业务创新、上线的效率得以有效提高,在短时间内实现业务的部署,提高自身实力,进而实现营业收入的增加。

(4)企业内部 IT 管理系统

有了云计算,全企业实现统一的 IT 基础环境便可成为现实,集中化管理得以落地实现,避免了重复建设,降低了企业投入。

(5)测试和离线运行环境(Test&Offline)

可以根据项目的具体需求借助于云计算技术实现定制化的搭建,使资源利用率得以提高,在一定程度上降低了运营维护工作量和成本;纯手工搭建测试平台需要投入较多的人力和物力,且非常容易出错,这些问题都在云计算平台上搭建测试和离线运行环境中得到了很好的解决,把可以离线运行的业务转移到测试环境中运行,尽可能地降低现有业务系统的运行压力。

云计算在电信行业的应用,可通过一个 IDC 的云计算实践为切入点帮助理解。

早期的 IDC 业务集中在主机托管、资源出租、高速接入、应用托管、企业网站建设、管理以及维护这几个方面。最近几年,IDC 又相继推出了负载均衡、集群服务、Web 缓存服务、VPN 服务、网络存储服务和网络安全服务等增值业务,这些都是以满足业务的发展和客户增长的需求为出发点的。截止到目前,市场的主体依然是主机托管。

目前,各大电信运营商相继加快了数据中心的改造,之所以会出现这种情况,是各大电信运营商出于以下两个方面的考虑:一方面是因为电信运营商对 IDC 的盈利能力的满意度比较低,亟须提高 IDC 的盈利能力;另一方面,云计算的大规模、动态、集中化管理、虚拟化等的技术特点是 IDC 更需要的。一个某运营商省级 IDC 遇到的实际问题见表 8-1。

表 8-1 某 IDC 遇到的实际问题

业务类型	核心资源	主要客户及应用	发展瓶颈
增值业务	应用	• 企业客户之辅助业务 • 小规模商业之辅助业务 • 个人客户之资讯和娱乐	• 附加价值低 • 客户业务关键性低 • 客户忠诚度低 • 竞争激烈,进入门槛低

续　表

业务类型	核心资源	主要客户及应用	发展瓶颈
机房租用	机房基础设施	• 小规模商业之互联网业务	• 附加价值低——收入和利润低 • 客户业务关键性低 • 客户忠诚度不高 • 竞争激烈——进入门槛相对偏低
带宽租用	电信基础设施	• 企业客户之核心业务 • 小规模商业之互联网业务 • 个人客户之互联网访问	• 竞争激烈 • 企业私有网 • 同业竞争 • 缺乏新的带宽使用增长点

在这种背景下，该运营商在全面、深入地研究云计算的技术特点之后，跟业界知名的相关服务提供商开展了合作，进行了针对 IDC 业务、IDC IT 基础架构和 IDC 运维等多个角度的咨询工作。在 IDC 业务咨询中，运营商在该服务的帮助下，确定了调研范围，研究了运营商现有的 IDC 业务，与客户进行了沟通，在完成以上工作的基础上，IDC 业务体系得以被重新设计完成。在 IDC IT 基础架构咨询中，该服务提供商对运营商原有 IDC 的网络、主机、存储、安全、容灾等相关基础架构进行了调研，在此基础上，根据运营商的 IDC 实际情况给出了五星级 IDC 机房建议以及相关的设计细则。在 IDC 运维咨询中，该服务提供商调查和研究了运营商现有的运维体系和现状，对人员组织架构进行了一定的分析，在此基础上，最终将运维改进建议和省/地市二级运维体系建议呈交给了该运营商。

该运营商在总结了以上的咨询分析工作之后发现，如果资源配置、管理和出租是通过云计算的方式开展的话，从投资回报分析可得出：云计算业务的盈亏平衡通过 2000 个 Core 的虚拟机的出租即可实现。想要实现云计算业务的盈亏平衡甚至是实现盈利的话，如果吸引更多的用户使用 IDC 服务将会是该运营商今后的工作重点。

针对这个问题的解决，除了可以进行营销推广之外，关键是选择在当地具有影响力的大用户建立起样本工程。解决这个问题的关键除了进行营销推广外，关键是在当地的大型用户中建立起样本工程。于是，运营商在服务供应商这个中间人的帮助下，对当地大型客户进行了仔细斟酌，最终，它的重点突破对象就是当地一家最大的、已上市的、正在进行全球化的企业。该服务供应商由于事先与该企业建立了良好合作关系，对该企业所有应用做了负载、风险以及迁移这三个方面的分析，最终选出其中23个非核心应用。通过相关投资回报分析得出，将这23个非核心应用迁移到云平台上，企业以后每年只需投入未迁移前成本的60%即可。从出于风险的考虑，由于迁移的是非核心应用，风险较小且不致失去控制。鉴于平台迁移能够带给企业的种种好处，该企业在短时间内与运营商签订了框架合作协议，该企业购买了1 200个Core的虚拟机。于是，该运营商最终做了进行IDC改造的决定，正式对外提供云IDC服务在2011年得以实现。

8.2　云计算的发展展望

1. 云计算的应用趋势

诚然，我们所讨论云计算主题，不仅仅涉及企业成本的节约，而更重要的是关于企业的转型升级。IT产业在不断涌现的新技术和新方案下，其自身的发展就是一个毁灭性历史。

云计算不是这样的事情。

①它不是一个新技术。

②它不是一个新的IT架构。

③它不是一个新方法。

2. 技术应用的发展路线

目前国际上云计算应用主要分为私有云、公共云、混合云三大类,在云计算技术发展应用的不同阶段,3 种云方式起到了不同的作用。根据对国内外大量云计算技术应用案例研究,云计算技术发展路线如图 8-13 所示。

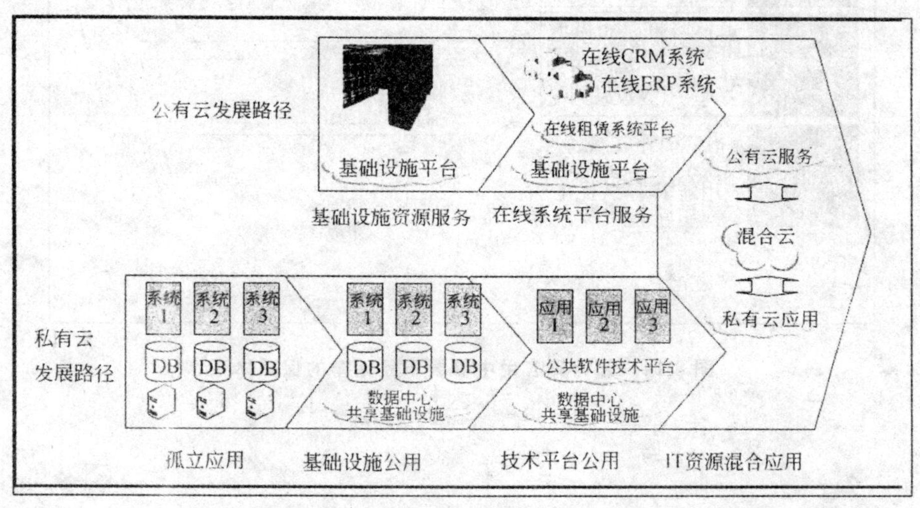

图 8-13　云计算技术发展路线

3. 保障体系的逐步完善

在未来,云计算在中国主要行业的广泛应用,除了云服务理念的普及以外,还需要基本保障体系的逐步完善,进而带动云计算技术与产品规范、安全应用,全面满足不同用户单位的云应用目标,快速地提高其 IT 应用绩效。云计算应用中需要不断完善的保障体系如图 8-14 所示。

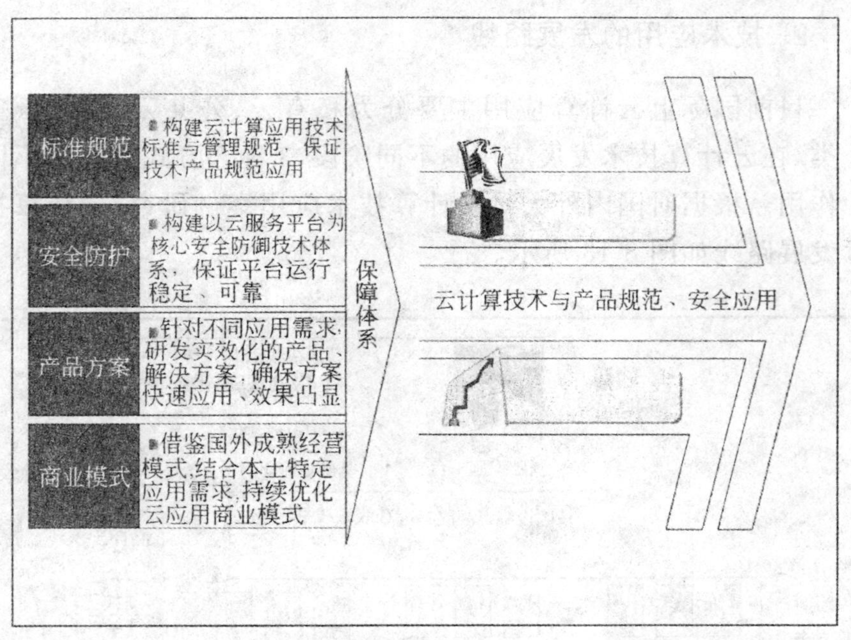

图 8-14　云计算应用中需要不断完善的保障体系

参考文献

[1]曹晓军.计算机网络[M].北京:科学出版社,2016.

[2]陈驰.云计算安全体系[M].北京:科学出版社,2014.

[3]陈红玉,刘光金,孟庆鑫.计算机技术与网络安全[M].北京:中国纺织出版社,2018.

[4]陈龙,肖敏,罗文俊,等.云计算数据安全[M].北京:科学出版社,2017.

[5]陈晓峰,马建峰,李晖,等.云计算安全[M].北京:科学出版社,2016.

[6]陈晓桦,武传坤.网络安全技术[M].北京:人民邮电出版社,2017.

[7]程书红.计算机网络基础[M].北京:电子工业出版社,2015.

[8]崔来中,傅向华,陆楠.计算机网络与下一代互联网[M].北京:清华大学出版社,2015.

[9]代绍庆,桑世庆.计算机网络技术[M].北京:中国财政经济出版社,2015.

[10]邓礼全.计算机网络技术及应用[M].北京:科学出版社,2014.

[11]杜文才.计算机网络安全基础[M].北京:清华大学出版社,2016.

[12]鄂旭.物联网关键技术及应用[M].北京:清华大学出版社,2013.

[13]冯广,翟兵."云"算网传两交辉——云计算技术及其应用[M].广州:广东科技出版社,2013.

[14]顾炯炯.云计算架构技术与实践[M].2版.北京:清华大学出版社,2016.

[15]过敏意.云计算原理与实践[M].北京:机械工业出版社,2017.

[16]胡伏湘.计算机网络技术与应用[M].北京:电子工业出版社,2015.

[17]胡静.计算机网络导论[M].北京:清华大学出版社,2014.

[18]雷葆华,饶少阳,江峰,等.云计算解码:技术架构和产业运营[M].北京:电子工业出版社,2011.

[19]雷万云,等.云计算:技术、平台及应用案例[M].北京:清华大学出版社,2011.

[20]黎连业,王安,李龙.云计算基础与实用技术[M].北京:清华大学出版社,2013.

[21]李晨光,朱晓彦,芮坤坤.虚拟化与云计算平台构建[M].北京:机械工业出版社,2016.

[22]李丹.网络安全基础及应用[M].北京:电子工业出版社,2016.

[23]李芳,唐磊,张智.计算机网络安全[M].成都:西南交通大学出版社,2017.

[24]李天目.云计算技术架构与实践[M].北京:清华大学出版社,2013.

[25]林伟伟.分布式计算、云计算与大数据[M].北京:机械工业出版社,2015.

[26]林英,张雁,康雁.网络攻击与防御技术[M].北京:清华大学出版社,2015.

[27]刘化君.网络安全技术[M].2版.北京:机械工业出版社,2015.

[28]刘黎明,王昭顺.云计算时代:本质、技术、创新、战略[M].北京:电子工业出版社,2014.

[29]刘鹏. 云计算[M]. 3 版. 北京:电子工业出版社,2015.

[30]刘永华. 计算机网络信息安全[M]. 北京:清华大学出版社,2014.

[31]刘志成,林东升,彭勇. 云计算技术与应用基础[M]. 北京:人民邮电出版社,2017.

[32]卢晓丽. 计算机网络与安全管理[M]. 北京:化学工业出版社,2014.

[33]鲁立,任琦,王彩梅. 计算机网络安全[M]. 2 版. 北京:机械工业出版社,2017.

[34]陆平,赵培,王志坤. 云计算基础架构及关键应用[M]. 北京:机械工业出版社,2016.

[35]马利,姚永雷. 计算机网络安全[M]. 北京:清华大学出版社,2016.

[36]满昌勇,崔学鹏. 计算机网络基础[M]. 2 版. 北京:清华大学出版社,2015.

[37]孟祥丰,白永祥. 计算机网络安全技术研究[M]. 北京:北京理工大学出版社,2013.

[38]牛玉冰. 计算机网络技术基础[M]. 2 版. 北京:清华大学出版社,2016.

[39]普措才仁,曾广荣. 计算机网络技术解析与实践[M]. 北京:科学出版社,2018.

[40]青岛英谷教育科技股份有限公司. 云计算与大数据概论[M]. 西安:西安电子科技大学出版社,2017.

[41]卿昱. 云计算安全技术[M]. 北京:国防工业出版社,2016.

[42]石淑华,池瑞楠. 计算机网络安全技术[M]. 4 版. 北京:人民邮电出版社,2016.

[43]孙波,曾振东. 计算机网络技术[M]. 北京:机械工业出版社,2014.

[44]汤兵勇. 云计算概论:基础、技术、商务、应用[M]. 2 版. 北京:化学工业出版社,2016.

[45]田庚林，田华，张少芳．计算机网络安全与管理[M]．2版．北京：清华大学出版社，2013.

[46]万川梅．云计算应用技术[M]．成都：西南交通大学出版社，2013.

[47]汪双顶，陆沁．计算机网络安全[M]．北京：人民邮电出版社，2016.

[48]王方，严耀伟．计算机网络技术及应用[M]．北京：人民邮电出版社，2015.

[49]王洪泊，边胜琴．计算机网络[M]．北京：清华大学出版社，2015.

[50]王杰，(美)扎卡里・A・基塞尔，孔凡玉．计算机网络安全的理论与实践[M]．3版．北京：高等教育出版社，2017.

[51]王利君．计算机网络技术[M]．北京：科学出版社，2015.

[52]王路群．计算机网络基础及应用[M]．4版．北京：电子工业出版社，2016.

[53]王鹏，李俊杰，谢志民，等．云计算和大数据技术：概念、应用与实战[M]．2版．北京：人民邮电出版社，2016.

[54]王平．物联网概论[M]．北京：北京大学出版社，2014.

[55]王新良．计算机网络[M]．北京：机械工业出版社，2014.

[56]吴朔媚，宋建卫．计算机网络安全技术研究[M]．长春：东北师范大学出版社，2017.

[57]武志学．云计算导论：概念架构与应用[M]．北京：人民邮电出版社，2016.

[58]肖仁锋，尤凤英，刘洪海，等．计算机网络技术与应用[M]．北京：清华大学出版社，2016.

[59]肖伟．云计算平台管理与应用[M]．北京：人民邮电出版社，2017.

[60]虚拟化与云计算小组．云计算宝典：技术与实践[M]．北京：电子工业出版社，2011.

[61]徐保民，李春燕．云安全深度剖析技术原理及应用实践

[M]. 北京：机械工业出版社，2016.

[62]徐保民. 云计算机解密：技术原理及应用实践[M]. 北京：电子工业出版社，2014.

[63]徐立新. 计算机网络技术[M]. 北京：人民邮电出版社，2016.

[64]徐守东. 云计算技术应用与实践[M]. 北京：中国铁道出版社，2013.

[65]徐小龙. 云计算技术及性能优化[M]. 北京：电子工业出版社，2017.

[66]徐勇军. 物联网关键技术[M]. 北京：电子工业出版社，2015.

[67]薛燕红. 物联网导论[M]. 北京：机械工业出版社，2014.

[68]闫连山，彭代渊，叶佳，等. 物联网技术与应用[M]. 北京：高等教育出版社，2015.

[69]姚宏宇. 云计算：大数据时代的系统工程[M]. 北京：电子工业出版社，2016.

[70]叶忠杰. 计算机网络安全技术[M]. 3 版. 北京：科学出版社，2013.

[71]袁津生，吴砚农. 计算机网络安全基础[M]. 4 版. 北京：人民邮电出版社，2013.

[72]张博. 计算机网络技术与应用[M]. 2 版. 北京：清华大学出版社，2015.

[73]张德丰. 云计算实战[M]. 北京：清华大学出版社，2012.

[74]张殿明，杨辉. 计算机网络安全[M]. 2 版. 北京：清华大学出版社，2014.

[75]张恒杰，武云霞，张彦，等. 计算机网络技术基础[M]. 北京：清华大学出版社，2016.

[76]张乃平. 计算机网络技术[M]. 广州：华南理工大学出版社，2015.

[77]张水平，张凤琴，等. 云计算原理及应用技术[M]. 北京：

清华大学出版社;北京交通大学出版社,2013.

[78]张兆信,赵永葆,赵尔丹,等.计算机网络安全与应用技术[M].2版.北京:机械工业出版社,2017.

[79]赵国祥,刘小茵,李尧.云计算信息安全管理——CSAC-STAR实施指南[M].北京:电子工业出版社,2015.

[80]赵立群.计算机网络管理与安全[M].2版.北京:清华大学出版社,2014.

[81]中国电信网络安全实验室.云计算安全技术与应用[M].北京:电子工业出版社,2012.

[82]周德荣,田关伟,宋凌怡.计算机网络安全理论及应用[M].北京:水利水电出版社,2016.

[83]周舸.计算机网络技术基础[M].4版.北京:人民邮电出版社,2015.

[84]周洪波.云计算:技术、应用、标准和商业模式[M].北京:电子工业出版社,2011.

[85]朱士明.计算机网络技术[M].北京:人民邮电出版社,2014.

[86]朱义勇.云计算架构与应用[M].广州:华南理工大学出版社,2017.